THÉORIE

PUREMENT ALGÉBRIQUE

DES

QUANTITÉS IMAGINAIRES.

THÉORIE

PUREMENT ALGÉBRIQUE

DES

QUANTITÉS IMAGINAIRES.

ET DES

FONCTIONS QUI EN RÉSULTENT,

Où l'on traite de nouveau la question des Logarithmes des Quantités négatives.

Ouvrage qui fait suite aux différents Traités d'Algèbre.

Par *A. SUREMAIN-MISSERY*, *ci-devant Officier d'Artillerie, de la Société des Sciences de Paris et de celle de Dijon.*

A PARIS,

RUE DE THIONVILLE, N° 116.

Chez FIRMIN DIDOT, Libraire pour les Mathématiques, l'Artillerie, la Marine et les Éditions stéréotypes.

AN IX — 1801.

AVANT-PROPOS.

Je donne dans ce Mémoire une théorie purement algébrique des quantités imaginaires, et
des fonctions qui en résultent. Ces objets n'a-
voient été traités jusqu'ici que par le Calcul
différentiel et intégral uni à la Géométrie; quelques-uns l'avoient été par l'Algèbre ordinaire
jointe à celle-ci. Je les ai tous ramenés à la seule
considération de l'Algèbre ordinaire : et par là
je les ai envisagés de la manière la plus directe
et la plus simple.

Je considère d'abord d'une manière générale
le système des logarithmes. Tout système complet de logarithmes doit embrasser le système
particulier des logarithmes des quantités réelles,
et le système particulier des logarithmes des
quantités imaginaires.

Le système des logarithmes des quantités
réelles, comprend, 1°. ceux des quantités positives, et 2°. ceux des quantités négatives.

Et le système des logarithmes des quantités imaginaires, à ne considérer que les imaginaires de
la forme $A + B\sqrt{-1}$, sauf à prouver ensuite que
toutes les autres imaginaires sont réductibles à
cette forme, comprend, 1°. ceux des quantités
dont la partie réelle et la partie imaginaire sont
positives; 2°. ceux des quantités dont la partie

réelle est positive, et la partie imaginaire négative; 3°. ceux des quantités dont la partie réelle
est négative, et la partie imaginaire positive ;
4°. enfin, ceux des quantités dont la partie réelle
et la partie imaginaire sont négatives.

Je me borne au système complet de logarithmes
dont le module est 1 ; parce qu'en multipliant
tous les logarithmes obtenus dans ce système par
une constante arbitraire, on auroit le système
complet qui auroit pour module cette constante.

La célèbre controverse agitée entre Leibnitz
et l'un des Bernoulli, au sujet des logarithmes des
quantités négatives, que le premier croyoit imaginaires, et le second réels ; reprise entre Euler
et d'Alembert, dont l'un soutenoit le sentiment
de Leibnitz, et l'autre celui de Bernoulli, trouve
ici sa solution, par des principes simples et
directs, et me paroît à présent mieux éclaircie
qu'elle ne l'avoit été jusqu'alors. Car, malgré les
savantes dissertations auxquelles elle avoit donné
lieu, le vulgaire des mathématiciens n'en étoit
pas plus avancé, et ne savoit à quoi s'en tenir,
ne pouvant apprécier les moyens dont on s'étoit
servi, ni reconnoître de quel côté étoit la vérité.

Je fais voir, avec Euler, 1°. que le logarithme
d'une quantité réelle positive a une infinité de valeurs toutes imaginaires, avec une seule réelle ; et
2°. que le logarithme d'une quantité réelle négative a une infinité de valeurs toutes imaginaires,

sans une seule réelle. J'examine l'hypothèse log. $(-x) =$ log. x, dont les adversaires ont fait usage pour renverser ces principes : je fais voir qu'elle est inadmissible; et qu'on ne peut avoir dans le même système, log. $x = y$, et log. $(-x) = y$: je réponds aux différentes objections directes qu'ils ont faites, et je relève quelques méprises de d'Alembert à ce sujet; méprises bien extraordinaires, et qui n'avoient pas encore été observées.

Je fais voir encore que le logarithme d'une quantité imaginaire a une infinité de valeurs toutes imaginaires, sans une seule réelle.

Je prouve que d'Alembert s'est trompé, 1°. en voulant trouver log. $(-1) = 0$ dans la formule même des logarithmes des quantités imaginaires; 2°. en regardant cette valeur réelle de log. (-1), comme excluant ses valeurs imaginaires; 3°. en avançant que les valeurs imaginaires du logarithme d'une quantité réelle négative ou bien imaginaire n'avoient lieu que dans un système dont le module seroit différent de l'unité; 4°. en contredisant Euler sans avoir pris la peine de l'entendre, ni de saisir le véritable état de la question; ce à quoi il étoit d'autant plus obligé, qu'il l'a traitée le dernier, et que, sans l'avoir mieux éclaircie, il a toujours fini par dire que c'étoit une dispute de mots; ce qui n'est point. C'est lui-même qui dispute sur les mots, quand il dit que log. (-1)

peut être o. D'abord, il y a loin de la possibilité à la réalité. De plus, si log. (—1) est o, log. 1 est toujours imaginaire, ainsi que je le prouve : or dans tous les systêmes, on suppose log. 1 = o, quantité réelle. D'ailleurs d'Alembert, en voulant rendre réels les logarithmes des quantités négatives, ne prétendoit pas rendre imaginaires ceux des quantités positives : et cependant l'un étoit une suite de l'autre. Voilà ce à quoi on n'a jamais fait attention.

En traitant des quantités logarithmiques, je suis dans le cas de considérer les exponentielles imaginaires, et les fonctions qui en résultent, soit immédiatement, soit médiatement. Ces différentes fonctions d'une même variable, sont telles, qu'en prenant un arc de cercle égal à cette variable, et représentant par 1 le rayon, elles expriment respectivement, le sinus, le cosinus, la tangente, la cotangente, la sécante et la cosécante de cet arc; ce que je ne démontre pas dans ce mémoire, où j'écarte tout ce qui est étranger à l'algèbre pure; mais ce que je pourrois faire voir avec la plus grande facilité, et sans le secours des infiniment petits. La considération purement algébrique de ces fonctions me mène à la connoissance de toutes leurs propriétés, qui sont très-intéressantes, et exprimées par un grand nombre de formules, lesquelles, appliquées au cercle, donneroient sur-le-champ toutes celles qui ont lieu, soit entre les sinus, cosinus, tangentes, &c. des arcs, soit entre les arcs et leurs sinus, ou cosinus, ou &c.; sans connoître autre chose que la définition du cercle, et des sinus, cosinus, &c. Et de là on pourroit déduire toutes les propriétés du cercle et de la sphère, celles des triangles, soit rectilignes, soit sphériques, ainsi que les formules de l'une et de l'autre trigonométries, et cela de la manière la plus élégante. Mais toutes ces applications, et plusieurs autres encore, sont étrangères à l'objet de ce mémoire : il en contient seulement le germe.

La seule expression du logarithme d'une quantité imaginaire de la forme $A + B\sqrt{-1}$, me suffit pour démontrer que toute imaginaire donnée à volonté est réductible à cette forme. Proposition importante, que d'Alembert a démontrée le premier, dans les *Mém. de l'acad. de Berlin pour 1746*, et dans un ouvrage antérieur, envoyé à cette académie, même année; Euler ensuite, dans les *Mém. de l'acad. de Berlin pour 1740*; enfin M. de Foncenex, dans un savant écrit sur les Imaginaires, inséré dans le *1er vol.* des *Mém. de la société des sciences de Turin*. Les deux premiers ont employé, pour établir ce beau théorème, le calcul intégral et la géométrie concurremment : le dernier n'y a employé que l'algèbre ordinaire et la géométrie. Ma démonstration ne suppose que l'algèbre ordinaire (*), et cependant est la plus simple de toutes.

Une chose digne de remarque, c'est que d'Alembert, faute d'y avoir bien réfléchi, ne croyoit pas qu'on pût démontrer ce théorême par la seule algèbre. Il a bien reconnu qu'on pouvoit se dispenser d'y employer le calcul différentiel et intégral : encore ne l'a-t-il dit, qu'après que M. de Foncenex a eu donné sa démonstration sans y avoir recours. Mais du moins a-t-il cru qu'on ne pouvoit se dispenser d'y employer les principes de la géométrie, et que ce n'étoit même qu'à l'aide de ceux-ci qu'on seroit en état de se passer du calcul différentiel et intégral. C'est ce dont on ne pourra pas douter, après que j'aurai mis sous les yeux le passage suivant, tiré du tome Ier des *Opuscules mathématiques*, p. 225, et dans lequel on me permettra d'insérer un court commentaire.

«J'ai donné le premier (dit d'Alembert), et M. Euler a donné après moi, par une méthode tout-à-fait semblable, la manière de réduire toute quantité imaginaire donnée à volonté à la forme $A + B\sqrt{-1}$». (C'est ce que l'auteur a pris soin de nous apprendre en plusieurs endroits

---

(*) J'apprends que M. de la Grange en a donné une de ce genre, mais par d'autres principes. *V.* sa *Résolution des équations numériques.*

de ses ouvrages.) «J'ai employé pour cette recherche, comme Euler l'a fait aussi, le calcul différentiel;» (Il se prend ici, non-seulement du calcul différentiel proprement dit, ou calcul direct des différences infinitésimales, mais encore du calcul intégral, ou calcul inverse de ces différences.) «non que je n'eusse pu très-bien m'en passer,» (Il eût donc été à propos de le faire, et de donner une démonstration plus courte par des moyens plus simples.) «mais parce que cette méthode m'a paru plus directe et plus analytique qu'aucune autre,» (J'ose apporter en preuve du contraire, celle que j'ai suivie, laquelle est certainement toute aussi analytique et aussi directe, et en outre beaucoup plus simple.) «ne supposant absolument aucune connoissance de la réduction des arcs de cercle à des logarithmes imaginaires;» (Oui, mais supposant d'autres connoissances aussi relevées.) «car j'avoue bien que, par le moyen de cette réduction, dont se sert M. de Foncenex, on peut se passer du calcul différentiel;» (N'est-ce pas dire clairement que sans cette réduction l'on ne sauroit s'en passer? on le peut cependant, et la preuve en est que je m'en suis passé, puisque je ne fais nul usage de la géométrie.) «en remarquant cependant que cette réduction même suppose ce calcul, au moins implicitement.» (Pas davantage : on peut très-aisément, sans se servir du calcul différentiel, même implicitement, exprimer des arcs de cercle par des logarithmes imaginaires.)

Il est donc clair que d'Alembert, n'ayant pas examiné la chose bien attentivement, a cru qu'il n'étoit pas possible d'établir par la seule algèbre élémentaire, le théorême en question. On pourroit même présumer que MM. Euler et Foncenex n'ont pas été d'un autre sentiment, puisqu'ayant démontré après lui ce théorême, tous deux y ont employé la géométrie. S'ils n'ont pas dédaigné de démontrer un principe qu'il avoit déjà établi, quel mathématicien ne se trouveroit honoré de marcher sur leur trace, et d'arriver au même résultat par des moyens plus simples, qui ont échappé à leur attention ? D'Alembert aura toujours le grand mérite de l'invention. Mais celui qui, s'appropriant son idée, la rend plus élémentaire, et d'un accès plus facile, fait un travail utile ; et c'est aussi une sorte de mérite, quoiqu'il ne puisse entrer en comparaison avec l'autre. Si le génie dédaigne de descendre aux détails, lui seul peut s'élever aux découvertes : celui qui crée doit tout à soi-même, et celui qui perfectionne lui doit tout.

Les principes établis précédemment me conduisent à la décomposition des équations de la forme $x^{2m} \pm px + q = 0$, et de la forme $x^m \pm c = 0$, en leurs facteurs du second degré, d'où résultent leurs racines imaginaires ; à la résolution des équations du 5e degré dans le cas irréductible ; à différentes formules, dont l'une, entr'autres, appliquée au cercle, donneroit le théorème de MM. Cotte et Moivre, sur sa division ; à d'autres expressions analytiques, desquelles on pourroit déduire celles des côtés de plusieurs polygones réguliers inscrits et circonscrits au cercle ; à différentes sommations, qui seroient celles des puissances quelconques de sinus ou de cosinus d'arcs en progression arithmétique ; &c. &c. Je ne fais que toucher ici tous ces points, et j'en omets plusieurs autres.

Tous les objets de ce mémoire sont, en eux-mêmes, du domaine de l'algèbre, et doivent y trouver place. On découvriroit ensuite, en géométrie, les rapports qu'ils ont avec elle : mais on n'établiroit pas des principes d'algèbre en géométrie, et par la géométrie ; ce qui tend à confondre les genres, et s'oppose à une ordonnance régulière des élémens de mathématiques, d'où dépendroit, en partie, la perfection qui leur manque. La difficulté qui s'est élevée au sujet des logarithmes des quantités négatives n'auroit point eu lieu, si la théorie de ces logarithmes eût été donnée en algèbre, par des moyens directs et purement algébriques : et elle eût été plutôt et mieux décidée, si, au lieu d'employer des preuves tirées, soit de la considération des courbes, soit même des loix du mouvement, on en eût fait une simple question de calcul, délivrée de toutes les discussions étrangères, qui sont plus propres à embarrasser qu'à résoudre. Aussi je vois Bernoulli et Leibnitz, non-seulement différer l'un de l'autre, mais chacun d'eux n'être pas toujours d'accord avec soi-même. Le premier, en soutenant que log. $(-x)$ étoit $=$ log. x, nioit cependant que log. $\sqrt{-x}$ fût $=\frac{1}{2}$ log. x : il trouvoit naturel que le logarithme d'une quantité négative fût réel, et ne pouvoit concevoir que celui d'une quantité imaginaire le fût aussi. Il admettoit les deux branches de la logarithmique, et en concluoit log. $(-x)=$ log. x : Leibnitz, de son côté, cherchoit à établir qu'il n'y en avoit qu'une seule, et en concluoit que log. $(-x)$ ne pouvoit être $=$ log. x. Mais avant de traiter cette matière par la géométrie, il falloit d'abord la traiter par l'algèbre : et on l'auroit résolue plus sûrement. Aucune preuve empruntée d'une autre science ne peut remplacer la preuve directe, et ne doit jamais être employée que subsidiairement. Quant à la démonstration de ce principe, que toute quantité imaginaire pouvoit se ramener à la forme $A + B\sqrt{-1}$, il est certain que c'est là un théorême d'algèbre ; qu'on le supposoit en algèbre, et qu'en en renvoyant la démonstration dans une autre science, telle qu'est la géométrie, l'esprit n'étoit pas satisfait, et la chaîne des idées se trouvoit rompue. Enfin,

c'est encore en algèbre qu'il convenoit de considérer les exponentielles imaginaires, les séries
qui résultent de leur développement, et par
suite les propriétés de ces sortes de fonctions, et
de toutes celles qui en dérivent. Si, dans la
géométrie, on découvre que ces fonctions con-
viennent aux sinus, cosinus, &c., c'est un rapport particulier, qu'on ignoroit auparavant,
mais qui ne doit pas faire retirer ces fonctions
de la place qui leur est assignée naturellement,
et doit seulement engager à les y traiter avec
plus de soin, en vue des applications qu'on
en fera ailleurs.

J'aurois pu rendre ce mémoire beaucoup plus
considérable, faire toutes les applications géo-
métriques qu'il peut offrir, donner différentes
méthodes pour arriver aux mêmes résultats,
comparer ces méthodes avec celles des autres
géomètres, passer aux différentielles et aux inté-
grales des fonctions que j'ai considérées, &c. &c.:
mais j'ai tâché d'être court et simple : j'ai cru
qu'il étoit superflu de tout dire, et qu'il falloit
laisser quelque chose à penser.

Ce mémoire ne suppose que les connoissances
de l'algèbre ordinaire, y compris la méthode
inverse des séries, la formule des logarithmes des
quantités réelles et positives, et la formule des
exponentielles réelles. Ces deux formules sont,

$$\log. (x+s) = \log. x + \frac{s}{x} - \tfrac{1}{2}\frac{s^2}{x^2} + \tfrac{1}{3}\frac{s^3}{x^3} - \tfrac{1}{4}\frac{s^4}{x^4} -$$

$$\tfrac{1}{5}\frac{s^5}{x^5} + \&c., \text{ et } e^z = 1 + z + \frac{z^2}{2} + \frac{z^3}{2.3} + \frac{z^4}{2.3.4} + \&c.,$$

e étant la base; ou plus généralement, $\log. (x+s)$

$$= \log. x + A\left(\frac{s}{x} - \tfrac{1}{2}\frac{s^2}{x^2} + \tfrac{1}{3}\frac{s^3}{x^3} + \&c.\right), \text{ et } c^z =$$

$$1 + \frac{z}{A} + \frac{z^2}{2.A^2} + \frac{z^3}{2.3.A^3} + \&c., \text{ A étant le mo-}$$

dule, et c la base. Je ne parle pas de trois passages très-courts, et qui supposent qu'on sache différentier un produit de deux variables, d'après la formule connue $d(xy) = xdy + ydx$, et un log.,

d'après la formule aussi connue $d \log. x = \dfrac{dx}{x}$.

Le lecteur peut supprimer ces trois passages qui sont de luxe, et ne sont nullement essentiels à l'intelligence du reste.

THÉORIE

PUREMENT ALGÉBRIQUE

DES

QUANTITÉS IMAGINAIRES

ET DES FONCTIONS QUI EN RESULTENT.

1. Soit $\log. x = y + z\sqrt{-1}$: on aura aussi $\log. x = y - z\sqrt{-1}$. Donc $x = e^{y \pm z\sqrt{-1}} = e^y \cdot e^{\pm z\sqrt{-1}} =$

$$e^y\left(1 - \frac{z^2}{2} + \frac{z^4}{2.3.4} - \&c.\right) \pm e^y\left(z - \frac{z^3}{2.3} + \frac{z^5}{2.3.4.5} - \&c.\right)\sqrt{-1}$$

$= e^y(fz) \pm e^y(f'z)\sqrt{-1}$, fz et $f'z$ dénotant les deux séries ou fonctions de z ci-dessus. Par conséquent, $e^{z\sqrt{-1}} = fz + (f'z)\sqrt{-1}$, et $e^{-z\sqrt{-1}} = fz - (f'z)\sqrt{-1}$; d'où l'on tire, $(fz)^2 + (f'z)^2 = 1$, et $e^{2y}(fz)^2 + e^{2y}(f'z)^2 = e^{2y}$. Mais on a d'ailleurs, $e^y(fz) = x$, et $e^y(f'z) = 0$. Donc, $e^{2y}(fz)^2 = x^2$, et $e^{2y}(f'z)^2 = 0$; d'où $e^{2y}(fz)^2 + e^{2y}(f'z)^2 = x^2$, et par conséquent $e^{2y} = x^2$; ce qui donne $e^y = \pm x$, ou seulement $e^y = x$, parce qu'en prenant $e^y = -x$, on rendroit imaginaire la partie réelle y : et de là, $y = \log.$ réel x. Il ne reste plus qu'à déterminer z. Or, à cause de $e^y = x$, on a $fz = 1$, et $f'z = 0$, ou,

$$1 - \frac{z^2}{2} + \frac{z^4}{2.3.4} - \&c. = 1, \text{ et } z - \frac{z^3}{2.3} + \frac{z^5}{2.3.4.5} - \&c. = 0.$$

Mais outre la racine $z = 0$, commune à ces deux équations, il y a une infinité d'autres racines qui leur sont communes. En effet, à cause de $e^y = x$, on a encore, $1 = e^{\pm z\sqrt{-1}} = fz \pm (f'z)\sqrt{-1}$. Cela posé, soit $z = \pm c$ la plus petite racine effective de l'équation $fz = 1$, et $z = \pm c'$ la plus petite racine effective de l'équation $f'z = 0$. On aura d'abord, $1 = e^{\pm c\sqrt{-1}}$, et $1 = e^{\pm c'\sqrt{-1}}$; ou, en élevant chaque membre de ces équations à une puissance paire ou impaire k, k étant un entier indéterminé, susceptible de toutes les valeurs possibles depuis 1 jusqu'à ∞, $1 = e^{\pm kc\sqrt{-1}}$, et $1 = e^{\pm kc'\sqrt{-1}}$. Donc $e^{\pm c\sqrt{-1}} = e^{\pm kc\sqrt{-1}}$, et $e^{\pm c'\sqrt{-1}} = e^{\pm kc'\sqrt{-1}}$; et de plus, $e^{\pm c\sqrt{-1}} = e^{\pm c'\sqrt{-1}} = 1$. Or pour que cette dernière équation ait lieu, on voit qu'il faut que l'on ait, ou $\pm c = \pm k'c'$, ou au contraire $\pm c' = \pm k'c$, k' étant un entier déterminé quelconque. Mais $\pm k'c'$ et $\pm k'c$ sont des cas particuliers de $\pm kc'$ et $\pm kc$: et ces deux dernières expressions, en donnant successivement à l'entier k toutes les valeurs possibles depuis 1 jusqu'à ∞, renferment, l'une, toutes les racines de l'équation $f'z = 0$, et l'autre, toutes celles de l'équation $fz = 1$; puisqu'en faisant $z = \pm kc'$, on trouvera $1 = f(\pm kc') \pm f'(\pm kc')\sqrt{-1}$, d'où $f'(\pm kc') = 0$; et qu'en faisant $z = \pm kc$, on trouvera $1 = f(\pm kc) \pm f'(\pm kc)\sqrt{-1}$; d'où $f(\pm kc) = 1$. Les expressions particulières $\pm k'c'$ et $\pm k'c$ sont donc, l'une, racine de l'équation $f'z = 0$, et l'autre, racine de l'équation $fz = 1$. Puis donc que l'on a, ou $\pm c = \pm k'c'$, ou $\pm c' = \pm k'c$; il s'ensuit que ces deux équations, $fz = 1, f'z = 0$, auront, dans le premier cas, une racine commune $\pm c$, et partant une infinité d'autres racines communes, représentées par $\pm kc$; et, dans le second cas, une racine commune $\pm c'$, et partant une infinité d'autres racines communes, représentées par $\pm kc'$. Elles ont donc toujours une infinité de racines communes; quoiqu'elles en aient une infinité d'autres qui ne le soient pas, à moins cependant que c et β' ne soient égaux; car alors k' étant $= 1$, les deux équations $c = k'c'$ et $c' = k'c$ subsistent à-la-fois. — Soit maintenant $z = \pm \varphi$ la plus petite des racines effectives communes aux deux équations $fz = 1, f'z = 0$; φ étant par conséquent $= c$ ou $= c'$, on ne sait encore lequel des deux. Connoissant cette valeur φ, par le moyen que nous indiquerons tout-à-l'heure, on aura toutes les autres racines communes, comprises dans l'expression $z = \pm k\varphi$: et partant, log. $x = y \pm z\sqrt{-1}$ $= $ log. réel $x \pm k\varphi\sqrt{-1}$, soit que $z = +k\varphi$ ou $-k\varphi$: ce qui donne pour log. x une seule valeur réelle, en faisant $k = 0$, et une infinité de valeurs imaginaires, en prenant k entre les limites 1 et ∞.

En faisant $x = 1$, on aura log. $1 = \pm k\varphi\sqrt{-1}$.

2. Soit log. $(-x) = y + z\sqrt{-1}$. On aura aussi log. $(-x) = y - z\sqrt{-1}$. Donc $-x = e^y (fz)$ $\pm e^y (f'z)\sqrt{-1} \ldots e^{2y} = x^2 \ldots e^y = x \ldots x = $

log. réel x ... $fz = -1$ ... $f'z = 0$. Ces deux dernières équations ne peuvent avoir pour racine commune $z = 0$, mais elles ont une infinité de racines communes. En effet, on a $-1 = e^{\pm\sqrt{-1}} = fz \pm (f'z)\sqrt{-1}$. Cela posé, soit $z = \pm c''$ la plus petite racine (*) de l'équation $fz = -1$, et $z = \pm c'''$ la plus petite racine effective de l'équation $f'z = 0$. On aura d'abord, $-1 = e^{\pm c''\sqrt{-1}}$, et $-1 = e^{\pm c'''\sqrt{-1}}$; ou, en élevant chaque membre de ces équations à une puissance impaire $2k+1$, k étant un entier indéterminé, susceptible de toutes les valeurs possibles depuis 0 jusqu'à ∞, $-1 = e^{\pm(2k+1)c''\sqrt{-1}}$, et $-1 = e^{\pm(2k+1)c'''\sqrt{-1}}$. Donc $e^{\pm c''\sqrt{-1}} = e^{\pm(2k+1)c''\sqrt{-1}}$, et $e^{\pm c'''\sqrt{-1}} = e^{\pm(2k+1)c'''\sqrt{-1}}$; et de plus, $e^{\pm c''\sqrt{-1}} = e^{\pm c'''\sqrt{-1}} = -1$. Or pour que cette dernière équation ait lieu, on voit qu'il faut que l'on ait, ou $\pm c'' = \pm(2k'+1)c'''$, ou au contraire $\pm c''' = \pm(2k'+1)c''$, k' étant un entier déterminé quelconque. Mais $\pm(2k'+1)c'''$ et $\pm(2k'+1)c''$ sont des cas particuliers de $\pm(2k+1)c'''$ et $\pm(2k+1)c''$: et ces deux dernières expressions, en donnant successivement à l'entier k toutes les valeurs possibles depuis 0 jusqu'à ∞, renferment, l'une, toutes les racines de l'équation $f'z = 0$, et l'autre, toutes celles de l'équation $fz = -1$; puisqu'en faisant $z = \pm(2k+1)c'''$, on trouvera

---

(*) Je ne dis pas ici *effective*, elle le sera nécessairement, puisque z ne peut être 0 dans l'équation $fz = -1$.

$-1 = f(\pm(2k+1)\mathfrak{c}''') \pm f'(\pm(2k+1)\mathfrak{c}''')\sqrt{-1}$, d'où $f'(\pm(2k+1)\mathfrak{c}''') = 0$; et qu'en faisant $z = \pm(2k+1)\mathfrak{c}''$, on trouvera $-1 = f(\pm(2k+1)\mathfrak{c}'') \pm f'(\pm(2k+1)\mathfrak{c}'')\sqrt{-1}$, d'où $f(\pm(2k+1)\mathfrak{c}'') = -1$. Les expressions particulières $\pm(2k'+1)\mathfrak{c}'''$ et $\pm(2k'+1)\mathfrak{c}''$ sont donc, l'une, racine de l'équation $f'z = 0$, et l'autre, racine de l'équation $fz = -1$. Puis donc que l'on a, ou $\pm\mathfrak{c}'' = \pm(2k'+1)\mathfrak{c}'''$, ou $\pm\mathfrak{c}''' = \pm(2k'+1)\mathfrak{c}''$; il s'ensuit que ces deux équations auront, dans le premier cas, une racine commune $\pm\mathfrak{c}''$, et partant une infinité d'autres racines communes, représentées par $\pm(2k+1)\mathfrak{c}''$; et, dans le second cas, une racine commune $\pm\mathfrak{c}'''$, et partant une infinité d'autres racines communes, représentées par $\pm(2k+1)\mathfrak{c}'''$. Elles ont donc toujours une infinité de racines communes; quoiqu'elles en aient une infinité d'autres qui ne le soient pas, à moins cependant que $\mathfrak{c}''$ et $\mathfrak{c}'''$ ne soient égaux; car alors k' étant $= 1$, les deux équations $\mathfrak{c}'' = (2k+1)\mathfrak{c}'''$ et $\mathfrak{c}''' = (2k+1)\mathfrak{c}''$ subsistent à-la-fois. — Soit maintenant $z = \pm\varphi'$ la plus petite des racines communes aux deux équations $fz = -1$, $f'z = 0$, φ' étant par conséquent $= \mathfrak{c}''$ ou $= \mathfrak{c}'''$, on ne sait encore lequel des deux. Connoissant cette valeur φ', par le moyen que nous indiquerons tout à l'heure, on aura toutes les autres racines communes, comprises dans l'expression $z = \pm(2k+1)\varphi'$: et partant log. $(-x) = y \pm z\sqrt{-1} = $ log. réel $x \pm (2k+1)\varphi'\sqrt{-1}$, soit que $z = + (2k+1) \varphi'$ ou $-(2k+1)\varphi'$: ce qui donne pour log. $(-x)$ une infinité de valeurs imaginaires, en prenant k entre les limites o et ∞, et point de racine réelle, comme on devoit bien s'y attendre.

En faisant $x = 1$, on aura log. $(-1) = \pm (2k+1)\varphi'\sqrt{-1}$.

5. Nous avons deux quantités φ et φ' à déterminer. Mais d'abord il est facile d'avoir l'une par l'autre. Car log. $1 = \varphi\sqrt{-1}$, et log. $(-1) = \varphi'\sqrt{-1}$. Mais log. $(-1)^2 = $ log. 1, ou 2 log. $(-1) = $ log. 1. Donc $2\varphi'\sqrt{-1} = \varphi\sqrt{-1}$, ou $\varphi = 2\varphi'$. Soit donc $\varphi' = \pi$, et l'on aura $\varphi = 2\pi$.

Par conséquent, 1°. log. $(x) = $ log. réel $x \pm 2k\pi\sqrt{-1}$, et log. $(1) = \pm 2k\pi\sqrt{-1}$. 2°. log. $(-x) = $ log. réel $x \pm (2k+1)\pi\sqrt{-1}$, et log. $(-1) = \pm (2k+1)\pi\sqrt{-1}$. Il s'agit à présent de déterminer π.

Si $f'z$, ou $z - \dfrac{z^3}{2.3} + \dfrac{z^5}{2.3.4.5} - $ &c., au lieu d'être $= 0$, comme nous l'avons trouvé pour log. $(\pm x)$, étoit en général $= u$, comme nous le trouverions pour log. $(\pm x + s\sqrt{-1})$, ou pour log. $(\pm x - s\sqrt{-1})$, cas auquel fz, au lieu d'être $= \pm 1$, seroit en général $= \pm v$, v pouvant être o ; cette équation $z - \dfrac{z^3}{2.3} + \dfrac{z^5}{2.3.4.5} - $ &c. $= u$ donneroit, par le retour des suites, $z = u + \dfrac{1}{2.3} u^3 + \dfrac{3}{2.4.5} u^5 + \dfrac{5.5}{2.4.6.7} u^7 + $ &c., série toujours convergente. Ce seroit là une des racines de z : et comme elle se réduit à $z = 0$, si $u = 0$; et que les deux équations $f'z = u$, $fz = v$, ont aussi pour racine commune $z = 0$, si $u = 0$, (parce qu'alors $v = 1$) ; il s'ensuit que la valeur de z en u, tirée de l'équation $f'z = u$, par le retour des suites, est en général la plus petite de toutes les racines effectives communes aux deux équations $f'z = u$, $fz = v$. Or, si $u = 1$, on aura $f'z = 1$, $fz = 0$, et $z = 1 +$

$$\frac{1}{2.3} + \frac{3}{2.4.5} + \frac{3.5}{2.4.6.7} + \&c.$$ Donc $e^{z\sqrt{-1}} = fz +$

$(f'z)\sqrt{-1} = \sqrt{-1}$, d'où l'on tire log. $\sqrt{-1} =$

$$z\sqrt{-1} = \left(1 + \frac{1}{2.3} + \frac{3}{2.4.5} + \frac{3.5}{2.4.6.7} + \&c.\right)\sqrt{-1},$$

et log. $(-1) = 2\left(1 + \frac{1}{2.3} + \frac{3}{2.4.5} + \&c.\right)\sqrt{-1}$. Or

$$z = 1 + \frac{1}{2.3} + \frac{3}{2.4.5} + \&c.$$ est la plus petite racine de z commune aux deux équations $fz = 0$ et

$f'z = 1$; par conséquent $\left(1 + \frac{1}{2.3} + \frac{3}{2.4.5} + \&c.\right)\sqrt{-1}$

est la plus petite valeur de log. $\sqrt{-1} = \frac{1}{2}$log. (-1) ;

et son double, $2\left(1 + \frac{1}{2.3} + \frac{3}{2.4.5} + \&c.\right)\sqrt{-1}$, la

plus petite valeur de log. (-1). Mais $\pi\sqrt{-1}$ est supposé aussi la plus petite valeur de log. (-1).

On a donc $\pi = 2\left(1 + \frac{1}{2.3} + \frac{3}{2.4.5} + \&c.\right)$, série peu convergente à la vérité, et assez longue à calculer, mais enfin propre à déterminer π, ce qui est tout ce dont il s'agit ici. Nous donnerons ci-après une méthode plus facile pour avoir cette quantité.

4. Après avoir déterminé φ et φ', il ne reste qu'à déterminer c, c', c'', c'''.

Observons d'abord que, des deux formules,

$$e^{z\sqrt{-1}} = fz + \sqrt{-1}.f'z \quad \text{et} \quad e^{-z\sqrt{-1}} = fz - \sqrt{-1}.f'z,$$

on déduit les deux suivantes; $fz = \dfrac{e^{z\sqrt{-1}} + e^{-z\sqrt{-1}}}{2}$,

et $f'z = \dfrac{e^{z\sqrt{-1}} - e^{-z\sqrt{-1}}}{2\sqrt{-1}}$. Cela posé :

1°. Pour log. $(+1)$; on a, $\varphi = 2\pi$. D'ailleurs φ est $= c$ ou $= c'$. Mais c est la plus petite valeur de z dans l'équation $fz = 1$, ou $\dfrac{e^{z\sqrt{-1}} + e^{-z\sqrt{-1}}}{2} = 1$, et c', la plus petite valeur de z (*) dans l'équation $f'z = 0$, ou $\dfrac{e^{z\sqrt{-1}} - e^{-z\sqrt{-1}}}{2\sqrt{-1}} = 0$. Or, la plus petite valeur de z, propre à rendre $\dfrac{e^{z\sqrt{-1}} + e^{-z\sqrt{-1}}}{2} = 1$, est $z = 2\pi$, qui donne $e^{\pm z\sqrt{-1}} = e^{\pm 2\pi\sqrt{-1}} = 1$: donc $c = 2\pi$: et la plus petite valeur de z, propre à rendre $\dfrac{e^{z\sqrt{-1}} - e^{-z\sqrt{-1}}}{2\sqrt{-1}} = 0$, est $z = \pi$, qui donne $e^{\pm z\sqrt{-1}} = e^{\pm \pi\sqrt{-1}} = -1$: donc $c' = \pi$.

2°. Pour log. (-1); on a, $\varphi' = \pi$. D'ailleurs φ' est $= c''$ ou c'''. Mais c'' est la plus petite valeur de

---

(*) Il ne s'agit pas ici de la valeur $z = 0$, mais d'une valeur effective. Soit dit pour tout l'article.

z dans l'équation $fz = -1$, ou $\dfrac{e^{z\sqrt{-1}} + e^{-z\sqrt{-1}}}{2} = -1$:

et c''', la plus petite valeur de z (*) dans l'équation

$f'z = 0$, ou $\dfrac{e^{z\sqrt{-1}} - e^{-z\sqrt{-1}}}{2\sqrt{-1}} = 0$. Or, la plus petite

valeur de z, propre à rendre $\dfrac{e^{z\sqrt{-1}} + e^{-z\sqrt{-1}}}{2} = -1$,

est $z = \pi$, qui donne $e^{\pm z\sqrt{-1}} = -1$: donc $c'' = \pi$:
et la plus petite valeur de z, propre à rendre
$\dfrac{e^{z\sqrt{-1}} - e^{-z\sqrt{-1}}}{2\sqrt{-1}} = 0$, est encore π : donc $c''' = \pi$.

Concluons de là ; que, pour log. 1, on a,
$\varphi = c = 2c' = 2\pi$; et que, pour log. (-1), on a,
$\varphi' = c'' = c''' = \pi$.

5. Si, au lieu de faire $e^y = x$ dans la formule
log. $x = y + z\sqrt{-1}$, on faisoit $e^y = -x$, on trouveroit $y = $ log. ($-x$) ; puis $fz = -1$ et $f'z = 0$, d'où
$z = \pm\,\varphi'$, et plus généralement $z = \pm\,(2k+1)\varphi'$:
donc log. $x = $ log. ($-x$) $\pm (2k+1)\varphi'\sqrt{-1}$. Mais
nous avons trouvé log. ($-x$) $= $ log. réel $x \pm$
$(2k'+1)\varphi'\sqrt{-1}$: donc log. $x = $ log. réel $x \pm$
$(k+k'+1)2\varphi'\sqrt{-1} = $ log. réel $x \pm (k+k'+1)\varphi\sqrt{-1}$
$= $ log. réel $x \pm k''\varphi\sqrt{-1}$, comme nous l'avons
trouvé précédemment.

De même, si au lieu de faire $e^y = x$ dans la formule log. ($-x$) $= y + z\sqrt{-1}$, on faisoit $e_y = -x$;
on trouveroit, $y = $ log. ($-x$) ; puis, $fz = 1$, et

$f'z = 0$; d'où $z = \pm\varphi$, et plus généralement $z = \pm k\varphi$: donc log. $(-x) = $ log. $(-x) \pm k\varphi\sqrt{-1}$. Mais nous avons trouvé log. $(-x) = $ log. réel $x \pm (2k'+1)\varphi'\sqrt{-1}$: portant cette valeur dans le second membre il viendra donc, log. $(-x) = $ log. réel $x \pm (k\varphi + (2k'+1)\varphi')\sqrt{-1} = $ log. réel $x \pm (2k\varphi' + (2k'+1)\varphi')\sqrt{-1} = $ log. réel $x \pm (2(k+k')+1)\varphi'\sqrt{-1} = $ log. réel $x \pm (2k''+1)\varphi'\sqrt{-1}$, comme précédemment.

6. Observons que, y étant nécessairement imaginaire dans l'équation $e^y = -x$, la valeur log. $(-x) = y$, qui en résulte, dans le dernier calcul, ne peut être réelle, ni par conséquent $= $ log. réel x. Log. $(-x)$ ne peut non plus être $= $ log. imag. x. Car il faudroit pour cela faire log. $(-x) = $ log. réel x, dans les deux formules, log. $x = $ log. $(-x) \pm (2k+1)\varphi'\sqrt{-1}$, et log. $(-x) = $ log. $(-x) \pm k\varphi\sqrt{-1}$, au second membre ; puisqu'alors on auroit, log. $x = $ log. réel $x \pm (2k+1)\varphi'\sqrt{-1}$, c'est-à-dire $= $ log. $(-x)$; et log. $(-x) = $ log. réel $x \pm k\varphi\sqrt{-1}$, c'est-à-dire $= $ log. x.

Il ne s'ensuit pas de là que log. $(-x)$ ne puisse absolument avoir une valeur réelle et $= $ log. x. Car on peut supposer que log. $(-x)$, tout de même que log. x, est l'exposant de la puissance à laquelle il faudroit élever e pour avoir x ; en sorte que, dans les deux cas, on auroit, $e^y = x$; et non pas, $e^y = -x$, dans le premier cas, et $e^y = x$, dans le second. Mais si, comme il est naturel, on suppose que log. $(-x)$ est l'exposant de la puissance à laquelle il faudroit élever e pour avoir $-x$, de même que log. x est l'exposant de la puissance à laquelle il faudroit élever e pour avoir x; en sorte que l'on ait, $e^y = -x$ dans le premier cas, et $e^y = x$ dans le second; alors log. $(-x)$ est nécessairement imaginaire, et partant ne peut jamais être égal à log. x, supposé réel. Or tel est log. $(-x)$ dans les deux équations, log. $x = $ log. $(-x) \pm (2k+1) \varphi' \sqrt{-1}$, et log. $(-x) = $ log. $(-x) \pm k\varphi \sqrt{-1}$, parce que log. $(-x) = y$ se tire de $e^y = -x$, et non pas de $e^y = x$.

7. Mais il faut bien remarquer que les équations, log. $x = y$, et log. $(-x) = y \pm \pi \sqrt{-1}$, appartiennent au même systême, représenté par l'équation $e^y = x$: au lieu que les équations, log. $x = y$, et log. $(-x) = y$, appartiennent à deux systêmes différents, et qui ne sont représentés par la même équation $e^y = x$, que parce que log. $(-x)$ et log. x n'y sont pas envisagés de la même manière; car tandis que log. x est regardé comme l'exposant de la puissance à laquelle il faudroit élever e pour avoir x, log. $(-x)$ est regardé, non comme l'exposant de la puissance à laquelle il faudroit élever e pour avoir $-x$, mais toujours comme l'exposant de la puissance à laquelle il faudroit élever e pour avoir x. D'où il arrive que y est à-la-fois, le log. de x, et celui de $-x$, c'est-à-dire le log. de

deux quantités différentes. Mais, si log. $x = y$, et log. $(-x) = y \pm \pi \sqrt{-1}$; on a $y = $ log. $x = $ log. $(-x) \mp \pi \sqrt{-1}$, puisque log. $(-x) \mp \pi \sqrt{-1}$

$$= \text{log.} (-x) - \text{log.} (-1) = \text{log.} \left(\frac{-x}{-1} \right) = \text{log.} \, x:$$

et y n'est plus le log. de deux quantités différentes.

Et comme l'équation log. $x = y$ ne comprend qu'une partie du systême des log. des quantités réelles, si l'on n'y joint l'équation log. $(-x) = y \pm \pi \sqrt{-1}$; de même, l'équation log. $(-x) = y$, dans un autre systême de log. des quantités réelles, ne comprendra qu'une partie de ce systême, si l'on n'y joint l'équation log. $x = y \pm \pi \sqrt{-1}$. De sorte que, dans un même systême, il ne se peut faire que log. x et log. $(-x)$ soient tous deux réels; mais si l'un des deux est réel, n'importe lequel, l'autre est imaginaire.

8. Je sais qu'on peut objecter le raisonnement, ou plutôt le calcul suivant. Log. $a = $ log. $(-a) + $ log. (-1), et log. $(-a) = $ log. $a + $ log. (-1). Retranchant ces deux équations, il vient, log. $a - $ log. $(-a) = $ log. $(-a) - $ log. a, ce qui donne 2 log. $a = 2$ log. $(-a)$, et partant log. $a = $ log. $(-a)$. Mais cette preuve sera renversée, si l'on fait voir que log. a n'a pas la même valeur dans les deux équations, log. $a = $ log. $(-a) + $ log. (-1), et log. $(-a) = $ log. $a + $ log. (-1). Or, dans la seconde équation, log. a est naturellement $= $ log. réel a:

et dans la première, à cause de log. $(-a)=$ log. réel a + log. (-1), on a, log. $a=$ log. réel a + log. (-1) + log. $(-1)=$ log. réel a + 2 log. (-1), quantité imaginaire. Des deux équations proposées, on ne peut donc pas conclure, 2 log. $a=$ 2 log. $(-a)$, mais seulement, log. a + log. $a=$ 2 log. $(-a)$, c'est-à-dire que la somme de deux différents log. de $a=$ le double du log. de $-a$.

On objecte encore que $a^2=(-a)^2$, d'où 2 log. a $=$ 2 log. $(-a)$, et partant log. $a=$ log. $(-a)$.

Mais, si log. $(-a)^2=$ log. réel a^2; le second membre étant $=$ 2 log. réel a, le premier ne peut être $=$ 2 log. $(-a)$ quantité imaginaire, mais doit être $=$ 2 log. réel a. Et si log. $(-a)^2=$ log. im. a^2: ou, le second membre étant $=$ 2 log. im. $a=$ 2 log. réel a + 2 log. im. 1, le premier ne peut être $=$ 2 log. $(-a)=$ 2 log. réel a + 2 log. (-1) $=$ 2 log. réel a + log. im. 1, mais doit être $=$ 2 log. $(-a)$ + log. im. 1 : ou bien, le premier membre étant $=$ 2 log. $(-a)=$ 2 log. réel a + log. im. 1, le second ne peut être $=$ 2 log. im. a $=$ 2 log. réel a + 2 log. im. 1, mais doit être $=$ 2 log. im. a — log. im. 1 $=$ 2 log. réel a + log. im. 1. On n'a donc, dans aucun cas, 2 log. $(-a)=$ 2 log. a, ni par conséquent log. $(-a)=$ log. a.

9. Il faut donc soutenir avec Leibnitz et Euler, contre Bernoulli et d'Alembert, que le logarithme d'une quantité négative est imaginaire, et qu'on ne peut avoir log. $(-x)=$ log. x. Les controverses qui

ont eu lieu entre ces géomètres au sujet des logarithmes des quantités négatives, que les uns croyoient
réelles, et les autres imaginaires, n'avoient point
encore suffisamment éclairci la question, parce
qu'on n'avoit pas pris la peine de la traiter d'une
manière complète, ni par des moyens simples et directs. On ne l'avoit pas encore envisagée sous son
vrai point de vue ; et d'Alembert, qui s'en est occupé
le dernier, est tombé, à ce sujet, dans plusieurs méprises qui n'ont été relevées par personne. J'en in-
diquerai quelques-unes en faveur des commençans.

« Soient 1 et a^2, dit d'Alembert (*), deux nombres positifs et réels, qui aient o et p pour loga-
rithmes. Il est évident que la moyenne proportionnelle entre 1 et a^2 est également $+a$ et $-a$,
et que le logarithme correspondant est $\frac{1}{2}p$. Donc
$\frac{1}{2}p = \log. a$, et $\frac{1}{2}p = \log. (-a)$. Il n'y a point
d'argument ni de calcul capable de renverser une
proposition aussi simple ». — Ce n'est cependant
là qu'une pétition de principe. Car ce logarithme
correspondant à a et à $-a$ ne sera $\frac{1}{2}p$, que si
$\log. (-a) = \log. a$. D'ailleurs, quand $\log. (-a)$
seroit $= \log. a$, cela n'empêcheroit pas que l'on
n'eût encore $\log. (-a) = \frac{1}{2}p \pm (2k+1)\pi\sqrt{-1}$,
quantité imaginaire, et que d'Alembert rejette.

Il dit encore (**) : « Soit log. $(-1) = x$. On aura

––––––––––

(*) Opuscules math., tom. 1, pag. 198.
(**) *Ibid.*, tom. 6, pag. 420.

log. $(-1)^3 = 3x$. Mais log. (-1) = log. $(-1)^3$. Donc $x=3x$, ou $x=0$; et par conséquent log. (-1) $=x=0$. Je ne vois pas ce qu'on peut opposer à une preuve si claire. » — C'est encore une pétition de principe. Car log. (-1) n'est = log. $(-1)^3$, que si log. $(-1) = 0$, et non point si log. $(-1) =$ $\pm \pi \sqrt{-1}$.

D'Alembert dit encore (*) : « Il me semble que M. Euler ne répond pas d'une manière satisfaisante à l'objection tirée de ce que 2 log. $(-a) =$ 2 log. a : cette formule signifie, (ou il faut renoncer à toutes les dénominations analytiques), que le double du logarithme de $-a$ est égal au double du logarithme de a ; et non pas, que la somme de deux différents logarithmes de $-a$ soit égal à la somme de deux différents logarithmes de a. » Il est vrai que cette formule doit signifier ce que dit d'Alembert, et que, quand elle signifie ce que dit Euler, c'est par une fausse notation. Mais si la notation est mauvaise, l'idée est juste. On peut avoir, d'une infinité de manières, la somme de deux différents logarithmes de $-a$, = la somme de deux différents logarithmes de a ; ou la somme de deux différents logarithmes de $-a$, = le double du logarithme de a ; ou la somme de deux différents logarithmes de a, = le double du logarithme de $-a$. Et nous avons vu que ce dernier cas

---

(*) Opuscules math., tom. 1, pag. 198.

avoit lieu. D'ailleurs j'ai fait voir que l'équation $a^2 = (-a)^2$ ne donnoit pas $2 \log. a = 2 \log. (-a)$.

D'Alembert prend les deux équations (*):

$$d \log. x = \frac{dx}{x}, \text{ et } d \log. (-x) = \frac{-dx}{-x} = \frac{dx}{x}, \text{ d'où}$$

il tire, en intégrant, $\log. (-x) = \log. x$. — Mais il savoit mieux que moi que l'intégrale complète est, $\log. (-x) = \log. x +$ une constante. Or cette constante est $\log. (-1)$, quel qu'il soit.

D'Alembert avoue bien qu'on a $\log. (-1) = \pm \pi \sqrt{-1}$: mais il décide, à l'inspection de cette équation, qu'elle appartient au systême logarithmique dont le module est $\dfrac{1}{\sqrt{-1}}$ (**). J'avoue que cette assertion est bien étrange. Comment se pourroit-il, qu'étant parti du systême des logarithmes hyperboliques, dont le module est 1, on fût arrivé à celui dont le module est $\dfrac{1}{\sqrt{-1}}$, et cela, sans s'en douter, et sans pouvoir assigner le lieu de ce passage? Comment d'Alembert a-t-il pu contredire Euler, sans avoir mieux connu l'état de la question ?

J'aurai occasion d'indiquer quelques autres méprises, en parlant des logarithmes des quantités imaginaires.

10. Je ne considérerai ici que les imaginaires

(*) Opuscules math., tom. 1, pag. 194.
(**) *Ibid.*, tom. 1, p. 196.

de la forme $A+B\sqrt{-1}$, parce que je démontrerai dans la suite qu'elles sont toutes réductibles à cette forme. Mais dans la forme $A+B\sqrt{-1}$, il y a encore quatre cas à distinguer; savoir, celui où la partie réelle et la partie imaginaire sont positives; celui où elles sont négatives; celui où la première est positive et la seconde négative; enfin celui où la première est négative et la seconde positive.

Cela posé :

1°. Soit log. $(x+s\sqrt{-1})=y+z\sqrt{-1}$: on aura aussi log. $(x-s\sqrt{-1})=y-z\sqrt{-1}$. Donc

$$x\pm s\sqrt{-1}=e^y . e^{\pm z\sqrt{-1}}=e^y\left(1-\frac{z^2}{2}+\frac{z^4}{2.3.4}-\&c.\right)$$
$$\pm e^y\left(z-\frac{z^3}{2.3}+\frac{z^5}{2.3.4.5}-\&c.\right)\sqrt{-1}=e^y(fz)\pm$$
$e^y(f'z)\sqrt{-1}$. Par conséquent, $e^{z\sqrt{-1}}=fz+(f'z)\sqrt{-1}$, et $e^{-z\sqrt{-1}}=fz-(f'z)\sqrt{-1}$; d'où $(fz)^2+(f'z)^2=1$, et $e^{2y}(fz)^2+e^{2y}(f'z)^2=e^{2y}$. Mais $e^y(fz)=x$ et $e^y(f'z)=s$. Donc $e^{2y}=x^2+s^2$; ce qui donne $e^y=\pm\sqrt{x^2+s^2}$, ou seulement $e^y=\sqrt{x^2+s^2}$, parce qu'en prenant $e^y=-\sqrt{x^2+s^2}$, on rendroit imaginaire la partie réelle y : et de là, $y=$ log. réel $\sqrt{x^2+s^2}=\frac{1}{2}$ log. réel (x^2+s^2). Il ne reste plus qu'à déterminer z. Or, à cause de $e^y=\sqrt{x^2+s^2}$, on a, $fz=\dfrac{x}{\sqrt{x^2+s^2}}$, et $f'z=\dfrac{s}{\sqrt{x^2+s^2}}$: ou, $1-\dfrac{z^2}{2}+\dfrac{z^4}{2.3.4}-\&c.=\dfrac{x}{\sqrt{x^2+s^2}}$, et $z-\dfrac{z^3}{2.3}$

$+ \dfrac{z^5}{2.3.4.5} - \&\text{c.} = \dfrac{s}{\sqrt{x^2+s^2}}$. Faisant pour abré-

ger $\dfrac{s}{\sqrt{x^2+s^2}} = u$, on a $z - \dfrac{z^3}{2.3} + \dfrac{z^5}{2.3.4.5} - \&\text{c.} =$

u, d'où, par le retour des suites, on tire $z = u +$

$\dfrac{1}{2.3} u^3 + \dfrac{3}{2.4.5} u^5 + \dfrac{3.5}{2.4.6.7} u^7 + \&\text{c.}$ Or cette va-

leur de z en u est la plus petite des racines z com-

munes aux deux équations, $fz = \dfrac{x}{\sqrt{x^2+s^2}}$ et $f'z =$

$\dfrac{s}{\sqrt{x^2+s^2}}$; puisqu'en faisant $u = 0$, elle devient

$z = 0$, et que ces équations ont aussi pour racine

commune $z = 0$, si $u = 0$, $\Big($ parce qu'alors v ou

$\dfrac{x}{\sqrt{x^2+s^2}} = fz = \sqrt{1-u^2} = 1.\Big)$ Soit donc $z = q$ la

plus petite des racines communes aux deux équa-

tions $fz = \dfrac{x}{\sqrt{x^2+s^2}} = v$, $f'z = \dfrac{s}{\sqrt{x^2+s^2}} = u$:

toutes se trouveront comprises dans l'expression

générale $z = q \pm 2k\pi$, k étant un entier indéterminé

quelconque, et π étant $2\Big(1 + \dfrac{1}{2.3} + \dfrac{3}{2.4.5} + \&\text{c.}\Big)$;

car, en faisant $z = q \pm 2k\pi$, dans l'équation

$e^{z\sqrt{-1}} = fz + (f'z)\sqrt{-1}$, il vient $e^{q\sqrt{-1}} =$

$f(q \pm 2k\pi(+ f'(q \pm 2k\pi)\sqrt{-1} = fq + (f'q)\sqrt{-1}.$

Connoissant q, par la formule $q = u + \dfrac{1}{2.3} u^3 +$

$\dfrac{3}{2.4.5} u^5 + $ &c., on connoîtra donc $q \pm 2 k \pi$. Et l'on aura, $\log. (x + s \sqrt{-1}) = y + z \sqrt{-1} = \frac{1}{2} \log. (x^2 + s^2) + (q \pm 2 k \pi) \sqrt{-1}$; ce qui donne pour $\log. (x + s \sqrt{-1})$ une infinité de valeurs, en prenant k entre les limites 0 et ∞.

2°. On voit en même temps que $\log. (x - s \sqrt{-1}) = \frac{1}{2} \log. (x^2 + s^2) + (-q \pm 2 k \pi) \sqrt{-1}$. Car s négatif rend q négatif.

3°. Soit $\log. (-x + s \sqrt{-1}) = y + z \sqrt{-1}$: on aura aussi $\log. (-x - s \sqrt{-1}) = y - z \sqrt{-1}$. Donc $-x \pm s \sqrt{-1} = e^y (fz) \pm e^y (f'z) \sqrt{-1} \ldots$ $e^{2y} = x^2 + s^2 \ldots\ldots e^y = \sqrt{x^2 + s^2} \ldots\ldots y = \frac{1}{2} \log.$ réel $(x^2 + s^2) \ldots fz = \dfrac{-x}{\sqrt{x^2 + s^2}} = -v \ldots f'z = \dfrac{s}{\sqrt{x^2 + s^2}} = u \ldots z = u + \dfrac{1}{2.3} u^3 + \dfrac{3}{2.4.5} u^5 + $ &c. $= q$. Or la quantité $\pi - q$, ou π diminué de cette valeur de z en u, est la plus petite des racines z communes aux deux équations, $fz = \dfrac{-x}{\sqrt{x^2 + s^2}}$ et $f'z = \dfrac{s}{\sqrt{x^2 + s^2}}$; puisqu'en faisant $u = 1$, ce qui est la plus grande valeur possible de u ou $f'z$, ainsi que le prouve l'équation $(f'z)^2 + (fz)^2 = 1$; $u + \dfrac{1}{2.3} u^3 + \dfrac{3}{2.4.5} u^5 + $ &c. devient $1 + \dfrac{1}{2.3} + \dfrac{3}{2.4.5} + $ &c., c'est-à-dire $\frac{1}{2} \pi$, ce qui est la plus grande valeur de q ; que $\pi - q$ devient donc aussi $\frac{1}{2}\pi$; ce qui est, au contraire, la plus petite valeur de $\pi - q$; et qu'enfin ces équations $fz = \dfrac{-x}{\sqrt{x^2 + s^2}}$

et $f'z = \dfrac{s}{\sqrt{x^2 + s^2}}$ ont aussi pour racine commune

$z = \frac{1}{2}\pi$, si $u = 1$; $\left(\text{parce qu'alors } \nu \text{ ou } \dfrac{x}{\sqrt{x^2 + s^2}}\right.$

$= fz = \sqrt{1 - u^2} = 0$, d'où $\dfrac{e^{z\sqrt{-1}} + e^{-z\sqrt{-1}}}{2} = 0$,

$e^{2z\sqrt{-1}} + 1 = 0$, et $e^{2z\sqrt{-1}} = -1 = e^{\pi\sqrt{-1}}$, ce qui donne $2z = \pi$, et $z = \frac{1}{2}\pi$, pour l'équation $fz = 0$; et que d'autre part l'équation $f'z = 1$ donne aussi par le retour des suites $\left. z = \frac{1}{2}\pi \right)$. Soit donc $z = q'$ la plus petite des racines communes aux deux équations $fz = -\nu$, $f'z = u$: toutes se trouveront comprises dans l'expression générale $z = q' \pm 2k\pi$, qui revient à $z = -q + (1 \pm 2k)\pi$, k étant un entier indéterminé ; ce qu'on démontreroit comme la proposition analogue dans le n°. 1. Et l'on aura $\log.(-x + s\sqrt{-1}) = \gamma + z\sqrt{-1} = \frac{1}{2}\log.(x^2 + s^2)$ $+ (-q + (1 \pm 2k)\pi)\sqrt{-1}$; ce qui donne pour $\log.(-x + s\sqrt{-1})$ une infinité de valeurs, en prenant k entre les limites 0 et ∞.

4°. On voit, en même temps, que $\log.(-x - s\sqrt{-1})$ $= \frac{1}{2}\log.(x^2 + s^2) + (q - (1 \mp 2k)\pi)\sqrt{-1}$. Car s négatif rend q' négatif. Or $q' = \pi - q$; donc $-q' = q - \pi$.

11. Ainsi, dans tous les cas le logarithme d'une quantité imaginaire a une infinité de valeurs toutes imaginaires.

Si, dans les formules....................

$$\mathrm{Log.}(x+s\sqrt{-1})=\tfrac{1}{2}\log.(x^2+s^2)+(\quad q\pm2k\pi)\sqrt{-1}$$
$$\mathrm{Log.}(x-s\sqrt{-1})=\tfrac{1}{2}\log.(x^2+s^2)+(-q\pm2k\pi)\sqrt{-1}$$
$$\mathrm{Log.}(-x+s\sqrt{-1})=\tfrac{1}{2}\log.(x^2+s^2)+(-q+(1\pm2k\pi))\sqrt{-1}$$
$$\mathrm{Log.}(-x-s\sqrt{-1})=\tfrac{1}{2}\log.(x^2+s^2)+(\quad q-(1\pm2k\pi))\sqrt{-1},$$

on suppose $s=0$, ce qui donne aussi $q=0$, il viendra........................

$$\mathrm{Log.}\,x=\log.x\pm2k\pi\sqrt{-1}$$
$$\mathrm{Log.}\,x=\log.x\pm2k\pi\sqrt{-1}$$
$$\left.\begin{array}{l}\mathrm{Log.}(-x)=\log.x+(1\pm2k)\pi\sqrt{-1}\\ \mathrm{Log.}(-x)=\log.x+(-1\pm2k)\pi\sqrt{-1}\end{array}\right\}\text{ou}=\log.x\pm(2k+1)\pi\sqrt{-1}.\,(^*)$$

Formules que nous avons trouvées précédemment.

12. Nous avons fait plus haut, $e^y=\sqrt{x^2+s^2}$. Mais on arriveroit aux mêmes résultats en prenant $e^y=-\sqrt{x^2+s^2}$, ce qui donneroit $y=\tfrac{1}{2}\log.(x^2+s^2)\pm(2k'+1)\pi\sqrt{-1}$.

Car, pour la formule $\log.(x+s\sqrt{-1})=y+z\sqrt{-1}$, on trouveroit, $fz=\dfrac{-x}{\sqrt{x^2+s^2}}$, et $f'z=\dfrac{-s}{\sqrt{x^2+s^2}}$; d'où $z=q\pm(2k+1)\pi$: donc $\log.(x+s\sqrt{-1})=\tfrac{1}{2}\log.(x^2+s^2)+$

(*) Car ces trois formes $1\pm2k$, $-1\pm2k$, $\pm(2k+1)$, renferment également tous les impairs positifs et négatifs.

$(q \pm 2 (k + k' + 1) \pi) \sqrt{-1} = \frac{1}{2} \log. (x^2 + s^2) +$ $(q \pm 2 k'' \pi) \sqrt{-1} \ldots$ De même, pour la formule $\log. (-x + s \sqrt{-1}) = y + z \sqrt{-1}$, on trouveroit, $fz = \dfrac{x}{\sqrt{x^2 + s^2}}$, et $f'z = \dfrac{-s}{\sqrt{x^2 + s^2}}$; d'où $z = -q \pm 2 k \pi$: donc $\log. (-x + s \sqrt{-1}) = \frac{1}{2} \log. (x^2 + s^2) + (-q \pm (2(k + k') + 1)\pi) \sqrt{-1} = \frac{1}{2} \log. (x^2 + s^2) + (-q \pm (2 k'' + 1)\pi) \sqrt{-1}$.

Les quatre formules ci-dessus peuvent être représentées par la formule générale, $\log. (x + s \sqrt{-1}) = \frac{1}{2} \log. (x^2 + s^2) + Q \sqrt{-1}$; Q étant $= q \pm 2 k \pi$, si x et s sont positifs; $= -q \pm 2 k \pi$, si x est positif et s négatif; $= -q \pm (2 k \pm 1)\pi$, si x est négatif et s positif; enfin $= q \pm (2 k \pm 1)\pi$, si x et s sont négatifs. Q n'est autre que z connu.

Observons que $\log. (-x + s \sqrt{-1})$ n'est point $= \log. (x - s \sqrt{-1})$, ni $\log. (-x - s \sqrt{-1}) = \log. (x + s \sqrt{-1})$; mais que $\log. (-x + s \sqrt{-1}) = \log. (x - s \sqrt{-1}) + \log.(-1)$, et $\log. (-x - s \sqrt{-1}) = \log. (x + s \sqrt{-1}) + \log. (-1)$.

13. Nous savons que la valeur $z = \pm \left(u + \dfrac{1}{2.3} u^3 + \dfrac{3}{2.4.5} u^5 + \&c. \right) = \pm q$, tirée de l'équation $z - \dfrac{z^3}{2.3} + \dfrac{z^5}{2.3.4.5} - \&c. = \pm u$, par le retour des suites, est la plus petite des racines effectives communes aux deux équations $f'z = \pm u$, $fz = v$: et il suit, de ce qui a été dit plus haut, qu'elle se trouve tou-

jours comprise entre les limites 0 et $\pm \frac{1}{2} \pi$. C'est ce que nous allons démontrer plus particulièrement. Et d'abord il est clair que la plus petite valeur de z dans l'équation $z = u + \dfrac{1}{2.3} u^3 + \dfrac{3}{2.4.5} u^5 + $ &c. est $z = 0$, laquelle a lieu si $u = 0$. Quant à la plus grande valeur de z dans cette même équation, il est clair qu'elle dépend de celle de u; et que u, étant $= \dfrac{s}{\sqrt{x^2 + s^2}}$, sera le plus grand possible, si $x = 0$, ce qui donne $u = 1$, et
$$z = \pm \left(1 + \frac{1}{2.3} + \frac{3}{2.4.5} + \&\text{c.} \right) = \pm \frac{1}{2} \pi :$$
la plus grande valeur de z dans l'équation $z = \pm \left(u + \dfrac{1}{2.3} u^3 + \dfrac{3}{2.4.5} u^5 + \&\text{c.} \right)$ est donc $z = \pm \frac{1}{2} \pi$. D'où l'on voit que la plus petite racine commune $\pm q$ des deux équations $f'z = \pm u$, $fz = v$, est comprise entre 0 et $\pm \frac{1}{2} \pi$.

Nous savons aussi que la valeur $z = \pm (\pi - q)$ est la plus petite des racines communes aux deux équations $f'z = \pm u$, $fz = -v$: et il suit, de ce qui a été dit dans l'article précédent, qu'elle se trouve toujours comprise entre les limites $\pm \frac{1}{2} \pi$ et $\pm \pi$; car, selon que $q = \pm \frac{1}{2} \pi$ ou $= 0$, $\pm (\pi - q) = \pm \frac{1}{2} \pi$ ou $= \pm \pi$. Ainsi, la plus petite valeur de z dans l'équation $z = \pi - q$ est $z = \pm \frac{1}{2} \pi$: et la plus grande valeur de z dans cette même équation est $z = \pm \pi$. D'où l'on voit que la plus petite racine commune $\pm(\pi - q)$ des deux équations $f'z = \pm u$, $fz = -v$, est comprise entre $\pm \frac{1}{2}\pi$ et $\pm \pi$.

Il est facile de voir 1°. que la valeur $z = \pm q$ est non-seulement la plus petite des racines effectives communes aux deux équations $f'z = \pm u$, $fz = v$, mais encore la plus petite des racines effectives de l'équation $f'z = \pm u$, d'où elle est tirée. 2°. Que la valeur $z = \pm (\pi - q)$ est non-seulement la plus petite des racines communes aux deux équations $f'z = \pm u$, $fz = -v$, mais encore la plus petite des racines effectives de l'équation $f'z = \pm u$.

14. D'Alembert observe (*), comme *un paradoxe bien remarquable*, et dont il laisse à d'autres géomètres le soin d'expliquer le mystère, que l'expression $u = z - \dfrac{z^3}{2.3} + \dfrac{z^5}{2.3.4.5} - \&c.$ renferme toutes les valeurs de z; et que l'expression $z = u + \dfrac{u^3}{2.3} + \dfrac{3u^5}{2.4.5} + \dfrac{3.5u^7}{2.4.6.7} + \&c.$, déduite de la précédente par le retour des suites, n'en renferme qu'une seule. Mais d'abord cela doit être d'après la théorie des équations : car, des deux équations en z dont on vient de parler, la première est du ∞^e degré, et la seconde du 1er degré. D'ailleurs, la première équation fait voir qu'une infinité de séries de la même forme, mais différentes,

---

(*) Opuscules math., tom. 5, pag. 182.

peuvent avoir la même somme; et la seconde équation, qu'une même série ne peut pas avoir une infinité de sommes différentes. Or rien de tout cela n'a de quoi surprendre : le contraire seul seroit étonnant, et offriroit un paradoxe véritablement remarquable, et digne d'occuper la sagacité des autres géomètres; il est vrai qu'outre la racine u, tirée de la première équation, la seconde renferme une infinité d'autres racines u, qui n'ont plus rien de commun avec la racine u de la première : mais c'est le propre des équations, d'offrir des racines étrangères à la question; et celles dont il s'agit seroient sans doute imaginaires.

15. De l'équation $\log. (x + s\sqrt{-1}) = \frac{1}{2}\log. (x^2 + s^2) + z\sqrt{-1}$, on tire, $\log. \left(\dfrac{x + s\sqrt{-1}}{\sqrt{x^2 + s^2}}\right) = z\sqrt{-1}$; ou bien, à cause de $\dfrac{x}{\sqrt{x^2 + s^2}} = fz$, et de $\dfrac{s}{\sqrt{x^2 + s^2}} = f'z$, $\log. (fz + (f'z)\sqrt{-1}) = z\sqrt{-1}$; ou encore, à cause de $(fz)^2 + (f'z)^2 = 1$, $\log. (fz + \sqrt{(fz)^2 - 1}) = z\sqrt{-1}$, et $\log. (\sqrt{1 - (f'z)^2} + (f'z)\sqrt{-1}) = z\sqrt{-1}$. Cette dernière équation se change en

$$\log. \left(\sqrt{-1}(\sqrt{(f'z)^2 - 1} + f'z)\right) = \log. \left(\dfrac{\sqrt{-1}}{f'z - \sqrt{(f'z)^2 - 1}}\right) = z\sqrt{-1}.$$

Enfin on a aussi,

$$\log.\left(\frac{x+s\sqrt{-1}}{x-s\sqrt{-1}}\right)=\log.\left(\frac{fz+(f'z)\sqrt{-1}}{fz-(f'z)\sqrt{-1}}\right)=2z\sqrt{-1}.$$

D'Alembert donne (*) une équation de la forme $\log.\left(fz+\sqrt{(fz)^2-1}\right)=z\sqrt{-1}$: mais il met $\dfrac{z}{\sqrt{-1}}$, au lieu de $z\sqrt{-1}$; et c'est une faute de signe, attendu que $\dfrac{z}{\sqrt{-1}}=-z\sqrt{-1}$. Il donne encore (**) une équation de la forme

$$\log.\left((f'z)\sqrt{-1}+\sqrt{1-(f'z)^2}\right)=\log.\left(\frac{\sqrt{-1}}{f'z-\sqrt{(f'z)^2-1}}\right)$$
$$=z\sqrt{-1}.$$

Mais il met $+\sqrt{(f'z)^2-1}$, au lieu de $-\sqrt{(f'z)^2-1}$; et c'est encore une faute de signe. Enfin, trouvant (***) une équation de la forme

$$z=\frac{1}{\sqrt{-1}}\log.\left(fz+\sqrt{(fz)^2-1}\right),$$

il en conclut que z est le log. de $fz+\sqrt{(fz)^2-1}$, dans un systéme dont le module est $\dfrac{1}{\sqrt{-1}}$; au lieu d'en conclure que $z\sqrt{-1}$ est le log. hyperbolique de $fz+\sqrt{(fz)^2-1}$. Mais, comme je l'ai déjà dit, on ne passe pas, sans s'en douter, du systême dont

---

(*) Opuscules math., tom. 6, pag. 421.
(**) Ibid., tom. 1, pag. 196.
(***) Ibid., tom. 1, pag. 196.

le module est 1, au systême dont le module est $\dfrac{1}{\sqrt{-1}}$. Avec un pareil raisonnement, on pourroit conclure de l'équation $z = m \log. x$, que z est le log. de x dans un systême dont le module est m, au lieu de dire que c'est le log. naturel de x^m. (*) Mais, ajoute d'Alembert, dans le même endroit, cette équation $z = \dfrac{1}{\sqrt{-1}} \log. \left(fz + \sqrt{(fz)^2 - 1} \right)$ n'a rien de commun avec l'équation logarithmique $z = \log. x.$ — Cela n'est pas exact : en effet, $fz + \sqrt{(fz)^2 - 1} = fz + (f'z)\sqrt{-1} = e^{z\sqrt{-1}}$. On a donc $z\sqrt{-1} = \log. (e^{z\sqrt{-1}}) = \sqrt{-1} \log. e^z$, ou $z = \log. e^z$, ou, en faisant $e^z = x$, $z = \log. x$. Réciproquement, de $z = \log. x$, on conclura, $z = \log. e^z$, et $z\sqrt{-1} = \log. (e^{z\sqrt{-1}})$. Mais $e^{z\sqrt{-1}} = fz + (f'z)\sqrt{-1}$. Donc $z\sqrt{-1} = \log. (fz + (f'z)\sqrt{-1})$. Nous ne sommes pas sortis, comme l'on voit, du systême des log. hyperboliques. Nous n'avons pas supposé $z = \dfrac{1}{\sqrt{-1}} \log. x$; et si nous l'avions fait, il en seroit résulté $z = \dfrac{1}{\sqrt{-1}} \log. e^z = \log. (e^{-z\sqrt{-1}}) = \log. (fz - (f'z)\sqrt{-1})$, et non pas $z = \dfrac{1}{\sqrt{-1}} \log. (fz + (f'z)\sqrt{-1})$.

(*) Quand l'un reviendroit à l'autre, quel seroit l'avantage de considérer plusieurs systêmes, où il suffit d'en considérer un ?

16. Venons à une autre expression des log. des quantités imaginaires.

1°. $\text{Log.} (x+s\sqrt{-1}) = \log.x + \log.\left(1+\dfrac{s}{x}\sqrt{-1}\right)$

$= \log. x + \dfrac{1}{2}\dfrac{s^2}{x^2} - \dfrac{1}{4}\dfrac{s^4}{x^4} + \dfrac{1}{6}\dfrac{s^6}{x^6} - \&\text{c.}\dots\dots\dots$

$+ \left(\dfrac{s}{x} - \dfrac{1}{3}\dfrac{s^3}{x^3} + \dfrac{1}{5}\dfrac{s^5}{x^5} - \&\text{c.}\right)\sqrt{-1} = \dfrac{1}{2}\log.(x^2+s^2)$

$+ q\sqrt{-1}$, en faisant $\dfrac{s}{x} - \dfrac{1}{3}\dfrac{s^3}{x^3} + \dfrac{1}{5}\dfrac{s^5}{x^5} - \&\text{c.} = q$.

Mais, comme cette série ne pourra donner q, que si elle est convergente, c'est-à-dire si s n'est pas plus grand que x, il faudra, dans le cas contraire, s'y prendre de la manière suivante. $\text{Log.}(x+s\sqrt{-1})$

$= \log.(s\sqrt{-1}) + \log.\left(1+\dfrac{x}{s\sqrt{-1}}\right) = \log.(s\sqrt{-1})$

$+ \log.\left(1-\dfrac{x}{s}\sqrt{-1}\right) = \log. s + \dfrac{1}{2}\dfrac{x^2}{s^2} - \dfrac{1}{4}\dfrac{x^4}{s^4} +$

$\dfrac{1}{6}\dfrac{x^6}{s^6} - \&\text{c.} - \left(\dfrac{x}{s} - \dfrac{1}{3}\dfrac{x^3}{s^3} + \dfrac{1}{5}\dfrac{x^5}{s^5} - \&\text{c.}\right)\sqrt{-1}$

$+ \log.\sqrt{-1} = \dfrac{1}{2}\log.(x^2+s^2) - p\sqrt{-1} + \dfrac{1}{2}\log.(-1)$,

en faisant $\dfrac{x}{s} - \dfrac{1}{3}\dfrac{x^3}{s^3} + \dfrac{1}{5}\dfrac{x^5}{s^5} - \&\text{c.} = p$. Or cette dernière série sera toujours convergente si x n'est pas plus grand que s. Par là, on détermineroit encore log. (-1), si l'on ne le connoissoit pas d'ailleurs. En effet, on a, $\text{log.}(x+s\sqrt{-1}) = \dfrac{1}{2}\log.(x^2+s^2) + q\sqrt{-1}$, et $\text{log.}(x+s\sqrt{-1}) = \dfrac{1}{2}\log.(x^2+s^2) - p\sqrt{-1} + \dfrac{1}{2}\log.(-1)$. Donc

$\log. (-1) = 2(q+p)\sqrt{-1}$, quels que soient q et p, et par conséquent x et s. Soit donc $x = s$; et l'on aura $q = p = 1 - \frac{1}{3} + \frac{1}{5} - \frac{1}{7} + \&c.$; partant, $\log. (-1) = 4 (1 - \frac{1}{3} + \frac{1}{5} - \frac{1}{7} + \&c.) \sqrt{-1}$.

2°. Faisant s négatif, q et p deviendront négatifs; et l'on aura, $\log. (x - s\sqrt{-1}) = \frac{1}{2}\log.(x^2 + s^2) - q\sqrt{-1}$, et $\log. (x - s\sqrt{-1}) = \frac{1}{2}(x^2 + s^2) + p\sqrt{-1} - \frac{1}{2}\log. (-1)$. Je mets $-\frac{1}{2}\log. (-1)$, et non pas $+\frac{1}{2}\log. (-1)$, parce que $\sqrt{-1}$ devient ici $-\sqrt{-1}$, et partant $\log. \sqrt{-1}$, $\log. (-\sqrt{-1})$. Or $\log. (-\sqrt{-1}) = -\log.\sqrt{-1}$. En effet, soit $x = 0$, on aura, $\log. (s\sqrt{-1}) = \log. s + (\infty - \frac{1}{3}\infty^3 + \frac{1}{5}\infty^5 - \&c.)\sqrt{-1}$, et $\log. (-s\sqrt{-1}) = \log. s - (\infty - \frac{1}{3}\infty^3 + \frac{1}{5}\infty^5 - \&c.) \sqrt{-1}$; ou bien, $\log.(\sqrt{-1}) = (\infty - \frac{1}{3}\infty^3 + \frac{1}{5}\infty^5 - \&c.)\sqrt{-1}$, et $\log. (-\sqrt{-1}) = -(\infty - \frac{1}{3}\infty^3 + \frac{1}{5}\infty^5 - \&c.)\sqrt{-1}$: donc $\log. (\sqrt{-1}) = -\log. (-\sqrt{-1})$, ou $\log. (-\sqrt{-1}) = -\log. (\sqrt{-1}) = -\frac{1}{2}\log. (-1)$. On objectera peut-être contre cette démonstration, que la série $\infty - \frac{1}{3}\infty^3 + \frac{1}{5}\infty^5 - \&c.$, étant divergente, est fautive. Mais on a en général $\log. (-1) = 2(q+p)\sqrt{-1}$, quels que soient q et p, et par conséquent x et s. Soit donc $x = 0$; et l'on aura, $q = \infty - \frac{1}{3}\infty^3 + \frac{1}{5}\infty^5 - \&c.$, et $p = 0$; partant $\log. (-1) = 2(\infty - \frac{1}{3}\infty^3 + \frac{1}{5}\infty^5 - \&c.)\sqrt{-1}$, et $\infty - \frac{1}{3}\infty^3 + \frac{1}{5}\infty^5 - \&c. = \dfrac{\log. (-1)}{2\sqrt{-1}} = 2 (1 - \frac{1}{3} + \frac{1}{5} - \&c.)$. Ainsi, quoique la série $\infty - \frac{1}{3}\infty^3 + \frac{1}{5}\infty^5 - \&c.$ soit divergente, on peut en trouver la somme; et dès-lors elle n'est pas fautive. On pourroit objecter encore que $\log.(-1) = 4(1 - \frac{1}{3} + \frac{1}{5} - \&c.)\sqrt{-1}$, et $\log.(-1) = 2(\infty - \frac{1}{3}\infty^3 + \frac{1}{5}\infty^5 - \&c.)\sqrt{-1}$, sont deux différentes valeurs de $\log.(-1)$. Mais en ce cas, il faudroit toujours que l'on eût, $4(1 - \frac{1}{3} + \frac{1}{5} - \&c.) = (2k'+1).2(\infty - \frac{1}{3}\infty^3 + \frac{1}{5}\infty^5 - \&c.)$, ou, au contraire, $2(\infty - \frac{1}{3}\infty^3 + \frac{1}{5}\infty^5 - \&c.) = (2k'+1).4(1 - \frac{1}{3} + \frac{1}{5} - \&c.)$. Or il n'y a aucun nombre impair qui, multipliant l'une de ces séries, puisse donner l'autre. Donc $2k' + 1 = 1$, ou $k' = 0$, et partant ces deux séries sont égales. Enfin on pourroit objecter que l'équation $\log.(-\sqrt{-1}) = -\log.(\sqrt{-1})$ ne paroît point exacte. Mais le calcul la transforme en $\log.(-\sqrt{-1}) = \log.(\sqrt{-1})^{-1}$; $-\sqrt{-1} = (\sqrt{-1})^{-1} = \dfrac{1}{\sqrt{-1}} = \dfrac{\sqrt{-1}}{-1} = -\sqrt{-1}.$ (*)

3°. $\text{Log.}(-x + s\sqrt{-1}) = \log.(x - s\sqrt{-1}) + \log.(-1) = \frac{1}{2}\log.(x^2 + s^2) - q\sqrt{-1} + \log.(-1) = \frac{1}{2}\log.(x^2 + s^2) + p\sqrt{-1} + \frac{1}{2}\log.(-1).$

4°. $\text{Log.}(-x - s\sqrt{-1}) = \log.(x + s\sqrt{-1}) - \log.(-1) = \frac{1}{2}\log.(x^2 + s^2) + q\sqrt{-1} - \log.(-1) = \frac{1}{2}\log.(x^2 + s^2) - p\sqrt{-1} - \frac{1}{2}\log.(-1).$ Je mets $-\log.(-1)$, et non pas $+\log.(-1)$, afin d'obtenir d'abord la plus petite valeur possible.

***

(*) On trouveroit aussi $\log.(-1) = -\log.(-1) = \log.(-1)^{-1}$; et de là $-1 = \dfrac{1}{-1} = -1.$

17. Nous avons trouvé pour $\log. (x + s\sqrt{-1})$ les deux expressions suivantes. 1°. $\frac{1}{2} \log. (x^2 + s^2)$

$$+ \left(u + \frac{1}{2.3} u^3 + \frac{3}{2.4.5} u^5 + \frac{3.5}{2.4.6.7} u^7 + \&c. \right) \sqrt{-1};$$

u étant $= \dfrac{s}{\sqrt{x^2 + s^2}}$; 2°. $\frac{1}{2} \log. (x^2 + s^2) +$

$$\left(\frac{s}{x} - \frac{1}{3} \frac{s^3}{x^3} + \frac{1}{5} \frac{s^5}{x^5} - \&c. \right) \sqrt{-1}.$$

Or, si $s = 0$; la première expression se réduit à log. réel x; et la seconde se réduit pareillement à log. réel x. Donc

$$u + \frac{1}{2.3} u^3 + \frac{3}{2.4.5} u^5 + \&c., \quad \text{ou plutôt} \quad \frac{s}{(x^2+s^2)^{\frac{1}{2}}}$$

$$+ \frac{1}{2.3} \frac{s^3}{(x^2+s^2)^{\frac{3}{2}}} + \frac{3}{2.4.5} \frac{s^5}{(x^2+s^2)^{\frac{5}{2}}} + \&c. =$$

$$\frac{s}{x} - \frac{1}{3} \cdot \frac{s^3}{x^3} + \frac{1}{5} \cdot \frac{s^5}{x^5} - \&c. = q.$$

Il suit de là que si $x = 0$, on a $1 + \frac{1}{2.3} + \frac{3}{2.4.5} + \&c. = \infty - \frac{1}{3} \infty^3 + \frac{1}{5} \infty^5 - \&c.$, et par conséquent $= 2 (1 - \frac{1}{3} + \frac{1}{5} - \&c.)$. Donc $\pi = 2 \left(1 + \frac{1}{2.3} + \frac{3}{2.4.5} + \&c. \right) = 4 (1 - \frac{1}{3} + \frac{1}{5} - \&c.),$

ce qui donne $\log. (-1) = \pi \sqrt{-1}$, comme ci-devant; de même $\log. (+1) = 2 \pi \sqrt{-1}$. Mais $\log. (-1) = 2 (q + p) \sqrt{-1}$. Donc $\frac{1}{2} \pi = q + p$, et $q = \frac{1}{2} \pi - p$.

Les formules précédentes deviendront donc

$$\text{Log.} \,(x + s\sqrt{-1}) = \tfrac{1}{2}\log.\,(x^2+s^2) + q\sqrt{-1}$$
$$\text{Log.} \,(x - s\sqrt{-1}) = \tfrac{1}{2}\log.\,(x^2+s^2) - q\sqrt{-1}$$
$$\text{Log.} \,(-x + s\sqrt{-1}) = \tfrac{1}{2}\log.\,(x^2+s^2) + (-q+\pi)\sqrt{-1}$$
$$\text{Log.} \,(-x - s\sqrt{-1}) = \tfrac{1}{2}\log.\,(x^2+s^2) + (q+\pi)\sqrt{-1},$$

q étant déterminé, ou par $\dfrac{s}{x} - \tfrac{1}{3}\dfrac{s^3}{x^3} + \tfrac{1}{5}\dfrac{s^5}{x^5} - $ &c.,

ou par $\tfrac{1}{2}\pi - \left(\dfrac{x}{s} - \tfrac{1}{3}\dfrac{x^3}{s^3} + \tfrac{1}{5}\dfrac{x^5}{s^5} - \right.$ &c.$\left.\right)$, suivant

que s est $< x$ ou $> x$.

Et comme on a encore, log. $(+1) = \log.\,(-1)^{\pm 2k}$ $= \pm 2k\pi\sqrt{-1}$, et log. $(-1) = \log.\,(-1)^{\pm 2k+1}$ $= \pm(2k+1)\pi\sqrt{-1}$, on aura aussi, à cause de la première équation,

$$\text{Log.} \,(x + s\sqrt{-1}) = \tfrac{1}{2}\log.\,(x^2+s^2) + (q\pm 2k\pi)\sqrt{-1}$$
$$\text{Log.} \,(x - s\sqrt{-1}) = \tfrac{1}{2}\log.\,(x^2+s^2) + (-q\pm 2k\pi)\sqrt{-1}$$
$$\text{Log.} \,(-x + s\sqrt{-1}) = \tfrac{1}{2}\log.\,(x^2+s^2) + (-q+(1\pm 2k)\pi)\sqrt{-1}$$
$$\text{Log.} \,(-x - s\sqrt{-1}) = \tfrac{1}{2}\log.\,(x^2+s^2) + (q-(1\mp 2k)\pi)\sqrt{-1},$$

comme ci-devant; quoique q ne représente pas une série de même forme que celle qu'elle représentoit; mais elle représente une série égale, sous une forme différente. C'est pourquoi l'on prendra indifféremment pour q, soit $\dfrac{s}{(x^2+s^2)^{\frac{1}{2}}} + \dfrac{1}{2.3}\dfrac{s^3}{(x^2+s^2)^{\frac{1}{2}}}$

$+$ &c.; soit $\dfrac{s}{x} - \tfrac{1}{3}\dfrac{s^3}{x^3} + \tfrac{1}{5}\dfrac{s^5}{x^5} - $ &c., ou $\tfrac{1}{2}\pi - $

$\left(\dfrac{x}{s} - \tfrac{1}{3}\dfrac{x^3}{s^3} + \right.$ &c.$\left.\right)$, selon que x est plus grand ou plus petit que s.

18. Nous avons vu ce que devenoient les quatre formules précédentes si $s = 0$. Voici ce qu'elles deviendront si $x = 0$.

$$\mathrm{Log.}(s\sqrt{-1}) = \log.s + (\tfrac{1}{2}\pi \pm 2k\pi)\sqrt{-1} = \log.s + \tfrac{1}{2}(1\pm 4k)\pi\sqrt{-1}$$
$$\mathrm{Log.}(-s\sqrt{-1}) = \log.s + (-\tfrac{1}{2}\pi \pm 2k\pi)\sqrt{-1} = \log.s + \tfrac{1}{2}(-1\pm 4k)\pi\sqrt{-1}$$
$$\mathrm{Log.}(s\sqrt{-1}) = \log.s + (-\tfrac{1}{2}\pi + (1\pm 2k)\pi)\sqrt{-1} = \log s + \tfrac{1}{2}(1\pm 4k)\pi\sqrt{-1}$$
$$\mathrm{Log.}(-s\sqrt{-1}) = \log.s + (\tfrac{1}{2}\pi - (1\mp 2k)\pi)\sqrt{-1} = \log.s + \tfrac{1}{2}(-1\pm 4k)\pi\sqrt{-1}.$$

Or la troisième équation est identique à la première ; et la quatrième à la seconde. On a donc seulement, $\log.(s\sqrt{-1}) = \log.s + \tfrac{1}{2}(1\pm 4k)\pi\sqrt{-1}$, et $\log.(-s\sqrt{-1}) = \log.s + \tfrac{1}{2}(-1\pm 4k)\pi\sqrt{-1}$.

Il se présente ici une objection. D'après la formule $\log.(-1) = \pm(2k+1)\pi\sqrt{-1}$, on trouveroit, $\log.(\sqrt{-1}) = \pm\tfrac{1}{2}(2k+1)\pi\sqrt{-1}$; et d'après les formules que nous venons de trouver, $\log.(\sqrt{-1}) = \tfrac{1}{2}(1\pm 4k)\pi\sqrt{-1}$. Or $\pm(2k+1)$ renferme tous les impairs $\pm 1, \pm 5, \pm 5, \pm 7$, &c. : et $1\pm 4k$ ne renferme que les seuls impairs, $1, -3, 5, -7, 9, -11, 13$, &c. La formule $\log.(\sqrt{-1}) = \tfrac{1}{2}(1\pm 4k)\pi\sqrt{-1}$ ne renferme donc pas toutes les valeurs de $\log. \sqrt{-1}$. — Il est vrai ; et la raison en est que, dans la formule $\log.(\sqrt{-1}) = \pm\tfrac{1}{2}(2k+1)\pi\sqrt{-1}$, $\log.(\sqrt{-1})$ comprend $\log.(+\sqrt{-1})$, et $\log.(-\sqrt{-1})$: au lieu que, dans la formule $\log.(\sqrt{-1}) = \tfrac{1}{2}(1\pm 4k)\pi\sqrt{-1}$, $\log.(\sqrt{-1})$ ne comprend que $\log.(+\sqrt{-1})$. Aussi a-t-on pour $\log.(-\sqrt{-1})$ une autre expression, savoir $\tfrac{1}{2}(-1\pm 4k)\pi\sqrt{-1}$. Or $-1\pm 4k$ renferme les impairs, $-1, 3, -5, 7, -9, 11$, &c.,

qui, avec les impairs 1, -3, 5, -7, 9, -11, &c. que renferme $1 \pm 4k$, donnent tous les impairs possibles, renfermés dans $1 \pm 2k$, ou simplement dans $2k+1$.

De même, la formule log. $(-\sqrt{-1}) = \frac{1}{2}(-1 \pm 4k)\pi\sqrt{-1}$ ne revient pas à la formule log. $(-\sqrt{-1}) = \pm\frac{1}{2}(2k+1)\pi\sqrt{-1} - \log.(-1)$: et c'est par la même raison. Remarquez que je mets ici $-\log.(-1)$, et non pas $+\log.(-1)$, afin d'avoir toutes les valeurs, à commencer par la plus petite. En effet, en prenant le signe $-$, on trouve log. $(-\sqrt{-1}) = \mp\frac{1}{2}(2k+1)\pi\sqrt{-1}$; et en prenant le signe $+$, on trouve log. $(-\sqrt{-1}) = \pm\frac{3}{2}(2k+1)\pi\sqrt{-1} = \pm\frac{1}{2}(6k+3)\pi\sqrt{-1} = \frac{1}{2}(2k'+1)\pi\sqrt{-1}$, formule semblable à la précédente, mais dans laquelle $k' = 3k+1$, et par conséquent ne peut être moindre que 1, au lieu que k peut être 0, dans log. $(-\sqrt{-1}) = \mp\frac{1}{2}(2k+1)\pi\sqrt{-1}$.

Au moyen de ces principes, on peut résoudre la difficulté suivante. Log. $(\sqrt{-1}) = \frac{1}{2}(1 \pm 4k)\pi\sqrt{-1}$, et log. $(-\sqrt{-1}) = \frac{1}{2}(-1 \pm 4k)\pi\sqrt{-1}$. Donc si $k=0$; log. $(\sqrt{-1}) = \frac{1}{2}\pi\sqrt{-1}$, et log. $(-\sqrt{-1}) = -\frac{1}{2}\pi\sqrt{-1} = -\log.(\sqrt{-1})$. Mais log. $(-\sqrt{-1}) = \log.(-1) + \frac{1}{2}\log.(-1) = \frac{3}{2}\log.(-1)$, et log. $(\sqrt{-1}) = \frac{1}{2}\log.(-1)$. Donc $\frac{3}{2}\log.(-1) = -\frac{1}{2}\log.(-1)$, ou $2\log.(-1) = 0$, ce qui donne log. $(-1) = 0$. — Je réponds qu'il faut prendre log. $(-\sqrt{-1}) = \log.(\sqrt{-1}) - \log.(-1)$, et non pas $= \log.(\sqrt{-1})$

$+\log. (-1)$: et alors on trouvera l'équation identique $-\frac{1}{2}\log. (-1) = -\frac{1}{2}\log. (-1)$.

19. Les deux équations $\log. (-x + s\sqrt{-1}) = \frac{1}{2}\log. (x^2 + s^2) + (-q + (1 \pm 2k)\pi)\sqrt{-1}$, et $\log. (-x - s\sqrt{-1}) = \frac{1}{2}\log. (x^2 + s^2) + (q - (1 \mp 2k)\pi)\sqrt{-1}$, peuvent être mises sous la forme

$$\text{Log}. (-x + s\sqrt{-1}) = \tfrac{1}{2}\log. (x^2 + s^2) + (q' \pm 2k\pi)\sqrt{-1}$$
$$\text{Log}. (-x - s\sqrt{-1}) = \tfrac{1}{2}\log. (x^2 + s^2) + (-q' \pm 2k\pi)\sqrt{-1},$$

en y faisant entrer q' au lieu de q.

20. Au moyen des formules des log. des quantités imaginaires, on peut trouver de bien des manières la valeur de π ou $\dfrac{\log. (-1)}{\sqrt{-1}}$. En effet, soit $\overset{m}{\sqrt{}}-1$

$= a + b\sqrt{-1}$, on aura $\dfrac{\log. (-1)}{m} = \log. (a + b\sqrt{-1})$,

mais $\log. (a + b\sqrt{-1}) = \tfrac{1}{2}\log. (a^2 + b^2) + q\sqrt{-1}$.

Donc $\log. (-1) = \pi\sqrt{-1} = \dfrac{m}{2}\log. (a^2 + b^2) +$

$mq\sqrt{-1}$. Par conséquent $a^2 + b^2 = 1$, et $\pi = mq$. En voici quelques exemples.

1°. $\text{Log}. \sqrt{-1} = \log. \pm\sqrt{-1} = \log. (0 \pm \sqrt{-1})$

$= \pm \left(1 + \dfrac{1}{2.3} + \dfrac{3}{2.4.5} + \&c. \right) \sqrt{-1} = \pm$

$(\infty - \tfrac{1}{3}\infty^3 + \tfrac{1}{5}\infty^5 - \&c.) \sqrt{-1} = \pm\tfrac{1}{2}\pi$.

2°. $\text{Log}. \overset{4}{\sqrt{}}-1 = \log. \left(\dfrac{1 \pm \sqrt{-1}}{\sqrt{2}} \right) = \pm$

$$\left(\frac{1}{\sqrt{2}}+\frac{1}{2.3}\left(\frac{1}{\sqrt{2}}\right)^3+\frac{3}{2.4.5}\left(\frac{1}{\sqrt{2}}\right)^5+\&c.\right)\sqrt{-1}$$

$$=\pm\left(1-\frac{1}{3}+\frac{1}{5}-\&c.\right)\sqrt{-1}=\pm\frac{1}{4}\pi.$$

$3°.$ Log. $\sqrt{-1}=$ log. $\left(\dfrac{1\pm\sqrt{-3}}{2}\right)=$

log. $\left(\dfrac{1+\sqrt{3}.\sqrt{-1}}{2}\right)=\pm\left(\dfrac{\sqrt{3}}{2}+\dfrac{1}{2.3}\left(\dfrac{\sqrt{3}}{2}\right)^3+\right.$

$$\frac{3}{2.4.5}\left(\frac{\sqrt{3}}{2}\right)^5+\&c.\right)\sqrt{-1}=\pm\left(\sqrt{3}-\frac{1}{3}\left(\sqrt{3}\right)^3\right.$$

$$\left.+\frac{1}{5}\left(\sqrt{3}\right)^5-\&c.\right)\sqrt{-1}=\pm\frac{1}{3}\pi.$$

$4°.$ Log. $\sqrt{-1}=$ log. $\left(\dfrac{\sqrt{3}\pm\sqrt{-1}}{2}\right)=\pm$

$$\left(\frac{1}{2}+\frac{1}{2.3}\left(\frac{1}{2}\right)^3+\frac{3}{2.4.5}\left(\frac{1}{2}\right)^4+\&c.\right)\sqrt{-1}=\pm$$

$$\left(\frac{1}{\sqrt{3}}-\frac{1}{3}\left(\frac{1}{\sqrt{3}}\right)^3+\frac{1}{5}\left(\frac{1}{\sqrt{3}}\right)^5-\&c.\right)\sqrt{-1}=\pm\frac{1}{6}\pi.$$

Il suit de là qu'on peut avoir π par des séries plus convergentes que celles que nous avons trouvées au commencement de ce Mémoire. Ainsi, par exemple, au lieu de prendre..............

$$\pi=2\left(1+\frac{1}{2.3}+\frac{3}{2.4.5}+\&c.\right),\text{ nous prendrons}$$

$$\pi=6\left(\frac{1}{2}+\frac{1}{2.3}\left(\frac{1}{2}\right)^3+\frac{3}{2.4.5}\left(\frac{1}{2}\right)^5+\&c.\right).\text{ Mais}$$

cette dernière étant encore longue à calculer, nous donnerons par la suite un moyen plus expéditif pour avoir π.

21. Observons que $(a+b\sqrt{-1})(a-b\sqrt{-1})$

étant $=a^2+b^2$; si $a^2+b^2=1$, on aura $(a+b\sqrt{-1})$ $(a-b\sqrt{-1})=1$; et alors log. $(a+b\sqrt{-1})$ $+$ log. $(a-b\sqrt{-1})=$ log. $1=0$. Observons encore que $(a+b\sqrt{-1})^m$ peut être $=(a-b\sqrt{-1})^m$, sans que $a+b\sqrt{-1}=a-b\sqrt{-1}$; tout de même que $(-a)^m$ peut être $=(+a)^m$, sans que $-a=+a$: et alors log. $(a+b\sqrt{-1})^m=$ log. $(a-b\sqrt{-1})^m$, sans que log. $(a+b\sqrt{-1})=$ log. $(a-b\sqrt{-1})$. On peut voir dans les *Mémoires de l'académie de Turin*, tom. 3, pag. 383, la méthode de déterminer m pour rendre $(a+b\sqrt{-1})^m=$ $(a-b\sqrt{-1})^m$.

22. De log. $(-1)=\pi\sqrt{-1}$, nous avons déduit précédemment, log. $(-1)=\pm(2k+1)\pi\sqrt{-1}$. Nous aurions pu en tirer encore, log. $(-1)=$ $\dfrac{\pi\sqrt{-1}}{\pm(2k+1)}$, puisqu'il y a une racine, du degré $\pm(2k+1)$, de -1, qui est -1 : mais nous ne l'avons pas fait, à cause qu'il y en a une infinité d'autres qui ne sont pas -1, mais sont imaginaires. — Pareillement, de log. $(+1)=2\pi\sqrt{-1}$, nous avons déduit, log. $(+1)=\pm2k\pi\sqrt{-1}$. Nous aurions pu en tirer encore, log. $(+1)=$ $\dfrac{2\pi\sqrt{-1}}{\pm2k}$, puisqu'il y a une racine, du degré $\pm2k$, de $+1$, qui est $+1$: mais nous ne l'avons pas fait, à cause qu'il y en a une infinité d'autres qui sont imaginaires. Nous aurions pu prendre aussi

$$\log.(+1) = \frac{2\pi\sqrt{-1}}{\pm(2k+1)};$$ mais nous ne l'avons

pas fait, et par la même raison.

23. Les fonctions de z, qui résultent du développement de l'exponentielle $e^{z\sqrt{-1}}$ en série, ont plusieurs propriétés que nous allons examiner.

D'abord, de $e^{z\sqrt{-1}} = fz + \sqrt{-1}\,f'z$, et $e^{-z\sqrt{-1}}$

$= fz - \sqrt{-1}\,f'z$, on tire; $fz = \dfrac{e^{z\sqrt{-1}} + e^{-z\sqrt{-1}}}{2}$;

$f'z = \dfrac{e^{z\sqrt{-1}} - e^{-z\sqrt{-1}}}{2\sqrt{-1}}$; et $(fz)^2 + (f'z)^2 = 1$; ainsi

qu'on l'a déjà vu. Or

Si $z = 0$; $fz = \dfrac{1+1}{2} = 1$, et $f'z = \dfrac{1-1}{2\sqrt{-1}} = 0$.

Si $z = \pi = \dfrac{\log.(-1)}{\sqrt{-1}}$; $fz = \dfrac{-1-1}{2} = -1$, et $f'z = \dfrac{-1+1}{2\sqrt{-1}} = 0$.

Si $z = 2\pi = \dfrac{\log.(+1)}{\sqrt{-1}}$; $fz = \dfrac{1+1}{2} = 1$, et $f'z = \dfrac{1-1}{2\sqrt{-1}} = 0$.

Si $z = \frac{1}{2}\pi = \dfrac{\log.\sqrt{-1}}{\sqrt{-1}}$; $fz = \dfrac{+\sqrt{-1}+-\sqrt{-1}}{2} = 0$,

et $f'z = \dfrac{+\sqrt{-1}--\sqrt{-1}}{2\sqrt{-1}} = 1$.

Si $z = \frac{1}{4}\pi = \dfrac{\log.\sqrt[4]{-1}}{\sqrt{-1}}$; $fz = \dfrac{\frac{1+\sqrt{-1}}{\sqrt{2}} + \frac{1-\sqrt{-1}}{\sqrt{2}}}{2} = \dfrac{1}{\sqrt{2}}$,

et $f'z = \dfrac{\frac{1+\sqrt{-1}}{\sqrt{2}} - \frac{1-\sqrt{-1}}{\sqrt{2}}}{2\sqrt{-1}} = \dfrac{1}{\sqrt{2}}$.

$$\text{Si } z=\tfrac{1}{3}\pi=\frac{\log.\sqrt[3]{-1}}{\sqrt{-1}}\,;\; fz=\frac{\dfrac{1+\sqrt{-3}}{2}+\dfrac{1-\sqrt{-3}}{2}}{2}=\tfrac{1}{2}\,,\text{ et}$$

$$f'z=\frac{\dfrac{1+\sqrt{-3}}{2}-\dfrac{1-\sqrt{-3}}{2}}{2\sqrt{-1}}=\frac{\sqrt{3}}{2}.$$

$$\text{Si } z=\tfrac{1}{6}\pi=\frac{\log.\sqrt[6]{-1}}{\sqrt{-1}}\,;\; fz=\frac{\dfrac{\sqrt{3}+\sqrt{-1}}{2}+\dfrac{\sqrt{3}-\sqrt{-1}}{2}}{2}=\frac{\sqrt{3}}{2}\,,$$

$$\text{et } f'z=\frac{\dfrac{\sqrt{3}+\sqrt{-1}}{2}-\dfrac{\sqrt{3}-\sqrt{-1}}{2}}{2\sqrt{-1}}=\tfrac{1}{2}.$$

$$\text{Si } z=-z\,;\; f(-z)=\frac{e^{-z\sqrt{-1}}+e^{z\sqrt{-1}}}{2}=\frac{e^{z\sqrt{-1}}+e^{-z\sqrt{-1}}}{2}=fz$$

$$\text{et } f'(-z)=\frac{e^{-z\sqrt{-1}}-e^{z\sqrt{-1}}}{2\sqrt{-1}}=-\left(\frac{e^{z\sqrt{-1}}-e^{-z\sqrt{-1}}}{2\sqrt{-1}}\right)=-f'z.$$

$$\text{Si } z=\pm(2k+1)\pi\,;\; fz=\frac{-1-1}{2}=-1,\text{ et } f'z=\frac{-1+1}{2\sqrt{-1}}=0.$$

$$\text{Si } z=\pm 2k\pi\,;\; fz=\frac{1+1}{2}=1,\text{ et } f'z=\frac{1-1}{2\sqrt{-1}}=0.$$

$$\text{On trouve encore } f(\pi-z)=\frac{e^{(\pi-z)\sqrt{-1}}+e^{-(\pi-z)\sqrt{-1}}}{2}$$

$$=\frac{-e^{-z\sqrt{-1}}-e^{z\sqrt{-1}}}{2}=-fz,\text{ et } f'(\pi-z)=\frac{e^{(\pi-z)\sqrt{-1}}-e^{-(\pi-z)\sqrt{-1}}}{2\sqrt{-1}}$$

$$=\frac{-e^{-z\sqrt{-1}}+e^{z\sqrt{-1}}}{2\sqrt{-1}}=f'z.$$

$$\text{On trouve aussi}\dotfill$$

$$f(\tfrac{1}{2}\pi-z)=\frac{e^{(\frac{1}{2}\pi-z)\sqrt{-1}}+e^{-(\frac{1}{2}\pi-z)\sqrt{-1}}}{2}=$$

$$\frac{\sqrt{-1}\, e^{-z\sqrt{-1}} - \sqrt{-1}\, e^{z\sqrt{-1}}}{2} = \frac{e^{z\sqrt{-1}} - e^{-z\sqrt{-1}}}{2\sqrt{-1}} = f'$$

$$\text{et } f'(\tfrac{1}{2}\pi - z) = \frac{e^{(\frac{1}{2}\pi - z)\sqrt{-1}} - e^{-(\frac{1}{2}\pi - z)\sqrt{-1}}}{2\sqrt{-1}} =$$

$$\frac{\sqrt{-1}\, e^{-z\sqrt{-1}} + \sqrt{-1}\, e^{z\sqrt{-1}}}{2\sqrt{-1}} = \frac{e^{z\sqrt{-1}} + e^{-z\sqrt{-1}}}{2} = fz$$

$$f(\tfrac{1}{2}\pi + z) = -f(\tfrac{1}{2}\pi - z) = -f'z, \text{ et } f'(\tfrac{1}{2}\pi + z) =$$
$$f'(\tfrac{1}{2}\pi - z) = fz.$$

24. Il est facile de voir, 1°. que fz est positive de o à $\frac{1}{2}\pi$; négative de $\frac{1}{2}\pi$ à $\frac{1}{2}\pi$; positive de $\frac{3}{2}\pi$ à $\frac{1}{2}\pi$; &c. 2°. Que $f'z$ est positive de o à π; négative de π à 2π; positive de 2π à 3π; &c.

Soit $\dfrac{fz}{f'z} = f''z$, et $\dfrac{f'z}{fz} = f'''z$; d'où $(f''z)(f'''z)$

$= 1\ldots$ Si $z = 0$; on aura $f''z = \dfrac{1}{0} = \infty$, et $f'''z$

$= \dfrac{0}{1} = 0\ldots$ Si $z = \pi$; $f''z = \dfrac{-1}{0} = -\infty$, et $f'''z$

$= \dfrac{0}{-1} = 0\ldots$ Si $z = 2\pi$; $f''z = \dfrac{1}{0} = \infty$, et $f'''z$

$= \dfrac{0}{1} = 0\ldots$ Si $z = \frac{1}{2}\pi$; $f''z = \dfrac{0}{1} = 0$, et $f'''z =$

$\dfrac{1}{0} = \infty\ldots$ Si $z = \frac{1}{4}\pi$; $f''z = 1$, et $f'''z = 1\ldots$

Si $z = \frac{1}{3}\pi$; $f''z = \dfrac{1}{\sqrt{3}}$, et $f'''z = \sqrt{3}\ldots$ Si $z =$

$\frac{1}{6}\pi$; $f''z = \sqrt{3}$, et $f'''z = \dfrac{1}{\sqrt{3}}\ldots$ Si $z = -z$;

$f''(-z) = -f''z$, et $f'''(-z) = -f'''z\ldots$ Si

$z = \pm (2k+1)\pi$; $f''z = -\infty$, et $f'''z = 0$....
Si $z = \pm 2k\pi$; $f''z = \infty$, et $f'''z = 0$.

On trouve encore : $f''(\pi - z) = -f''z$, et $f'''(\pi - z) = -f'''z$.... $f''(\frac{1}{2}\pi - z) = f'''z$, et $f'''(\frac{1}{2}\pi - z) = f''z$.... $f''(\frac{1}{2}\pi + z) = -f''(\frac{1}{2}\pi - z) = -f'''z$, et $f'''(\frac{1}{2}\pi + z) = -f'''(\frac{1}{2}\pi - z) = -f''z$.

Soit maintenant $\dfrac{1}{fz} = f^{\text{IV}}z$, et $\dfrac{1}{f'z} = f^{\text{V}}z$....

Si $z = 0$; on aura $f^{\text{IV}}z = 1$, et $f^{\text{V}}z = \infty$.... Si $z = \pi$; $f^{\text{IV}}z = -1$, et $f^{\text{V}}z = \infty$.... Si $z = 2\pi$; $f^{\text{IV}}z = 1$, et $f^{\text{V}}z = \infty$.... Si $z = \frac{1}{2}\pi$; $f^{\text{IV}}z = \infty$, et $f^{\text{V}}z = 1$... Si $z = \frac{1}{4}\pi$; $f^{\text{IV}}z = \sqrt{2}$, et $f^{\text{V}}z = \sqrt{2}$... Si $z = \frac{1}{3}\pi$; $f^{\text{IV}}z = 2$, et $f^{\text{V}}z = \dfrac{2}{\sqrt{3}}$... Si $z = \frac{1}{6}\pi$;

$f^{\text{IV}}z = \dfrac{2}{\sqrt{3}}$, et $f^{\text{V}}z = 2$.... Si $z = -z$; $f^{\text{IV}}(-z) = f^{\text{IV}}z$, et $f^{\text{V}}(-z) = -f^{\text{V}}z$... Si $z = \pm(2k+1)\pi$; $f^{\text{IV}}z = -1$, et $f^{\text{V}}z = \infty$... Si $z = \pm 2k\pi$; $f^{\text{IV}}z = 1$, et $f^{\text{V}}z = \infty$.

On trouve encore : $f^{\text{IV}}(\pi - z) = -f^{\text{IV}}z$, et $f^{\text{V}}(\pi - z) = f^{\text{V}}z$... $f^{\text{IV}}(\frac{1}{2}\pi - z) = f^{\text{V}}z$, et $f^{\text{V}}(\frac{1}{2}\pi - z) = f^{\text{IV}}z$... $f^{\text{IV}}(\frac{1}{2}\pi + z) = -f^{\text{V}}z$, et $f^{\text{V}}(\frac{1}{2}\pi + z) = f^{\text{IV}}z$.

Il est facile de voir, 1°. que $f''z$ est positive de 0 à $\frac{1}{2}\pi$; négative de $\frac{1}{2}\pi$ à $\frac{3}{2}\pi$; positive de $\frac{3}{2}\pi$ à $\frac{5}{2}\pi$; &c. 2°. Qu'il en est de même de $f'''z$. 3°. Qu'il en est encore de même de $f^{\text{IV}}z$. 4°. Que $f^{\text{V}}z$ est positive de 0 à π; négative de π à 2π; positive de 2π à 3π; &c.

Venons à des propriétés plus générales.

25. Si l'on prend deux quantités z et u, et qu'on considère leurs fonctions semblables fz et fu, $f'z$ et $f'u$, $f''z$ et $f''u$, &c., on leur trouvera les propriétes suivantes.

On aura d'abord,

$$1°.\ (fz)(fu) = \frac{e^{(z+u)\sqrt{-1}} - e^{-(z-u)\sqrt{-1}} + e^{(z-u)\sqrt{-1}} + e^{-(z+u)\sqrt{-1}}}{4}$$

$$= \tfrac{1}{2}f(z+u) + \tfrac{1}{2}f(z-u);\ \text{et pareillement,}$$
$$(f'z)(f'u) = \tfrac{1}{2}f(z-u) - \tfrac{1}{2}f(z+u):$$

$$2°.\ (f'z)(fu) = \frac{e^{(z+u)\sqrt{-1}} - e^{-(z-u)\sqrt{-1}} + e^{(z-u)\sqrt{-1}} - e^{-(z+u)\sqrt{-1}}}{4\sqrt{-1}}$$

$$= \tfrac{1}{2}f'(z+u) + \tfrac{1}{2}f'(z-u);\ \text{et pareillement,}$$
$$(fz)(f'u) = \tfrac{1}{2}f'(z+u) - \tfrac{1}{2}f'(z-u)\ldots\ldots(A)$$

Par conséquent, 1°. $f(z \pm u) = (fz)(fu) \mp (f'z)(f'u)$; et 2°. $f'(z \pm u) = (f'z)(fu) \pm (f'u)(fz)\ldots\ldots\ldots\ldots\ldots\ldots\ldots\ldots(B)$

Soit $z = u$; les deux formules précédentes deviendront : $f(2z) = (fz)^2 - (f'z)^2$, et $f'(2z) = 2(f'z)(fz)$.

De $(fz)^2 + (f'z)^2 = 1$, et $(fz)^2 - (f'z)^2 = f(2z)$, on tire, $fz = \sqrt{\dfrac{1+f(2z)}{2}}$, et $f'z = \sqrt{\dfrac{1-f(2z)}{2}}$. Donc aussi $f(\tfrac{1}{2}z) = \sqrt{\dfrac{1+fz}{2}}$,

et $f'(\tfrac{1}{2}z) = \sqrt{\dfrac{1-fz}{2}}$.

On trouvera ensuite,

$$f''(z\pm u)=\frac{f(z\pm u)}{f'(z\pm u)}=\frac{(fz)(fu)\mp(f'u)(f'z)}{(f'z)(fu)\pm(f'u)(fz)}$$

$$=\frac{(f'z)(f''z)(f'u)(f''u)\mp(f'u)(f'z)}{(f'z)(f'u)(f''u)\pm(f'u)(f'z)(f''z)},$$

$$\left(\text{à cause de }\frac{f}{f'}=f'',\text{ d'où }f=f'f''\right),=\frac{(f'z)(f'u)\mp 1}{f''u\pm f''z};$$

et pareillement, $f'''(z\pm u)=\dfrac{f''z\pm f'''u}{1\mp(f''u)(f''z)}.$

Soit $z=u$; les deux formules précédentes deviendront : $f''(2z)=\dfrac{(f'z)^2-1}{2(f'z)}$, et $f'''z=$

$$\frac{2(f'''z)}{1-(f'''z)^2}.$$

On aura aussi : $f''(\tfrac{1}{2}z)=\dfrac{f(\tfrac{1}{2}z)}{f'(\tfrac{1}{2}z)}=\sqrt{\dfrac{1+fz}{1-fz}}$

$$=\sqrt{\frac{(1+fz)^2}{1-(fz)^2}}=\frac{1+fz}{f'z}=f'z+f''z\ldots$$

et $f'''(\tfrac{1}{2}z)=\dfrac{f'(\tfrac{1}{2}z)}{f(\tfrac{1}{2}z)}=\sqrt{\dfrac{1-fz}{1+fz}}=\sqrt{\dfrac{(1-fz)^2}{1-(fz)^2}}$

$$=\frac{1-fz}{f'z}=f'z-f''z.$$

Enfin on trouvera, $f^{IV}(z\pm u)=\dfrac{1}{f(z\pm u)}=$

$$\frac{1}{(fz)(fu)\mp(f'z)(f'u)}=\frac{1}{\dfrac{1}{f^{IV}z}\cdot\dfrac{1}{f^{IV}u}\mp(f'z)(f'u)},$$

$\left(\text{à cause de }\dfrac{1}{f}=f^{IV},\text{ d'où }f=\dfrac{1}{f^{IV}}\right),=$

$$\frac{(f^{IV}z)(f^{IV}u)}{1 \mp (f^{IV}z)(f'z)(f^{IV}u)(f'u)} = \frac{(f^{IV}z)(f^{IV}u)}{1 \mp (f'''z)(f'''u)},$$

$$\left(\text{à cause de } f^{IV}.f' = \frac{1}{f}.f' = \frac{f'}{f} = f'''\right) : \text{et}$$

$$f^v(z\pm u) = \frac{1}{f'(z\pm u)} = \frac{1}{(f'z)(fu)\pm(f'u)(fz)} =$$

$$\frac{1}{\dfrac{1}{f^v z}(fu)\pm\dfrac{1}{f^v u}(fz)} = \frac{(f^v z)(f^v u)}{(fu)(f^v u)\pm(fz)(f^v z)}$$

$$= \frac{(f^v z)(f^v u)}{f''u\pm f'z}.$$

Soit $z = u$; les deux formules précédentes deviendront : $f^{IV}(2z) = \dfrac{(f^{IV}z)^2}{1-(f'''z)^2}$, et $f^v(2z) = \dfrac{(f^v z)^2}{2(f''z)}.$

On aura aussi, $f^{IV}(\tfrac{1}{2}z) = \dfrac{1}{f(\tfrac{1}{2}z)} = \sqrt{\dfrac{2}{1+fz}}\ldots.$ et $f^v(\tfrac{1}{2}z) = \sqrt{\dfrac{2}{1-f'z}}.$

Au moyen de ces formules on en obtiendroit plusieurs autres. On aura, par exemple, 1°. $f(z\pm 2k\pi) = (fz)f(2k\pi)\mp f'(2k\pi)f'z = fz$, et $f(-z\pm 2k\pi) = fz$. 2°. $f(z\pm(2k+1)\pi) = (fz)f((2k+1)\pi)\mp f'((2k+1)\pi)f'z = -fz$, et $f(-z\pm(2k+1)\pi) = -fz$. 3°. $f'(z\pm 2k\pi) = (f'z)f(2k\pi)\pm(f'(2k\pi))fz = f'z$, et $f'(-z\pm 2k\pi) = -fz$. 4°. $f'(z\pm(2k+1)\pi) = (f'z)f((2k+1)\pi)$

$\pm f'((2k+1)\pi)fz=-f'z$, et $f'(-z\pm(2k+1)\pi)$ $=f'z$. &c. On aura encore, $f(\frac{1}{3}\pi\pm z)=\frac{1}{2}(fz)\mp$ $\frac{\sqrt{3}}{2}(f'z)$, d'où $f(\frac{1}{3}\pi+z)=fz-f(\frac{1}{3}\pi-z)$. Et de même, $f'(\frac{1}{3}\pi+z)=f'(\frac{1}{3}\pi-z)+f'z\ldots f(\frac{1}{6}\pi+z)$ $=\sqrt{3}(fz)-f(\frac{1}{6}\pi-z)$. Et $f'(\frac{1}{6}\pi+z)=$ $f'(\frac{1}{6}\pi-z)+\sqrt{3}(f'z)\ldots$ &c. $\ldots f''(\frac{1}{4}\pi\pm z)=$ $\frac{(f''z)\mp 1}{(f''z)\pm 1}$. Et $f'''(\frac{1}{4}\pi\pm z)=\frac{1\pm f'''z}{1\mp f'''z}\ldots$ &c.

De $(fz)^2+(f'z)^2=1$, on tire, en divisant chaque membre par $(f'z)^2$, $(f''z)^2+1=(f^vz)^2$; et, en divisant chaque membre par $(fz)^2$, $1+(f'''z)^2=(f^{iv}z)^2$.

26. Reprenons les formules (A). Si l'on fait $z+u=x$, et $z-u=y$, elles deviendront...

$$fx+fy=2f\left(\frac{x+y}{2}\right)f\left(\frac{x-y}{2}\right),$$

$$fy-fx=2f'\left(\frac{x+y}{2}\right)f\left(\frac{x-y}{2}\right),$$

$$f'x+f'y=2f'\left(\frac{x+y}{2}\right)f\left(\frac{x-y}{2}\right),$$

$$f'x-f'y=2f'\left(\frac{x-y}{2}\right)f\left(\frac{x+y}{2}\right)\ldots\text{(C)}$$

Faisant $y=0$ dans les deux premières, et $x=\frac{1}{2}\pi$ dans les deux dernières, on aura......

$1+fx=2f^2(\frac{1}{2}x)$,

$1-fx=2f'^2(\frac{1}{2}x)$,

$1+f'y=2f'(\frac{1}{4}\pi+\frac{1}{2}y)f(\frac{1}{4}\pi-\frac{1}{2}y)=2f'^2(\frac{1}{4}\pi+\frac{1}{2}y)$,

$1-f'y=2f'(\frac{1}{4}\pi-\frac{1}{2}y)f(\frac{1}{4}\pi+\frac{1}{2}y)=2f''^2(\frac{1}{4}\pi-\frac{1}{2}y)$. (D)

En divisant les formules (B) les unes par les autres, il en résulte d'autres formules. Nous en avons déjà donné quelques-unes; et nous nous bornerons à celles-là.

En divisant les formules (C) les unes par les autres, il en résulte.........................

$$\frac{fx + fy}{fy - fx} = f''\left(\frac{x+y}{2}\right) \cdot f''\left(\frac{x-y}{2}\right) = \frac{f''\left(\frac{x+y}{2}\right)}{f'''\left(\frac{x-y}{2}\right)},$$

$$\frac{f'x \pm f'y}{fy - fx} = f''\left(\frac{x \mp y}{2}\right),$$

$$\frac{f'x + f'y}{f'x - f'y} = f'''\left(\frac{x+y}{2}\right) \cdot f''\left(\frac{x-y}{2}\right) = \frac{f'''\left(\frac{x+y}{2}\right)}{f'''\left(\frac{x-y}{2}\right)},$$

$$\frac{f'x \pm f'v}{f'x + fy} = f'''\left(\frac{x \pm y}{2}\right).$$

On pourroit aussi diviser les formules (D) les unes par les autres.

Enfin toutes ces formules peuvent se combiner, se varier, se multiplier d'une infinité de manières.

27. Nous avons trouvé ci-dessus, $f'''(z+u) = \dfrac{f'''z + f'''u}{1 - (f'''z)(f'''u)}$. Soit donc $z + u = \frac{1}{4}\pi$, et l'on aura $1 = \dfrac{f'''z + f'''u}{1 - (f'''z)(f'''u)}$, d'où $f'''u = \dfrac{1 - f'''z}{1 + f'''z}$.

Supposant arbitrairement $f'''z = \frac{1}{2}$, on trouvera

$f'''u = \frac{1}{3}$. Mais si log. $(x + s\sqrt{-1}) = y + z\sqrt{-1}$;

on a, $z = \frac{s}{x} - \frac{1}{3}\left(\frac{s}{x}\right)^3 + \frac{1}{5}\left(\frac{s}{x}\right)^5 - $ &c., $fz =$

$\dfrac{x}{\sqrt{x^2 + s^2}}$, $f'z = \dfrac{s}{\sqrt{x^2 + s^2}}$, et $\dfrac{f'z}{fz}$ ou $f'''z = \dfrac{s}{x}$.

Donc la série précédente donne z en fonction de $f'''z$. Par conséquent, de $f'''z = \frac{1}{2}$, on tirera,

$z = \frac{1}{2} - \frac{1}{3}\left(\frac{1}{2}\right)^3 + \frac{1}{5}\left(\frac{1}{2}\right)^5 - \frac{1}{7}\left(\frac{1}{2}\right)^7 + $ &c.; et pareil-

lement, de $f'''u = \frac{1}{3}$, on tirera, $u = \frac{1}{3} - \frac{1}{3}\left(\frac{1}{3}\right)^3 +$

$\frac{1}{5}\left(\frac{1}{3}\right)^5 - \frac{1}{7}\left(\frac{1}{3}\right)^7 + $ &c. On aura donc $z + u$ ou

$$\frac{1}{4}\pi = \frac{1}{2} - \frac{1}{3.2^3} + \frac{1}{5.2^5} - \frac{1}{7.2^7} + \text{ &c. } + \frac{1}{3} - \frac{1}{3.3^3}$$

$$+ \frac{1}{5.3^5} - \frac{1}{7.3^7} + \text{ &c.}$$ Ce qui donne le moyen

d'avoir $\frac{1}{4}\pi$, et partant π, en faisant la somme de deux séries assez convergentes pour pouvoir être calculées facilement. Car pour avoir un résultat approché à la dixième décimale, il suffit de prendre quinze termes de la première série, et dix de la seconde, comme on le verra par le calcul ; et l'on aura $\pi = 3,1415926555$ &c.; nombre pour lequel on pourra prendre l'une des approximations sui-

vantes, $\dfrac{22}{7}$, et $\dfrac{555}{113}$, qui se trouvent par la mé-

thode des fractions continues.

28. Souvenons-nous que si s étoit $> x$, il faudroit prendre, à la place de $\frac{s}{x} - \frac{1}{3}\left(\frac{s}{x}\right)^3 + \frac{1}{5}\left(\frac{s}{x}\right)^5$

$-$ &c., $\frac{1}{2}\pi - \left(\frac{x}{s} - \frac{1}{3}\left(\frac{x}{s}\right)^3 + \frac{1}{5}\left(\frac{x}{s}\right)^5\right) -$ &c., ce

qui donneroit z en $f''z$, au lieu de le donner en $f'''z$. Mais on peut toujours dire que c'est en $f'''z$, puisque $f''z = \frac{1}{f'''z}$.

Nous n'avons déterminé immédiatement la quantité z qu'en $f'z$, et en $f'''z$. Nous pourrions la déterminer immédiatement en fz, en $f''z$, en f^{iv}, et en $f^{\text{v}}z$: mais il en résulteroit des séries équivoques, c'est-à-dire dont la loi ne se manifeste pas.

29. L'équation $fz \pm \sqrt{-1}\,f'z = e^{\pm z\sqrt{-1}}$, donne $\frac{fz \pm \sqrt{-1}\,f'z}{e^{\pm z\sqrt{-1}}} = 1$. Or si 1 devenoit a, a étant une constante arbitraire, z, fz, $f'z$ deviendroient az, afz, $af'z$, ou, en faisant $az = Z$, deviendroient Z, $af\frac{Z}{a}$, $af'\frac{Z}{a}$.

Supposons maintenant, afz ou $af\frac{Z}{a} = FZ$; et $af'z$ ou $af'\frac{Z}{a} = F'Z$. Supposons de même, $af''z$ ou $af''\frac{Z}{a} = F''Z$; $af'''z$ ou $af'''\frac{Z}{a} = F'''Z$; $af^{\text{iv}}z$ ou $af^{\text{iv}}\frac{Z}{a} = F^{\text{iv}}Z$; enfin, $af^{\text{v}}z$ ou $af^{\text{v}}\frac{Z}{a} =$

$F^v Z$. Nous aurons les quantités FZ, $F'Z$, $F''Z$, $F'''Z$, $F^{iv}Z$, $F^v Z$, respectivement proportionnelles aux quantités fz, $f'z$, $f''z$, $f'''z$, $f^{iv}z$, $f^v z$, et qui leur seront même égales si $a = 1$.

Ayant donc, $z = \dfrac{Z}{a}$, $fz = \dfrac{FZ}{a}$, $f'z = \dfrac{F'Z}{a}$, $f''z = \dfrac{F''Z}{a}$, $f'''z = \dfrac{F'''Z}{a}$, $f^{iv}z = \dfrac{F^{iv}Z}{a}$, $f^v z = \dfrac{F^v Z}{a}$; toutes les formules où entrent z, fz, $f'z$, $f''z$, $f'''z$, $f^{iv}z'$, $f^v z$, pourront se changer en d'autres, où entreront à leur place, Z, FZ, $F'Z$, $F''Z$, $F'''Z$, $F^{iv}Z$, $F^v Z$. Et ces nouvelles formules ne seront que les premières rendues homogènes au moyen de la quantité a.

Ainsi, les formules, $fz = 1 - \dfrac{z^2}{2} + \dfrac{z^4}{2.3.4} - \&c.$, et $f'z = z - \dfrac{z^3}{2.3} + \dfrac{z^5}{2.3.4.5} - \&c.$, deviendront, $FZ = a - \dfrac{Z^2}{2a} + \dfrac{Z^4}{2.3.4.a^3} - \&c.$, et $F'Z = Z - \dfrac{Z^3}{2.3a^2} + \dfrac{Z^5}{2.3.4.5a^4} - \&c.$ Les formules $f'z = \sqrt{1 - f^2 z}$, $f''z = \dfrac{fz}{f'z}$, $f''' = \dfrac{f'z}{fz}$, $f^{iv}z = \dfrac{1}{fz}$, $f^v z = \dfrac{1}{f'z}$, $f(z \pm u) = fz.fu \pm f'u.f'z$, $f'(z \pm u) = f'z.fu \pm f'u.fz$, $f''(z \pm u) = \dfrac{f''z.f''u \pm 1}{f''u \pm f''z}$, $\&c. \&c.$,

deviendront, $F'Z = \sqrt{a^2 - F^2 Z}$, $F''Z = \dfrac{aFZ}{F'Z}$, $F'''Z$

$= \dfrac{aF''Z}{FZ}$, $F^{iv}Z = \dfrac{a^2}{FZ}$, $F^{v}Z = \dfrac{a^2}{F'Z}$, $F(Z \pm U) =$

$\dfrac{FZ.FU \mp F'U.F'Z}{a}$, $F'(Z \pm U) = \dfrac{F'Z.FU \pm F'U.FZ}{a}$,

$F''(Z \pm U) = \dfrac{F''Z.F''U \mp a^2}{F''U \pm F''Z}$, &c. &c. Et ainsi des autres.

La seule homogénéité de ces formules suffisant donc pour faire connoître que les quantités FZ, $F'Z$, $F''Z$, $F'''Z$, $F^{iv}Z$, $F^{v}Z$, sont équivalentes à afz, $af'z$, $af''z$, $af'''z$, $af^{iv}z$, $af^{v}z$, (z étant le rapport de Z à a), il s'ensuit qu'on peut, sans inconvénient, se servir des notations fz, $f'z$, $f''z$, $f'''z$, $f^{iv}z$, $f^{v}z$, pour désigner FZ, $F'Z$, $F''Z$, $F'''Z$, $F^{iv}Z$, $F^{v}Z$; et cela dans la vue de diminuer le nombre des signes. Nous écrirons donc, $f'z = \sqrt{a^2 - f^2 z}$,

$f''z = \dfrac{afz}{f'z}$, $f'''z = \dfrac{af'z}{fz}$, $f^{iv}z = \dfrac{a^2}{fz}$, $f^{v}z = \dfrac{a^2}{f'z}$,

$f(z \pm u) = \dfrac{fz.fu \mp f'u.f'z}{a}$, $f'(z \pm u) =$

$\dfrac{f'z.fu \pm f'u.fz}{a}$, $f''(z \pm u) = \dfrac{f''z.f''u \mp a^2}{f''u \pm f''z}$, &c.

Quant aux expressions dans lesquelles entre Z immédiatement, comme dans $f'z = Z - \dfrac{Z^3}{2.3a^2} +$

$\dfrac{Z^5}{2.3.4.5a^4} -$ &c.; il ne serviroit de rien d'y substituer z pour Z, puisque chacune de ces lettres désigne une quantité, et non une fonction : et si l'on y mettoit pour Z sa vraie valeur az, ces mêmes expressions ne seroient plus homogènes, du moins en apparence. Car celle ci-dessus, par exemple,

deviendroit, $f'z = a\left(z - \dfrac{z^3}{2.3} + \dfrac{z^5}{2.3.4.5} - \&c.\right)$:

et on auroit de même $fz = a\left(1 - \dfrac{z^2}{2} + \dfrac{z^4}{2.3.4} - \&c.\right)$.

Mais ici z n'exprime pas la quantité numérique, mais le rapport de cette quantité à son unité. Ainsi z est ici $\dfrac{z}{1}$. Et en nommant c cette unité, on auroit

$z = \dfrac{z}{c}$, ce qui rétabliroit l'homogénéité dans les deux expressions précédentes, ainsi que dans les semblables.

30. Nous avons dit dans l'article précédent que si 1 devenoit a, z deviendroit az, fz deviendroit afz, et $f'z$ deviendroit $af'z$: et cela peut passer pour évident. Cependant on peut le démontrer de la manière suivante.

Soient Z, FZ, $F'Z$ ce que deviendront z, fz, $f'z$, si 1 devient a. On aura donc $FZ \pm \sqrt{-1}\,F'Z = ae^{\pm Z\sqrt{-1}}$. D'où $F^2Z + F'^2Z = a^2$. Mais $f^2z + f'^2z = 1$, et $a^2 f^2z + a^2 f'^2z = a^2$. Donc $F^2Z + F'^2Z = a^2 f^2z + a^2 f'^2z$; ou, en faisant $FZ = xfz$ et $F'Z = yf'z$, $x^2 f^2z + y^2 f'^2z = a^2 f^2z + a^2 f'^2z$. Or cette équation devant avoir lieu indépendamment de toute valeur de z, il faut que $x^2 = a^2$, et que $y^2 = a^2$: donc $x = y = a$; partant, $FZ = afz$, et $F'Z = af'z$. Il reste à faire voir que $Z = az$. Mais, FZ étant

$$= afz = a\left(1 - \frac{z^2}{2} + \frac{z^4}{2.5.4} - \&\text{c.}\right); \text{ et } af\frac{Z}{a}$$

étant $= a\left(1 - \frac{Z^2}{2.a^2} + \frac{Z^4}{2.5.4.a^4} - \&\text{c.}\right)$, ou $=$

$$a - \frac{Z^2}{2.a} + \frac{Z^4}{2.5.4.a^3} - \&\text{c.,} \quad \text{quantité qui, par sa}$$

forme, et parce qu'elle est homogène, doit représenter FZ; il faut que l'on ait $FZ = afz = af\frac{Z}{a}$,

d'où $fz = f\frac{Z}{a}$, partant $\frac{Z}{a} = z$, et $Z = az$.

Puisque, 1 devenant a, z devient az; et que d'ailleurs $\frac{1}{2}\pi$ est une des valeurs de z; il faut conclure que 1 devenant a, $\frac{1}{2}\pi$ devient $\frac{1}{2}a\pi$, et par conséquent π devient $a\pi$.

Si 1 devient a, z devient az; et l'équation $fz \pm \sqrt{-1}f'z = e^{\pm z\sqrt{-1}}$, devient $fz \pm \sqrt{-1}f'z = ae^{\pm az\sqrt{-1}}$. Mais z peut devenir az, sans que 1 devienne a; et alors l'équation $fz \pm \sqrt{-1}f'z = e^{\pm z\sqrt{-1}}$ devient $f(az) \pm \sqrt{-1}f'(az) = e^{\pm az\sqrt{-1}}$.

Toutes les valeurs de $fz, f'z, f''z$, &c. subordonnées à une même constante a, appartiennent à un même système de fonctions, représenté par l'équation $fz \pm \sqrt{-1}f'z = ae^{\pm z\sqrt{-1}}$. Cette constante est ce que j'appelle l'échelle de relation du système fonctionnaire.

Si les échelles de relation de deux systêmes fonctionnaires sont a et b, et par conséquent sont entr'elles $:: a : b$, et si l'on prend de part et d'autre deux variables Z et Z' qui soient entr'elles dans ce rapport là, en sorte que $\dfrac{Z}{a} = \dfrac{Z'}{b} = z$; il est aisé de voir que fz dans le premier systême sera à fz dans le second, aussi $:: a : b$, c'est-à-dire dans le rapport des échelles de relation, ou dans celui des quantités correspondantes Z et Z', dans les deux systêmes : et il en sera de même de $f'z$, $f''z$, $f'''z$, &c. Car fz dans le systême dont l'échelle est 1 est à fz dans le systême dont l'échelle est a, $:: 1 : a$; et fz dans le systême dont l'échelle est 1 est à fz dans le systême dont l'échelle est b, $:: 1 : b$. Donc fz dans le systême dont l'échelle est a est à fz dans le systême dont l'échelle est b, $:: a : b$, c'est-à-dire comme l'échelle du premier systême est à celle du second, ou comme Z dans le premier systême est à Z' dans le second. Même démonstration pour $f'z$, $f''z$, &c.

Connoissant ces fonctions dans un certain systême, il est donc aisé de les avoir dans un autre. Il suffit de multiplier les premières par $\dfrac{b}{a}$, c'est-à-dire par le rapport de l'échelle b du second systême à l'échelle a du premier.

Tout se réduit donc à calculer ces fonctions pour une seule échelle, comme pour l'échelle 1. Voici comment on pourroit dresser une table de ces fonctions.

51. Connoissant fz, on en déduiroit aisément $f'z, f''z, f'''z, f^{iv}z, f^{v}z$. Bornons-nous donc à fz, pour l'échelle 1.

Mais il suffit de prendre z entre les limites 0 et $\frac{1}{2}\pi$. Car $f(z+\frac{1}{2}\pi)=-fz$; $f(z+2k\pi)=fz$, et $f(z+(2k+1)\pi)=-fz$. Donc, passé $z=\frac{1}{2}\pi$, les valeurs de fz seront les mêmes en nombres que celles déjà calculées avant ce terme.

Nous verrons par la suite qu'on peut avoir l'expression analytique de $f\dfrac{\frac{1}{2}\pi}{2.3.5}=f\dfrac{\pi}{3.4.5}=f\dfrac{\pi}{60}$; déduire de celle-ci l'expression analytique de $f\dfrac{\pi}{2.60}=f\dfrac{\pi}{120}$; et de celle-ci l'expression approchée de $f\dfrac{\pi}{3.120}=f\dfrac{\pi}{180}$: mais on peut déduire de cette dernière, par la seule formule $fz=1-\dfrac{z^2}{2}+\dfrac{z^4}{2.3.4}-$ &c., les expressions approchées de $f\dfrac{\pi}{180.60}=f\dfrac{\pi}{10800}$, de $f\dfrac{\pi}{180.60^2}=f\dfrac{\pi}{648000}$, et ainsi de suite, en subdivisant toujours par $60=3.4.5$.

Bornons-nous à $f\dfrac{\pi}{180.60^2}$ ou $f\dfrac{\pi}{648000}$. Nous pour-

rons en déduire $f\dfrac{N\pi}{648000}$, en donnant successivement à l'entier N toutes les valeurs possibles depuis
1 jusqu'à $\dfrac{648000}{2} = 342000$, et dresser une table
de ces différentes valeurs de fz. On voit qu'il y
auroit un très-grand nombre d'opérations à exé-
cuter. Mais on peut les abréger considérablement
par différentes considérations, dans le détail desquelles je n'entrerai pas.

Au lieu de calculer fz, on auroit pu calculer $f'z$,
d'une manière analogue.

Toute fraction telle que $\dfrac{N\pi}{180.60^{2}}$ peut être mise
sous la forme $\dfrac{a\pi}{180} + \dfrac{b\pi}{180.60} + \dfrac{c\pi}{180.60^{2}}$; ce qu'on
écrit $a^{d} + b' + c''$, ou simplement $a^{d}\text{---}b'\text{---}c''$; en
représentant par la caractéristique ^{d} la 180° partie
de π, laquelle se nomme *degré*; par la caractéristique $'$, la 60° partie du degré, qui se nomme
prime; et par la caractéristique $''$, la 60° partie de
la prime, qui se nomme *seconde*. Ainsi, par exem-
ple, $\dfrac{159112\,\pi}{180.60^{2}} = \dfrac{44}{180}\pi + \dfrac{11}{180.60}\pi + \dfrac{52}{180.60^{2}}\pi$
$= 44^{d}\text{---}11'\text{---}52''$.

En continuant de subdiviser π suivant la même
loi, on auroit en général une fraction $\dfrac{N\pi}{180.60^{m}}$, qui

peut être mise sous la forme $\dfrac{a\pi}{180} + \dfrac{b\pi}{180.60} +$

$\dfrac{c\pi}{180.60^2} + \dfrac{d\pi}{180.60^3} \ldots + \dfrac{\omega\pi}{180.60^m}$, ou $a^d \longrightarrow b'$

$\longrightarrow c'' \longrightarrow d''' \longrightarrow \ldots \omega^{(m)}$; en représentant par $''$, la 60e partie de la prime, qui se nomme *tierce*; par ^{iv}, la 60e partie de la tierce, qui se nomme *quarte*; &c.

Quoiqu'on n'ait calculé les fonctions de z, qu'en supposant que z soit de la forme $a^d + b' + c''$, il seroit facile d'en conclure les fonctions de z, en supposant que z devienne de la forme $a^d + b' + c'' + d'''$, ou de la forme $a^d + b' + c'' + d''' + e^{\text{iv}}$, ou &c.

Dans les calculs où entrent ces sortes de fonctions, fz, $f'z$, $f''z$, &c., il est très-souvent avantageux de prendre les logarithmes. Il peut donc être très-utile de calculer les logarithmes de ces fonctions, et d'en avoir une table. On peut encore donner pour cela des formules abrégées : mais il suffit de concevoir qu'on pourroit y parvenir par les moyens ordinaires.

Ces tables, soit des fonctions représentées par fz, $f'z$, $f''z$, $f^{\text{iv}}z$, (on ne fait que peu d'usage des deux autres $f^{\text{iv}}z$, $f^{\text{v}}z$), soit des logarithmes de ces fonctions, ont été calculées; celle des fonctions, pour une échelle de 100.000, et celle de leurs logarithmes pour une échelle de 10.000.000.000. Chacune de ces échelles se nomme le *rayon des tables*; et ces tables sont celles connues sous le nom de *table des sinus*, &c., et *table des logarithmes des sinus*, &c. (*)

32. J'avertis que je considérerai toujours les quantités fz, $f'z$, $f''z$, &c. relativement à l'échelle 1 ; à moins que le calcul ne me conduise à les considérer relativement à une autre échelle, que ce calcul même me donneroit ; ou, à moins que je ne veuille les rapporter à l'échelle des tables, dans les applications.

Pour pouvoir comparer deux fonctions semblables de deux quantités z et z', comme fz et fz', $f'z$ et $f'z'$, &c., il faut d'abord les rapporter à la même échelle, si elles ne le sont pas. C'est évident.

Les quantités z, fz, $f'z$, &c. sont subordonnées non-seulement à l'échelle 1, mais à une autre constante qui est la base e du systême des logarithmes naturels, dont le module est 1. Or si le module 1 devenoit A, la base e deviendroit c, c étant un autre nombre indépendant de e : et l'équation $fz \pm \sqrt{-1}\, f'z = e^{\pm z\sqrt{-1}}$ se changeroit en $fz \pm \sqrt{-1}\, f'z = c^{\pm Az\sqrt{-1}}$. D'où l'on voit que fz et $f'z$, demeureroient les mêmes. Et en effet, $c^{A} = e$,

---

(*) En effet, je montrerai dans un autre Mémoire, que si z est l'arc d'un cercle dont le rayon est 1, π sera la demi-circonférence, fz le cosinus de l'arc z, $f'z$ son sinus, $f''z$ sa tangente, $f'''z$ sa cotangente, $f^{\mathrm{iv}}z$ sa sécante, et $f^{\mathrm{v}}z$ sa cosécante : et que, si le rayon devient a, l'arc z deviendra az, $a\pi$ sera la demi-circonférence, afz le cosinus de l'arc az, $af'z$ son sinus, $af''z$ sa tangente, $af'''z$ sa cotangente, $af^{\mathrm{iv}}z$ sa sécante, et $af^{\mathrm{v}}z$ sa cosécante.

d'où $c^{\pm A z \sqrt{-1}} = e^{\pm z \sqrt{-1}}$. Ainsi l'équation $fz \pm \sqrt{-1} f'z = e^{\pm z \sqrt{-1}} = c^{\pm A z \sqrt{-1}}$, est indépendante du module A et de tout système de logarithmes. Et il en est de même des quantités fz, $f'z$, et par conséquent des fonctions dérivées, $f''z$, $f'''z$, &c. Ces fonctions sont les mêmes quel que soit A ; et par conséquent elles ont lieu quel que soit A, et non pas seulement si $A = 1$ (*).

Je n'ai pas besoin d'observer que quoiqu'on ait $fz \pm \sqrt{-1} f'z = c^{\pm A z \sqrt{-1}} = e^{\pm z \sqrt{-1}}$, on ne doit pas en conclure log. $(fz \pm \sqrt{-1} f'z) = \pm A z \sqrt{-1} = \pm z \sqrt{-1}$, ce qui donnera $A z = z$ ou $A = 1$. Mais on doit conclure seulement, log. $(fz \pm \sqrt{-1} f'z) = \pm A z \sqrt{-1}$ dans le système dont le module est A, et log. $(fz \pm \sqrt{-1} f'z) = \pm z \sqrt{-1}$ dans le système dont le module est 1. Ce sont là deux différents logarithmes d'une même quantité. C'est

---

(*) Les formules $fz = 1 - \dfrac{z^2}{2} + \dfrac{z^4}{2.3.4} -$ &c., et $f'z = z - \dfrac{z^3}{2.3} + \dfrac{z^5}{2.3.4.5} -$ &c. sont donc applicables au cercle, quel que soit A, et non pas seulement si $A = 1$; car elles sont indépendantes de A, A n'y entrant point. Mais la Grange arrive à des formules plus générales, $fz = 1 - \dfrac{(A'z)^2}{2} + \dfrac{(A'z)^4}{2.3.4} -$ &c., et $f'z = A'z - \dfrac{(A'z)^3}{2.3} + \dfrac{(A'z)^5}{2.3.4.5}$ — &c., A' étant $= \dfrac{1}{A}$: et il dit que ces séries, (dépendantes de A' et par conséquent de A), ne sont applicables au cercle que si $A' = 1$. C'est-à-dire que, dans le système des loga-

ainsi que de l'équation $c^A = e$, ou $A \log. c = \log. e$, on ne déduit pas $A = 1$; mais, $A \log. c = 1$, dans le système dont le module est 1; et $A = \log. e$, dans le système dont le module est A.

33. Avant d'examiner les autres propriétés des fonctions dont il s'agit ici, il est nécessaire de démontrer que toute quantité imaginaire, donnée à volonté, est réductible à une imaginaire de la forme $A + B\sqrt{-1}$, A et B étant des quantités réelles, et toujours déterminables.

Cette propriété est évidente pour $a + b\sqrt{-1} \pm (c + d\sqrt{-1})$; elle est facile à établir pour $(a + b\sqrt{-1})(c + d\sqrt{-1})$, et pour $\dfrac{a + b\sqrt{-1}}{c + d\sqrt{-1}}$. Il ne reste donc plus qu'à la démontrer pour $(a + b\sqrt{-1})^m$, pour $(a + b\sqrt{-1})^{n\sqrt{-1}}$, et enfin pour $(a + b\sqrt{-1})^{m + n\sqrt{-1}}$; ou simplement pour

---

rithmes hyperboliques, cela signifie qu'elles n'expriment fz et $f'z$ que si $A' = 1$, ce qui est vrai : car si A' n'étoit pas $= 1$; au lieu d'exprimer fz et $f'z$, elles exprimeroient $f(A'z)$ et $f'(A'z)$: et remarquez que dans ce cas elles seroient applicables au cercle dont l'arc seroit $A'z$; et cela, soit dans le système dont le module est $\dfrac{1}{A'}$, soit dans tout autre. Mais l'équation exprime qu'elles doivent être applicables au cercle dont l'arc seroit z; et alors cette même équation montre qu'elles ne peuvent l'être que si $A' = 1$. Ces séries sont toujours applicables au cercle, quel que soit A' et par conséquent A, mais les équations ne le sont que quand chaque membre exprime la fonction d'un même arc, ce qui n'arrive en effet que si $A' = 1 = A$.

cette dernière quantité, parce qu'elle renferme les deux précédentes.

Or puisque $\log. (a+b\sqrt{-1}) = \frac{1}{2}\log. (a^2+b)^2 + Q\sqrt{-1}$, on aura $\log. (a+b\sqrt{-1})^{m+n\sqrt{-1}} =$

$$\frac{m}{2}\log. (a^2+b^2) - nQ + \left(\frac{n}{2}\log. (a^2+b^2) + mQ\right)\sqrt{-1}:$$

et par conséquent $(a + b\sqrt{-1})^{m+n\sqrt{-1}} =$

$$\frac{(a^2+b^2)^{\frac{m}{2}}}{e^{nQ}} e^{\left(\frac{n}{2}\log. (a^2+b^2) + mQ\right)\sqrt{-1}} =$$

$$\frac{(a^2+b^2)^{\frac{m}{2}}}{e^{nQ}}\left(f\left(\frac{n}{2}\log. (a^2+b^2) + mQ\right) + \left(f'\left(\frac{n}{2}\log. (a^2+b^2) + mQ\right)\right)\sqrt{-1}\right) =$$

$$A+B\sqrt{-1};\ A \text{ étant} = \frac{(a^2+b^2)^{\frac{m}{2}}}{e^{nQ}} f\left(\frac{n}{2}\log. (a^2+b^2) + mQ\right),$$

série convergente, et $B = \frac{(a^2+b^2)^{\frac{m}{2}}}{e^{nQ}} f'\left(\frac{n}{2}\log. (a^2+b^2) + mQ\right),$ autre série convergente.

Cette démonstration, qui ne suppose ni calcul différentiel et intégral, ni géométrie, est beaucoup plus simple que celle de d'Alembert, qui suppose l'un et l'autre. Observons que $(a^2+b^2)^{\frac{m}{2}}$ doit toujours être pris positivement, comme provenant de $\frac{m}{2}\log.$ réel (a^2+b^2).

Si $n = 0$, on aura donc $(a + b\sqrt{-1})^m =$

$$(a^2+b^2)^{\frac{m}{2}}\left(f(mQ) + \left(f'(mQ)\right)\sqrt{-1}\right).$$

Et si $m = 0$, on aura $(a + b \sqrt{-1})^{n\sqrt{-1}} =$

$$\frac{(a^2 + b^2)^{\frac{n}{2}\sqrt{-1}}}{e^{n Q}} = \frac{1}{e^{n Q}}\left(f\left(\frac{n}{2} \log. (a^2 + b^2)\right) + \right.$$

$$\left(f'\left(\frac{n}{2} \log. (a^2 + b^2)\right)\right) \sqrt{-1}\Big).$$

Ces deux formules, ainsi que celle dont elles sont tirées, ont lieu, quels que soient m et n, entiers ou fractionnaires, positifs ou négatifs, commensurables ou incommensurables. Car la démonstration générale a lieu quels qu'ils soient.

34. La formule $(a+b\sqrt{-1})^{m}=(a^2+b^2)^{\frac{m}{2}}\big(f(mQ)$ $+\sqrt{-1}\, f'(mQ)\big)$, revient à $\left(\dfrac{a+b\sqrt{-1}}{\sqrt{a^2+b^2}}\right)^{m} =$ $f(mQ)+\sqrt{-1}\, f'(mQ)$, ou à $(fQ + \sqrt{-1}\, f'Q)^{m}=$ $f(mQ) + \sqrt{-1}\, f'(mQ) = e^{mQ\sqrt{-1}}$.

La formule $(a+b\sqrt{-1})^{n\sqrt{-1}} = \dfrac{(a^2+b^2)^{\frac{n}{2}\sqrt{-1}}}{e^{n Q}}$,

revient à $\left(\dfrac{a+b\sqrt{-1}}{\sqrt{a^2+b^2}}\right)^{n\sqrt{-1}} = e^{-nQ}$, ou, en élevant chaque membre à la puissance $-\sqrt{-1}$, à $\left(\dfrac{a+b\sqrt{-1}}{\sqrt{a^2+b^2}}\right)^{n} = e^{nQ\sqrt{-1}}$, ou enfin à $(fQ + \sqrt{-1}\, f Q)^{n}$ $= e^{nQ\sqrt{-1}} = f(nQ) + \sqrt{-1}\, f(nQ)$, formule semblable à celle de l'article précédent.

Enfin la formule $(a + b \sqrt{-1})^{m + n\sqrt{-1}} =$

$$\frac{(a^2+b^2)^{\frac{m}{2}}}{e^{nQ}}\, e^{\left(\frac{n}{2}\log.\,(a^2+b^2)+mQ\right)\sqrt{-1}} \quad \text{revient à}$$

$$\left(\frac{a+b\sqrt{-1}}{\sqrt{a^2+b^2}}\right)^{m+n\sqrt{-1}} = \frac{e^{mQ\sqrt{-1}}}{e^{nQ}}, \quad \text{parce que}$$

$$e^{\left(\frac{n}{2}\log.\,(a^2+b^2)+mQ\right)\sqrt{-1}} = e^{\left(\frac{n}{2}\log\,(a^2+b^2)\right)\sqrt{-1}}\, e^{mQ\sqrt{-1}}$$

$$= (a^2+b^2)^{\frac{n}{2}\sqrt{-1}}\, e^{mQ\sqrt{-1}}\,; \text{ ou à } \left(fQ+\sqrt{-1}\,f'Q\right)^{m+n\sqrt{-1}} =$$

$$\frac{e^{mQ\sqrt{-1}}}{e^{nQ}} = \frac{f(mQ)+\sqrt{-1}\,f'(mQ)}{e^{nQ}}.$$

Et toutes ces formules ont lieu, quels que soient m et n.

35. Je vais faire voir que la formule $(a+b\sqrt{-1})^m$

$$= (a^2+b^2)^{\frac{m}{2}}\left(f(mQ)+\sqrt{-1}\,f'(mQ)\right), \text{ dans}$$

laquelle Q a une infinité de valeurs, ne donne cependant pour $(a+b\sqrt{-1})^m$ qu'une seule valeur, si m est entier ; et qu'un nombre n de valeurs, si m est une fraction dont le dénominateur est n.

Observons d'abord qu'il est indifférent de considérer m positif ou négatif; car en le considérant négatif, on auroit $(a+b\sqrt{-1})^{-m} =$

$$(a^2+b^2)^{-\frac{m}{2}}\left(f(mQ)-\sqrt{-1}\,f'(mQ)\right), \text{ ou } (a-b\sqrt{-1})^m$$

$$= (a^2+b^2)^{\frac{m}{2}}\left(f(mQ)-\sqrt{-1}\,f'(mQ)\right), \left(\text{à cause}\right.$$

$$\text{de } (a+b\sqrt{-1})^{-m} = \left(\frac{a-b\sqrt{-1}}{a^2+b^2}\right)^m\right); \text{ ce qui}$$

revient au cas de m positif. Il suffit donc de considérer ce seul cas.

Supposons maintenant m un entier quelconque. 1°. Si a est positif, et b positif; on a $Q = q \pm 2k\pi$, d'où $e^{Q\sqrt{-1}} = e^{q\sqrt{-1}}$. Donc $\left(\dfrac{a+b\sqrt{-1}}{\sqrt{a^2+b^2}}\right)^m = e^{mQ\sqrt{-1}} = e^{mq\sqrt{-1}}$. 2°. Si a est positif et b négatif; on a $Q = -q \pm 2k\pi$, d'où $e^{Q\sqrt{-1}} = e^{-q\sqrt{-1}}$. Donc $\left(\dfrac{a+b\sqrt{-1}}{\sqrt{a^2+b^2}}\right)^m = e^{mQ\sqrt{-1}} = e^{-mq\sqrt{-1}}$. 3°. Si a est négatif et b positif; on a $Q = -q + (1 \pm 2k)\pi$, d'où $e^{Q\sqrt{-1}} = -\,e^{-q\sqrt{-1}}$. Donc $\left(\dfrac{a+b\sqrt{-1}}{\sqrt{a^2+b^2}}\right)^m = e^{mQ\sqrt{-1}} = (-1)^m \left(e^{-mq\sqrt{-1}}\right) = \pm e^{-mq\sqrt{-1}}$, suivant que m est pair ou impair. 4°. Si a est négatif et b négatif; on a $Q = q + (1 \pm 2k)\pi$, d'où $e^{Q\sqrt{-1}} = -\,e^{q\sqrt{-1}}$. Donc $\left(\dfrac{a+b\sqrt{-1}}{\sqrt{a^2+b^2}}\right)^m = e^{mQ\sqrt{-1}} = (-1)^m \left(e^{mq\sqrt{-1}}\right) = \pm e^{mq\sqrt{-1}}$, suivant que m est pair ou impair.... On voit donc que si m est entier, $\left(\dfrac{a+b\sqrt{-1}}{\sqrt{a^2+b^2}}\right)^m$, et par conséquent $(a+b\sqrt{-1})^m$, exprimé en fonction de Q, n'aura qu'une seule valeur, quoique Q en ait une infinité.

Supposons ensuite m un nombre fractionnaire $= \dfrac{i}{n}$; on aura $\left(\dfrac{a+b\sqrt{-1}}{\sqrt{a^2+b^2}}\right)^{\frac{i}{n}} = e^{\frac{iQ}{n}\sqrt{-1}}$. Cela posé,

$1°$. si a est positif et b positif; on a $Q = q \pm 2k\pi$,

d'où $e^{Q\sqrt{-1}} = e^{q\sqrt{-1}}$. Donc $\left(\dfrac{a + b\sqrt{-1}}{\sqrt{a^2 + b^2}} \right)^{\frac{i}{n}} = e^{\frac{iq}{n}\sqrt{-1}}$

$= \sqrt[n]{e^{iq\sqrt{-1}}} = \sqrt[n]{1} \cdot \left(f\left(\dfrac{iq}{n}\right) + \sqrt{-1}\, f'\left(\dfrac{iq}{n}\right) \right).$

$2°$. Si a est positif et b négatif; on a $Q = -q \pm 2k\pi$,

d'où $e^{Q\sqrt{-1}} = e^{-q\sqrt{-1}}$. Donc $\left(\dfrac{a + b\sqrt{-1}}{\sqrt{a^2 + b^2}} \right)^{\frac{i}{n}} =$

$e^{-\frac{iq}{n}\sqrt{-1}} = \sqrt[n]{e^{-iq\sqrt{-1}}} = \sqrt[n]{1} \cdot \left(f\left(\dfrac{iq}{n}\right) - \sqrt{-1}\, f'\left(\dfrac{iq}{n}\right) \right).$

$3°$. Si a est négatif et b positif; on a $Q = -q + (1 \pm 2k)\pi$, d'où $e^{Q\sqrt{-1}} = -e^{-q\sqrt{-1}}$. Donc

$\left(\dfrac{a + b\sqrt{-1}}{\sqrt{a^2 + b^2}} \right)^{\frac{i}{n}} = (-1)^{\frac{i}{n}} \left(e^{-\frac{iq}{n}\sqrt{-1}} \right) = \sqrt[n]{\pm 1} \cdot \left(f\left(\dfrac{iq}{n}\right) \right.$

$\left. - \sqrt{-1}\, f'\left(\dfrac{iq}{n}\right) \right)$, suivant que i est pair ou impair. $4°$. Si a est négatif et b négatif; on a $Q = q + (1 \pm 2k)\pi$, d'où $e^{Q\sqrt{-1}} = -e^{q\sqrt{-1}}$. Donc $\left(\dfrac{a + b\sqrt{-1}}{\sqrt{a^2 + b}} \right)^{\frac{i}{n}}$

$= (-1)^{\frac{i}{n}} \left(e^{\frac{iq}{n}\sqrt{-1}} \right) = \sqrt[n]{\pm 1} \cdot \left(f\left(\dfrac{iq}{n}\right) + \sqrt{-1}\, f'\left(\dfrac{iq}{n}\right) \right),$

suivant que i est pair ou impair.... On voit donc que si m est un nombre fractionnaire $= \dfrac{i}{n}$,

$\left(\dfrac{a + b\sqrt{-1}}{\sqrt{a^2 + b^2}} \right)^{\frac{i}{n}}$, et par conséquent $(a + b\sqrt{-1})^{\frac{i}{n}}$, exprimé en fonction de Q, n'aura que n valeurs ou racines, quoique Q en ait une infinité.

36. D'ailleurs, puisqu'on a $\left(\dfrac{a+b\sqrt{-1}}{\sqrt{a^2+b^2}}\right)^{\frac{i}{n}}=$

$$e^{\frac{iQ}{n}\sqrt{-1}}=f\left(\frac{iQ}{n}\right)+\sqrt{-1}\,f\left(\frac{iQ}{n}\right) : \text{ si } Q=q\pm2k\pi,$$

il viendra $\left(\dfrac{a+b\sqrt{-1}}{\sqrt{a^2+b^2}}\right)^{\frac{i}{n}}=f\left(\dfrac{iq\pm2ik\pi}{n}\right)+$

$$\sqrt{-1}\,f'\left(\frac{iq\pm2ik\pi}{n}\right) : \text{ si } Q=-q\pm2k\pi,$$

il viendra $\left(\dfrac{a+b\sqrt{-1}}{\sqrt{a^2+b^2}}\right)^{\frac{i}{n}}=f\left(\dfrac{-iq\pm2ik\pi}{n}\right)+$

$$\sqrt{-1}\,f'\left(\frac{-iq\pm2ik\pi}{n}\right) : \text{ si } Q=-q+(1\pm2k)\pi,$$

il viendra $\left(\dfrac{a+b\sqrt{-1}}{\sqrt{a^2+b^2}}\right)^{\frac{i}{n}}=f\left(\dfrac{-iq+i(1\pm2k)\pi}{n}\right)$

$$+\sqrt{-1}\,f'\left(\frac{-iq+i(1\pm2k)\pi}{n}\right) : \text{ enfin si } Q=q+$$

$(1\pm2k)\pi$, il viendra $\left(\dfrac{a+b\sqrt{-1}}{\sqrt{a^2+b^2}}\right)^{\frac{i}{n}}=$

$$f\left(\frac{iq+i(1\pm2k)\pi}{n}\right)+\sqrt{-1}\,f'\left(\frac{iq+i(1\pm2k)\pi}{n}\right). \text{ Or}$$

en faisant successivement $k=0$, $k=1$, $k=2$, $k=3,\dots\dots$ et enfin $k=n-1$, chacune de ces quatre formules donnera autant de racines différentes. Mais en faisant $k=n$, chacune reproduira la même racine qu'on avoit eue en faisant $k=0$. En effet, elles deviendront :

$$\left(\frac{a+b\sqrt{-1}}{\sqrt{a^2+b^2}}\right)^{\frac{i}{n}}=f\left(\frac{iq}{n}\pm 2i\pi\right)+\sqrt{-1}f'\left(\frac{iq}{n}\pm 2i\pi\right)\ldots$$

$$\left(\frac{a+b\sqrt{-1}}{\sqrt{a^2+b^2}}\right)^{\frac{i}{n}}=f\left(-\frac{iq}{n}\pm 2i\pi\right)+\sqrt{-1}f'\left(-\frac{iq}{n}\pm 2i\pi\right)\ldots$$

$$\left(\frac{a+b\sqrt{-1}}{\sqrt{a^2+b^2}}\right)^{\frac{i}{n}}=f\left(\frac{i(\pi-q)}{n}\pm 2i\pi\right)+\sqrt{-1}f'\left(\frac{i(\pi-q)}{n}\pm 2i\pi\right)$$

$$\left(\frac{a+b\sqrt{-1}}{\sqrt{a^2+b^2}}\right)^{\frac{i}{n}}=f\left(\frac{i(\pi+q)}{n}\pm 2i\pi\right)+\sqrt{-1}f'\left(\frac{i(\pi+q)}{n}\pm 2i\pi\right)$$

Or,

$$f\left(\frac{iq}{n}\pm 2i\pi\right)+\sqrt{-1}f'\left(\frac{iq}{n}\pm 2i\pi\right)=e^{\left(\frac{iq}{n}\pm 2i\pi\right)\sqrt{-1}}$$

$$=e^{\frac{iq}{n}\sqrt{-1}}=f\left(\frac{iq}{n}\right)+\sqrt{-1}f'\left(\frac{iq}{n}\right)\ldots f\left(-\frac{iq}{n}\pm 2i\pi\right)$$

$$+\sqrt{-1}f'\left(-\frac{iq}{n}\pm 2i\pi\right)=e^{\left(-\frac{iq}{n}\pm 2i\pi\right)\sqrt{-1}}=e^{-\frac{iq}{n}\sqrt{-1}}$$

$$=f\left(\frac{iq}{n}\right)-\sqrt{-1}f'\left(\frac{iq}{n}\right)\ldots f\left(\frac{i(\pi-q)}{n}\pm 2i\pi\right)$$

$$+\sqrt{-1}f'\left(\frac{i(\pi-q)}{n}\pm 2i\pi\right)=e^{\left(\frac{i(\pi-q)}{n}\pm 2i\pi\right)\sqrt{-1}}$$

$$=e^{\frac{i(\pi-q)}{n}\sqrt{-1}}=f\left(\frac{i(\pi-q)}{n}\right)+\sqrt{-1}f'\left(\frac{i(\pi-q)}{n}\right)\ldots$$

$$\text{et } f\left(\frac{i(\pi+q)}{n}\pm 2i\pi\right)+\sqrt{-1}f'\left(\frac{i(\pi+q)}{n}\pm 2i\pi\right)$$

$$= e^{\left(\frac{i(\pi+q)}{n}\pm 2i\pi\right)\sqrt{-1}} = e^{\frac{i(\pi+q)}{n}\sqrt{-1}} = f\left(\frac{i(\pi+q)}{n}\right) +$$

$\sqrt{-1}\, f'\left(\dfrac{i(\pi+q)}{n}\right)$. Donc en faisant $k=n$, on

obtient le même résultat qu'en faisant $k=0$. Donc

on trouvera les n racines de $\left(\dfrac{a+b\sqrt{-1}}{\sqrt{a^2+b^2}}\right)^{\frac{i}{n}} =$

$e^{\frac{iQ}{n}\sqrt{-1}}$, en donnant à l'entier k qui entre dans

l'expression de Q, toutes les valeurs possibles
depuis 0 jusqu'à $n-1$ inclusivement. Et en donnant à k d'autres valeurs depuis $n-1$ jusqu'à
$2n-1$, ou depuis $2n-1$ jusqu'à $3n-1$, ou &c.,
on ne trouveroit que les racines déjà obtenues.

On objectera peut-être que $\left(\dfrac{a+b\sqrt{-1}}{\sqrt{a^2+b^2}}\right)^{\frac{i}{n}} =$

$e^{\frac{iQ}{n}\sqrt{-1}}$ n'a que n valeurs, mais que $(a+b\sqrt{-1})^{\frac{i}{n}}$

$=(a^2+b^2)^{\frac{i}{2n}} e^{\frac{iQ}{n}\sqrt{-1}}$ doit en avoir $2n$ fois n ou $2n^2$,

puisque $(a^2+b^2)^{\frac{i}{2n}} = \overset{2n}{\sqrt{}}(a^2+b^2)^i$ en a $2n$. Mais je
réponds d'abord que ces $2n$ valeurs doivent être
réduites à n, et partant les $2n^2$ valeurs à n^2. Car
$\overset{2n}{\sqrt{}}(a^2+b^2)^i = \overset{n}{\sqrt{}}\sqrt{(a^2+b^2)^i}$: or on ne doit prendre
qu'une valeur, savoir la valeur positive, pour
$\sqrt{a^2+b^2}$, et par conséquent pour $\sqrt{(a^2+b^2)^i}$: on
ne devra donc en prendre que n pour $\overset{n}{\sqrt{}}\sqrt{(a^2+b^2)^i}$;
et partant l'on n'en aura que n fois n ou n^2 pour

$(a^2+b^2)^{\frac{i}{2n}}\, e^{\frac{iQ}{n}\sqrt{-1}}$. Mais je dis de plus que ces n^2 valeurs se réduiront à n. En effet, $\sqrt[n]{\sqrt{(a^2+b^2)^i}}=\sqrt[n]{1}\cdot\sqrt[n]{\sqrt{(a^2+b^2)^i}}$, en prenant pour $\sqrt[n]{1}$ toutes ses racines possibles, et pour $\sqrt[n]{\sqrt{(a^2+b^2)^i}}$ sa seule racine réelle, que je nomme r. Or $\sqrt[n]{1}=\sqrt{e^{2k\pi\sqrt{-1}}}$

$$=e^{\frac{2k\pi}{n}\sqrt{-1}}=f\left(\frac{2k\pi}{n}\right)+\sqrt{-1}\,f'\left(\frac{2k\pi}{n}\right).$$ Donc

$$(a+b\sqrt{-1})^{\frac{i}{n}}=r\left(f\left(\frac{2k\pi}{n}\right)+\sqrt{-1}\,f'\left(\frac{2k\pi}{n}\right)\right)\left(f\left(\frac{iQ}{n}\right)\right.$$

$$\left.+\sqrt{-1}\,f'\left(\frac{iQ}{n}\right)\right).$$ Donc si $Q=q\pm2k'\pi$, on aura

$$(a+b\sqrt{-1})^{\frac{i}{n}}=r\left(f\left(\frac{2k\pi}{n}\right)+\sqrt{-1}\,f'\left(\frac{2k\pi}{n}\right)\right)\left(f\left(\frac{iq\pm2ik'\pi}{n}\right)\right.$$

$$\left.+\sqrt{-1}\,f'\left(\frac{iq\pm2ik'\pi}{n}\right)\right)=r\left(f\left(\frac{iq+2(k\pm ik')\pi}{n}\right)\right.$$

$$\left.+\sqrt{-1}\,f'\left(\frac{iq+2(k\pm ik')\pi}{n}\right)\right);$$ ce qui donnera seulement n valeurs, en prenant $k\pm ik'$, entre les limites 0 et $n-1$. On trouveroit des résultats analogues si Q étoit $=-q\pm2k\pi$, ou bien $=-q+(1\pm2k)\pi$, ou enfin $=q+(1\pm2k)\pi$.

On pourroit objecter contre cette démonstration, que $\sqrt[n]{1}=$ encore $\sqrt[n]{e^{-2k'\pi\sqrt{-1}}}=e^{-\frac{2k'\pi}{n}\sqrt{-1}}$

$$=f\left(\frac{2k'\pi}{n}\right)-\sqrt{-1}\,f'\left(\frac{2k'\pi}{n}\right).$$ Mais je réponds que cette valeur revient à $\sqrt[n]{1}=f\left(\frac{2k\pi}{n}\right)+$

$$\sqrt{-1}\,f'\left(\frac{2k\pi}{n}\right),$$ en prenant $k+k'=n$, c'est-

à-dire en prenant les deux valeurs correspondantes de k et de k' compléments l'une de l'autre à n. En effet, si $k=n-k'$, on aura, $\sqrt[n]{1}=f\left(2\pi-\dfrac{2k'\pi}{n}\right)$

$$+\sqrt{-1}\,f'\left(2\pi-\dfrac{2k'\pi}{n}\right)=f\left(\dfrac{2k'\pi}{n}\right)-$$

$$\sqrt{-1}\,f'\left(\dfrac{2k'\pi}{n}\right).$$

Il est donc démontré que la formule $(a+b\sqrt{-1})^{m}$ $=(a^2+b^2)^{\frac{m}{2}}(f(mQ)+\sqrt{-1}\,f'(mQ))$, dans laquelle Q a une infinité de valeurs, ne donne qu'une seule valeur si m est entier, et n'en donne que n, si m est une fraction $\dfrac{i}{n}$, dont le dénominateur est n.

57. On prouveroit la même chose pour la formule $(a+b\sqrt{-1})^{m\sqrt{-1}}=\dfrac{(a^2+b^2)^{\frac{m}{2}\sqrt{-1}}}{e^{nQ}}$, puisqu'elle revient à la précédente, ainsi qu'on l'a vu ci-devant.

Enfin, la formule $(a+b\sqrt{-1})^{m+n\sqrt{-1}}=$ $(a+b\sqrt{-1})^{m}.(a+b\sqrt{-1})^{n\sqrt{-1}}=\dfrac{e^{nQ\sqrt{-1}}}{e^{nQ}}$, étant le produit des deux précédentes, il faudra conclure, que si m et n sont des entiers, elle n'aura qu'une seule valeur; que si m est une fraction dont le dénominateur est p, n étant un entier, elle aura p valeurs différentes; que si n est une fraction dont le dénominateur est p', m étant un entier, elle aura p' valeurs différentes; enfin que si m est une fraction dont le dénominateur est p, et n une fraction dont le dénominateur est p', elle aura $p.p'$ valeurs différentes.

38. La formule..............................

$$(a+b\sqrt{-1})^m = (a^2+b^2)^{\frac{m}{2}}\left(f(mQ)+f'(mQ)\sqrt{-1}\right)$$

semble ne donner jamais pour $(a+b\sqrt{-1})^m$, qu'une valeur approchée : et cependant on doit avoir une valeur exacte, lorsque m est entier et positif. La réponse à cette objection se trouve dans la formule même; qui donne, en développant le premier membre, par le binome de Newton,

$$a^m - \frac{m(m-1)}{2}a^{m-2}b^2 + \frac{m(m-1)(m-2)(m-3)}{2.3.4}a^{m-4}b^4$$

$$- \&c. + \left(ma^{m-1}b - \frac{m(m-1)(m-2)}{2.3}a^{m-3}b^3 +\right.$$

$$\frac{m(m-1)(m-2)(m-3)(m-4)}{2.3.4.5}a^{m-5}b^5 - \&c.\left.\right)\sqrt{-1}$$

$$= (a^2+b^2)^{\frac{m}{2}}\left(f(mQ) + f'(mQ)\sqrt{-1}\right) : \text{d'où l'on}$$

tire, $f(mQ) = \left(a^m - \frac{m(m-1)}{2}a^{m-2}b^2 +\right.$

$$\frac{m(m-1)(m-2)(m-3)}{2.3.4}a^{m-4}b^4 - \&c.\left.\right) : \sqrt{(a^2+b^2)^m},$$

et $f'(mQ) = \left(ma^{m-1}b - \frac{m(m-1)(m-2)}{2.3}a^{m-3}b^3 +\right.$

$$\frac{m(m-1)(m-2)(m-3)(m-4)}{2.3.4.5}a^{m-5}b^5 - \&c.\left.\right) : \sqrt{(a^2+b^2)^m}.$$

Or ces deux séries seront nécessairement finies, si m est entier positif. Donc, dans ce cas, $f(mQ)$ et $f'(mQ)$, c'est-à-dire les deux séries $1 - \dfrac{(mQ)^2}{2} + \dfrac{(mQ)^4}{2.3.4} - \&c.$, et $mQ - \dfrac{(mQ)^3}{2.3} + \dfrac{(mQ)^5}{2.3.4.5} - \&c.$, qui semblent ne pouvoir donner que des valeurs approchées, en ont d'exactes.

De même, la formule.......................

$$\sqrt[m]{a + b\sqrt{-1}} = (a^2 + b^2)^{\frac{1}{2m}}\left(f\left(\frac{Q}{m}\right) + f'\left(\frac{Q}{m}\right)\sqrt{-1}\right)$$

semble ne donner jamais pour $\sqrt[m]{a + b\sqrt{-1}}$ qu'une valeur approchée : et cependant on doit avoir une valeur exacte, lorsque $a + b\sqrt{-1}$ est susceptible d'une racine exacte du degré m. La réponse à cette objection se tire de la formule même; car elle donne, en élevant chaque membre à la puis-

sance m, $a + b\sqrt{-1} = (a^2 + b^2)^{\frac{1}{2}}\left(\left(f\frac{Q}{m}\right)^m - \right.$

$$\frac{m(m-1)}{2}\left(f\frac{Q}{m}\right)^{m-2}\left(f'\frac{Q}{m}\right)^2 + \frac{m(m-1)m-2(m-3)}{2.3.4} \cdot$$

$$\left(f\frac{Q}{m}\right)^{m-4}\left(f'\frac{Q}{m}\right)^4 - \&c. + \left(m\left(f\frac{Q}{m}\right)^{m-1}\left(f'\frac{Q}{m}\right)^1 - \right.$$

$$\frac{m(m-1)(m-2)}{2.3}\left(f\frac{Q}{m}\right)^{m-3}\left(f'\frac{Q}{m}\right)^3 +$$

$$\frac{m(m-1)(m-2)(m-3)(m-4)}{2.3.4.5}\left(f\frac{Q}{m}\right)^{m-5}\left(f'\frac{Q}{m}\right)^5$$

$$\left.\left. - \&c.\right)\sqrt{-1}\right) : \text{d'où l'on tire d'abord,}$$

$$\left(f\frac{Q}{m}\right)^m - \frac{m(m-1)}{2}\left(f\frac{Q}{m}\right)^{m-2}\left(f'\frac{Q}{m}\right)^2 +$$

$$\frac{m(m-1)(m-2)(m-3)}{2.3.4}\left(f\frac{Q}{m}\right)^{m-4}\left(f'\frac{Q}{m}\right)^4 - \&\text{c}.$$

$$= \frac{a}{\sqrt{a^2+b^2}}.$$ Or le premier membre est une série,

qui sera nécessairement finie, si m est entier posi-

tif. De plus, en mettant pour $\left(f'\frac{Q}{m}\right)^2$ sa valeur

$1-\left(f\frac{Q}{m}\right)^2$, et regardant $f\frac{Q}{m}$ comme l'inconnue,

on peut transformer cette dernière équation, en

une autre qui n'ait que l'unité pour coëfficient du

premier terme, et que des entiers pour coëfficients

des autres termes : et alors elle aura quelque divi-

seur commensurable si $a+b\sqrt{-1}$ est susceptible

d'une racine exacte du degré m : on aura donc

$f\frac{Q}{m}$ sous une forme finie, et il en sera de même de

$$f'\frac{Q}{m} = \sqrt{1-\left(f\frac{Q}{m}\right)^2}.$$

Appliquons ceci à quelques exemples.

Soit à évaluer $\sqrt{-1+2\sqrt{2\sqrt{-1}}}$. D'après la

formule

$$\sqrt[m]{a+b\sqrt{-1}}=(a^2+b^2)^{\frac{1}{2m}}\left(f\frac{Q}{m}+\sqrt{-1}f'\frac{Q}{m}\right),$$

on aura,

$$\sqrt{-1+2\sqrt{2.\sqrt{-1}}}=\sqrt{3}\left(f\frac{Q}{2}+\sqrt{-1}f'\frac{Q}{2}\right);$$

et en élevant au quarré, $-1 + 2\sqrt{2}\sqrt{-1} =$

$$3\left(f'\left(\frac{Q}{2}\right) - f'^2\left(\frac{Q}{2}\right) + 2\left(f\frac{Q}{2}\right)\left(f'\frac{Q}{2}\right)\sqrt{-1}\right):$$

d'où, $f^2\left(\dfrac{Q}{2}\right) - f'^2\left(\dfrac{Q}{2}\right) = -\dfrac{1}{3}$; partant,

$$f\left(\frac{Q}{2}\right) = \sqrt{\frac{1}{3}} = \pm\frac{1}{\sqrt{3}}, \text{ et } f'\left(\frac{Q}{2}\right) = \sqrt{\frac{2}{3}} = \pm\frac{\sqrt{2}}{\sqrt{3}}.$$

Substituant ces valeurs, il vient, $\sqrt{-1 + 2\sqrt{2}\sqrt{-1}}$

$$= \sqrt{3}\left(\pm\frac{1}{\sqrt{3}} \pm \frac{\sqrt{2}}{\sqrt{3}}\sqrt{-1}\right) = \pm(1 + \sqrt{2}\sqrt{-1}).$$

Soit encore à évaluer $\sqrt[3]{-10 + 9\sqrt{3}.\sqrt{-1}}$. D'après la formule

$$\sqrt[m]{a + b\sqrt{-1}} = (a^2 + b^2)^{\frac{1}{2m}}\left(f\frac{Q}{m} + \sqrt{-1}\,f'\frac{Q}{m}\right),$$

on aura,

$$\sqrt[3]{-10 + 9\sqrt{3}\sqrt{-1}} = \sqrt{7}\left(f\frac{Q}{3} + \sqrt{-1}\,f'\frac{Q}{3}\right);$$

et, en élevant au cube, $-10 + 9\sqrt{3}.\sqrt{-1} =$

$$7\sqrt{7}\left(f^3\left(\frac{Q}{3}\right) - 3f\left(\frac{Q}{3}\right)f'^2\left(\frac{Q}{3}\right) + \left(3f^2\left(\frac{Q}{3}\right)f'\left(\frac{Q}{3}\right)\right.\right.$$

$$\left.\left. - f'^3\left(\frac{Q}{3}\right)\right)\sqrt{-1}\right): \text{ d'où, } f^3\left(\frac{Q}{3}\right) - 3f\left(\frac{Q}{3}\right)f'^2\left(\frac{Q}{3}\right)$$

$$= \frac{-10}{7\sqrt{7}}; \text{ partant, } 4f^3\left(\frac{Q}{3}\right) - 3f\left(\frac{Q}{3}\right) = \frac{-10}{7\sqrt{7}};$$

ce qui, en faisant $f\left(\dfrac{Q}{3}\right) = \dfrac{z}{4.7.\sqrt{7}}$, donne la

transformée $z^3 - 3.4.7^3.z + 10.4^2.7^3 = 0$, laquelle a pour diviseurs commensurables, $z - 2.4.7 = 0$,

$z - 2.7 = 0$, et $z + 2.5.7 = 0$. On a donc ;

$$f\left(\frac{Q}{3}\right) = \frac{2}{\sqrt{7}}, \; f\left(\frac{Q}{3}\right) = \frac{1}{2\sqrt{7}}, \; f\left(\frac{Q}{3}\right) = -\frac{5}{2\sqrt{7}} :$$

et par conséquent, $f'\left(\dfrac{Q}{3}\right) = \dfrac{\sqrt{3}}{\sqrt{7}}, \; f'\left(\dfrac{Q}{3}\right) = \dfrac{5\sqrt{3}}{2\sqrt{7}}$,

$f'\left(\dfrac{Q}{3}\right) = \dfrac{\sqrt{5}}{2\sqrt{7}}$; $\Big($observez qu'il faudra donner le

signe — à la plus forte de ces trois valeurs de

$f'\left(\dfrac{Q}{3}\right)\Big)$. Substituant toutes ces valeurs, il vient

enfin, $\sqrt[5]{-10 + 9\sqrt{3}\sqrt{-1}} = \sqrt{7}\left(\dfrac{2}{\sqrt{7}} + \dfrac{\sqrt{3}}{\sqrt{7}}\sqrt{-1}\right)$

$$= 2 + \sqrt{3}.\sqrt{-1}; \; \sqrt[3]{-10 + 9\sqrt{3}\sqrt{-1}} =$$

$$\sqrt{7}\left(\dfrac{1}{2\sqrt{7}} - \dfrac{3\sqrt{3}}{2\sqrt{7}}\sqrt{-1}\right) = \dfrac{1}{2} - \dfrac{3}{2}\sqrt{-1};$$

$$\sqrt[3]{-10 + 9\sqrt{3}\sqrt{-1}} = \sqrt{7}\left(-\dfrac{5}{2\sqrt{7}} + \dfrac{\sqrt{3}}{2\sqrt{7}}\sqrt{-1}\right)$$

$$= -\dfrac{5}{2} + \dfrac{1}{2}\sqrt{3}\sqrt{-1}.$$

Soit encore à évaluer $\sqrt[3]{2 + \dfrac{31}{3}\sqrt{\dfrac{5}{3}}.\sqrt{-1}}$.

On aura

$$\sqrt[3]{2 + \dfrac{31}{3}\sqrt{\dfrac{5}{3}}.\sqrt{-1}} = \left(\dfrac{4913}{27}\right)^{\frac{1}{6}}\left(f\dfrac{Q}{3} + \sqrt{-1}f'\dfrac{Q}{3}\right)$$

$$= \sqrt{\dfrac{17}{3}}\left(f\dfrac{Q}{3} + \sqrt{-1}f'\dfrac{Q}{3}\right).$$ Et par un calcul

semblable au précédent, on trouvera $4f^3\left(\dfrac{Q}{3}\right) -$

$$3f\left(\frac{Q}{3}\right) = \frac{2.3.\sqrt{3}}{17.\sqrt{17}};$$ ce qui, en faisant $f\left(\frac{Q}{3}\right) =$

$$\frac{z}{2^2.17.\sqrt{17}\sqrt{3}},$$ donne la transformée $z^3 - 2^3.3^2.17z$

$- 2^6.3^3.17 = 0$, laquelle a pour seul diviseur commensurable, $z - 2^3.3.17 = 0$. On a donc,

$$f\left(\frac{Q}{3}\right) = \frac{2.3}{\sqrt{3}.\sqrt{17}} = \frac{2\sqrt{3}}{\sqrt{17}},$$ et par conséquent,

$f'\left(\frac{Q}{3}\right) = \frac{\sqrt{5}}{\sqrt{17}}$. Substituant ces valeurs, il vient enfin,

$$\sqrt[3]{2 + \frac{31}{3}\sqrt{\frac{5}{3}} \cdot \sqrt{-1}} = \frac{\sqrt{17}}{\sqrt{3}}\left(\frac{2\sqrt{3}}{\sqrt{17}} + \frac{\sqrt{5}}{\sqrt{17}}\sqrt{-1}\right)$$

$$= 2 + \frac{\sqrt{5}}{\sqrt{3}}\sqrt{-1}.$$

Si dans ces trois exemples, on avoit déterminé $f\frac{Q}{m}$ par la série ordinaire $1 - \dfrac{\left(\frac{Q}{m}\right)^2}{2} + \dfrac{\left(\frac{Q}{m}\right)^4}{2.3.4} - $&c., on n'eût obtenu que des valeurs approchées, tandis qu'il y en a d'exactes, ou du moins des expressions finies, et c'est ce qu'on entend ici par valeurs exactes.

Dans le troisième exemple, on ne trouve qu'une des trois racines cubiques de $2 + \dfrac{31}{3}\sqrt{\dfrac{5}{3}} \cdot \sqrt{-1}$. Mais on auroit les deux autres, en multipliant celle-là par chacune des deux racines cubiques imaginaires de 1. Et en général, ayant une seule valeur de $\sqrt[m]{a+b\sqrt{-1}}$, on aura toutes les autres, en multipliant celle-là par chacune des $m-1$ racines du degré m de 1, autres que 1. Donc si m est tel que l'on puisse avoir exactement toutes les valeurs de $\sqrt[m]{1}$, on aura exactement toutes celles de $\sqrt[m]{a+b\sqrt{-1}}$, pourvu qu'on en ait seulement une seule.

39. Considérons l'équation $\sqrt{a+b\sqrt{-1}} = (a^2+b^2)^{\frac{1}{2.2}}\left(f\left(\frac{Q}{2}\right)+\sqrt{-1}f'\left(\frac{Q}{2}\right)\right)$. Nous en déduirons

$$\frac{a+b\sqrt{-1}}{\sqrt{a^2+b^2}}=fQ+\sqrt{-1}f'Q=f^2\left(\frac{Q}{2}\right)-f'^2\left(\frac{Q}{2}\right)+2f\left(\frac{Q}{2}\right)f'\left(\frac{Q}{2}\right)\sqrt{-1}.$$

Donc 1°. $fQ=f^2\left(\frac{Q}{2}\right)-f'^2\left(\frac{Q}{2}\right)=2f^2\left(\frac{Q}{2}\right)-1=1-2f'^2\left(\frac{Q}{2}\right)$;

d'où $2f^2\left(\frac{Q}{2}\right)-(1+fQ)=0$, et $2f'^2\left(\frac{Q}{2}\right)-(1-fQ)=0$. 2°. $f'Q=2f\left(\frac{Q}{2}\right)f'\left(\frac{Q}{2}\right)=$

$$2f\left(\frac{Q}{2}\right)\sqrt{1-f^2\left(\frac{Q}{2}\right)}=2f'\left(\frac{Q}{2}\right)\sqrt{1-f'^2\left(\frac{Q}{2}\right)};$$

d'où $4f^4\left(\frac{Q}{2}\right)-4f^2\left(\frac{Q}{2}\right)+f'^2Q=0$, et $4f'^4\left(\frac{Q}{2}\right)-4f'^2\left(\frac{Q}{2}\right)+f'^2Q=0$. De ces quatre équations, les deux premières pourroient s'appliquer à la

résolution des équations du second degré, de la
forme $x^2 - p = 0$, si d'ailleurs cette résolution
n'étoit donnée immédiatement : et les deux
dernières pourroient s'appliquer à la résolution
des équations du quatrième degré de la forme
$x^4 - px^2 + q = 0$, si d'ailleurs cette résolution ne
résultoit pas de celle des équations du second degré
de la forme $x^2 - px + q = 0$.

Bornons-nous donc seulement à observer, 1°. que
la première équation $2f^2\left(\dfrac{Q}{2}\right) - (1 + fQ) = 0$, se

change en la seconde $2f'^2\left(\dfrac{Q}{2}\right) - (1 - fQ) = 0$,

en prenant pour Q, $\dfrac{2}{2}\pi - Q$ ou $\pi - Q$: car

$f(\pi - Q) = -fQ$, et $f\left(\dfrac{1}{2}\pi - \dfrac{1}{2}Q\right) = f'\dfrac{1}{2}Q$.

2°. Que la troisième équation,

$$4f^4\left(\dfrac{Q}{2}\right) - 4f^2\left(\dfrac{Q}{2}\right) + f'^2Q = 0,$$

se change en la quatrième,

$$4f'^4\left(\dfrac{Q}{2}\right) - 4f'^2\left(\dfrac{Q}{2}\right) + f'^2Q = 0,$$

dans la même supposition. 3°. Que la première
équation donne,

$$f\dfrac{Q}{2} = \sqrt{\dfrac{1 + fQ}{2}},$$

résultat trouvé précédemment ; et la troisième,

$$f\,\frac{Q}{2} = \sqrt{\frac{1}{2} \pm \sqrt{\frac{1}{4} - \frac{1}{4} f'^2 Q}} = \sqrt{\frac{1}{2} \pm \frac{1}{2} f Q},$$

même résultat, en prenant le signe supérieur. L'inférieur auroit lieu si Q étoit $> \frac{1}{2}\pi$: car

$$f\left(\frac{1}{2}\pi + Q'\right) = -f'Q' = -f'\left(\frac{1}{2}\pi - Q\right) = -fQ.$$

4°. Que la deuxième équation donne

$$f'\frac{Q}{2} = \sqrt{\frac{1 - fQ}{2}},$$

résultat trouvé précédemment ; et la quatrième,

$$f'\frac{Q}{2} = \sqrt{\frac{1}{2} \pm \sqrt{\frac{1}{4} - \frac{1}{4} f'^2 Q}} = \sqrt{\frac{1}{2} \mp \frac{1}{2} f Q},$$

même résultat, en prenant le signe supérieur. L'inférieur auroit lieu si Q étoit $> \frac{1}{2}\pi$. 5°. Qu'on peut même prendre avec le signe — les quantités radicales qui expriment $f\frac{Q}{2}$ et $f'\frac{Q}{2}$; car ces deux quantités deviennent négatives, la première si $\frac{Q}{2}$ est $> \frac{1}{2}\pi$, et la seconde si $\frac{Q}{2}$ est négatif. Ainsi l'on aura les deux racines de l'équation du second degré, et les quatre racines de celle du quatrième degré, qui doivent donner $f\frac{Q}{2}$ ou $f'\frac{Q}{2}$.

40. Considérons de la même manière l'équation

$$\sqrt[3]{a + b\sqrt{-1}} = (a^2 + b^2)^{\frac{1}{2\cdot3}}\left(f\left(\frac{Q}{3}\right) + \sqrt{-1}f'\left(\frac{Q}{3}\right)\right).$$

Nous en déduirons $\dfrac{a+b\sqrt{-1}}{\sqrt{a^2+b^2}} = fQ + \sqrt{-1}\,f'Q$

$$= f^3\left(\frac{Q}{3}\right) - 3f\left(\frac{Q}{3}\right)f'^2\left(\frac{Q}{3}\right) + \left[3f^2\left(\frac{Q}{3}\right)f'\left(\frac{Q}{3}\right)\right.$$

$$\left. - f'^3\left(\frac{Q}{3}\right)\right]\sqrt{-1}.\ \text{Donc, 1}^\circ.\ fQ = f^3\left(\frac{Q}{3}\right) -$$

$$3f\left(\frac{Q}{3}\right)f'^2\left(\frac{Q}{3}\right) = 4f^3\left(\frac{Q}{3}\right) - 3f\left(\frac{Q}{3}\right) =$$

$$\sqrt{1 - f'^2\left(\frac{Q}{3}\right)}\left[1 - 4f'^2\left(\frac{Q}{3}\right)\right];\ \text{d'où } 4f^3\left(\frac{Q}{3}\right)$$

$$- 3f\left(\frac{Q}{3}\right) - fQ = 0,\ \text{et } 16f'^6\left(\frac{Q}{3}\right) - 24f'^4\left(\frac{Q}{3}\right)$$

$$+ 9f'^2\left(\frac{Q}{3}\right) - 1 - f^2Q = 0.\ 2^\circ.\ f'Q = 3f^2\left(\frac{Q}{3}\right)f'\left(\frac{Q}{3}\right)$$

$$- f'^3\left(\frac{Q}{3}\right) = 3f'\left(\frac{Q}{3}\right) - 4f'^3\left(\frac{Q}{3}\right) = \ldots\ldots$$

$$\sqrt{1 - f^2\left(\frac{Q}{3}\right)}\left[4f^2\left(\frac{Q}{3}\right) - 1\right];\ \text{d'où } 4f'^3\left(\frac{Q}{3}\right)$$

$$- 3f'\left(\frac{Q}{3}\right) + f'Q = 0,\ \text{et } 16f^6\left(\frac{Q}{3}\right) - 24f^4\left(\frac{Q}{3}\right)$$

$$+ 9f^2\left(\frac{Q}{3}\right) - 1 + f'^2Q = 0.\ \text{De ces quatre équa-}$$

tions, la première et la troisième pourroient servir à donner la résolution des équations du troisième degré de la forme $x^3 - px \pm q = 0$, dans le cas irréductible; et la seconde et la quatrième, à donner la résolution de certaines équations du sixième degré de la forme $x^6 - px^4 + qx^2 \pm r = 0$. Mais comme cette dernière résolution seroit tout-à-fait particulière, nous ne nous occuperons que de l'autre, qui est générale pour le cas irréductible.

Observons auparavant, 1°. que la première équation,

$$4 f^3\left(\frac{Q}{3}\right) - 3 f\left(\frac{Q}{3}\right) - fQ = 0,$$

se change en la troisième,

$$4 f'^3\left(\frac{Q}{3}\right) - 3 f'\left(\frac{Q}{3}\right) + f'Q = 0,$$

en prenant pour Q, $\frac{3}{2}\pi - Q$. Car,

$$f\left(\frac{1}{2}\pi - \frac{1}{3}Q\right) = f'\frac{1}{3}Q, \text{ et } f\left(\frac{3}{2}\pi - Q\right) = f\left(\pi + \frac{1}{2}\pi - Q\right)$$

$$= -f\left(\frac{1}{2}\pi - Q\right) = -f'Q.$$

2°. Que la seconde équation

$$16 f'^6\left(\frac{Q}{3}\right) - 24 f'^4\left(\frac{Q}{3}\right) + 9 f'^2\left(\frac{Q}{3}\right) - 1 - f'^2Q = 0$$

se change en la quatrième

$$16 f^6\left(\frac{Q}{3}\right) - 24 f^4\left(\frac{Q}{3}\right) + 9 f^2\left(\frac{Q}{3}\right) - 1 + f'^2Q = 0,$$

dans la même supposition. 3°. Que la première équation donne,

$$f\frac{Q}{3} = \frac{1}{2}\sqrt[3]{fQ + (f'Q)\sqrt{-1}} + \frac{1}{2}\sqrt[3]{fQ - (f'Q)\sqrt{-1}};$$

et la troisième,

$$f\left(\frac{Q}{3}\right) = \frac{1}{2}\sqrt[3]{f'Q + (fQ)\sqrt{-1}} + \sqrt[3]{f'Q - (fQ)\sqrt{-1}}:$$

d'où l'on voit que chacune de ces équations tombe dans le cas irréductible.

Cela posé, 1°. soit

$$x=\frac{1}{2}\sqrt[3]{fQ+(f'Q)\sqrt{-1}}+\frac{1}{2}\sqrt[3]{fQ-(f'Q)\sqrt{-1}}=f\frac{Q}{3},$$

on aura $4x^3-3x-fQ=0$. Soit $fQ=b$; et soit $Q=\varphi$ la plus petite valeur de Q qui satisfasse à cette équation $fQ=b$. La valeur $Q=\varphi\pm2k\pi$ y satisfera aussi. Prenant cette expression avec le signe supérieur seulement (ce qui suffit), et donnant à l'entier k successivement les valeurs 1 et 2, on aura, $Q=\varphi$, $Q=2\pi+\varphi$, $Q=4\pi+\varphi$; partant,

$$\frac{Q}{3}=\frac{1}{3}\varphi,\quad \frac{Q}{3}=\frac{2}{3}\pi+\frac{1}{3}\varphi,\quad \frac{Q}{3}=\frac{4}{3}\pi+\frac{1}{3}\varphi.\quad \text{D'où}$$

$$x=f\left(\frac{1}{3}\varphi\right),\ x=f\left(\frac{2}{3}\pi+\frac{1}{3}\varphi\right)=f\left(\pi-\left(\frac{1}{3}\pi-\frac{1}{3}\varphi\right)\right)$$

$$=-f\left(\frac{1}{3}\pi-\frac{1}{3}\varphi\right),\ x=f\left(\frac{4}{3}\pi+\frac{1}{3}\varphi\right)=f\left(\pi+\left(\frac{1}{3}\pi+\frac{1}{3}\varphi\right)\right)$$

$$=-f\left(\frac{1}{3}\pi+\frac{1}{3}\varphi\right).\quad 2°.\ \text{Soit}$$

$$\frac{1}{2}\sqrt[3]{f'Q+(fQ)\sqrt{-1}}+\frac{1}{2}\sqrt[3]{f'Q-(fQ)\sqrt{-1}}=f'\frac{Q}{3}.$$

On aura $4x^3-3x+f'Q=0$. Soit $f'Q=b$; et soit $Q=\varphi$ la plus petite valeur de Q qui satisfasse à cette équation $f'Q=b$. La valeur $Q=\varphi\pm2k\pi$ y satisfera aussi. Prenant cette expression avec le signe supérieur seulement (ce qui suffit), et donnant à l'entier k successivement les valeurs 1 et 2, on aura, $Q=\varphi$, $Q=2\pi+\varphi$, $Q=4\pi+\varphi$; partant,

$$\frac{Q}{3} = \frac{1}{3}\varphi, \quad \frac{Q}{3} = \frac{2}{3}\pi + \frac{1}{3}\varphi, \quad \frac{Q}{3} = \frac{4}{3}\pi + \frac{1}{3}\varphi. \text{ D'où } x = f'\left(\frac{1}{3}\varphi\right),$$

$$x = f'\left(\frac{2}{3}\pi + \frac{1}{3}\varphi\right) = f'\left(\frac{1}{3}\pi - \frac{1}{3}\varphi\right), \quad x = f'\left(\frac{1}{3}\pi + \frac{1}{3}\varphi\right)$$

$$= -f'\left(\frac{1}{3}\pi + \frac{1}{3}\varphi\right).$$

Puisque les trois racines de l'équation $x^3 - \frac{3}{4}x - \frac{1}{4}fQ = 0$ sont, $x = f\left(\frac{1}{3}\varphi\right)$, $x = -f\left(\frac{1}{3}\pi - \frac{1}{3}\varphi\right)$, $x = -f\left(\frac{1}{3}\pi + \frac{1}{3}\varphi\right)$, les trois racines de l'équation $x^3 - \frac{3}{4}a^2x - \frac{1}{4}a^3fQ = 0$ seront, $x = af\left(\frac{1}{3}\varphi\right)$, $x = -af\left(\frac{1}{3}\pi - \frac{1}{3}\varphi\right)$, $x = -af\left(\frac{1}{3}\pi + \frac{1}{3}\varphi\right)$. Car $f\frac{1}{3}Q$ pour l'échelle a est à $f\frac{1}{3}Q$ pour l'échelle 1, ou est à a, $\colon\colon a : 1$; ce qui donne $x = af\frac{1}{3}Q$, $f\frac{1}{3}Q$ étant évalué pour l'échelle a. Pareillement, puisque les trois racines de l'équation $x^3 - \frac{3}{4}x + \frac{1}{4}f'Q = 0$ sont, $x = f'\left(\frac{1}{3}\varphi\right)$, $x = f'\left(\frac{1}{3}\pi - \frac{1}{3}\varphi\right)$, $x = -f'\left(\frac{1}{3}\pi + \frac{1}{3}\varphi\right)$, les trois racines de l'équation $x^3 - \frac{3}{4}a^2x + \frac{1}{4}a^3f'Q = 0$ seront, $x = af'\left(\frac{1}{3}\varphi\right)$, $x = af'\left(\frac{1}{3}\pi - \frac{1}{3}\varphi\right)$, $x = -af'\left(\frac{1}{3}\pi + \frac{1}{3}\varphi\right)$. Car

$f'\dfrac{1}{3}Q$ pour l'échelle a est à $f'\dfrac{1}{3}Q$ pour l'échelle 1,

ou est à x, :: a : 1 ; ce qui donne $x = a f'\dfrac{1}{3}Q$, $f'\dfrac{1}{3}Q$ étant évalué pour l'échelle a.

Donc, 1°. si l'on avoit $x^3 - px - q = 0$, $\dfrac{1}{27}p^3$

étant $> \dfrac{1}{4}q^2$; on feroit $p = \dfrac{3}{4}a^2$, et $q = \dfrac{1}{4}a^2 fQ$;

d'où $a = \dfrac{2\sqrt{p}}{\sqrt{3}}$, et $fQ = \dfrac{3q}{p}$: et l'on auroit pour

les trois racines, $x = \dfrac{2\sqrt{p}}{\sqrt{3}} f\left(\dfrac{1}{3}\varphi\right)$, $x = -$

$\dfrac{2\sqrt{p}}{\sqrt{3}} f\left(\dfrac{1}{3}\pi - \dfrac{1}{3}\varphi\right)$, $x = -\dfrac{2\sqrt{p}}{\sqrt{3}} f\left(\dfrac{1}{3}\pi + \dfrac{1}{3}\varphi\right)$.

2°. Si l'on avoit $x^3 - px + q = 0$, $\dfrac{1}{27}p^3$ étant

$> \dfrac{1}{4}q^2$; on feroit $p = \dfrac{3}{4}a^2$, et $q = \dfrac{1}{4}a^2 f'Q$; d'où

$a = \dfrac{2\sqrt{p}}{\sqrt{3}}$, et $f'Q = \dfrac{3q}{p}$: et l'on auroit pour les trois

racines, $x = \dfrac{2\sqrt{p}}{\sqrt{3}} f'\left(\dfrac{1}{3}\varphi\right)$, $x = \dfrac{2\sqrt{p}}{\sqrt{3}} f'\left(\dfrac{1}{3}\pi - \dfrac{1}{3}\varphi\right)$,

$x = -\dfrac{2\sqrt{p}}{\sqrt{3}} f'\left(\dfrac{1}{3}\pi + \dfrac{1}{3}\varphi\right)$.

En faisant $x = -x'$, l'équation $x^3 - px - q = 0$, devient $x'^3 - px' + q = 0$. Il suffit donc de considérer la dernière forme.

41. Nous avons vu que les trois racines de l'équation $x^3 - px + q = 0$, $\frac{1}{27}p^3$ étant $> \frac{1}{4}q^2$, étoient :

$$x = \frac{2\sqrt{p}}{\sqrt{3}}\, f'\tfrac{1}{3}\varphi,\ldots \quad x = \frac{2\sqrt{p}}{\sqrt{3}}\, f'\left(\tfrac{1}{3}\pi - \tfrac{1}{3}\varphi\right),\ldots$$

$$x = -\frac{2\sqrt{p}}{\sqrt{3}}\, f'\left(\tfrac{1}{3}\pi + \tfrac{1}{3}\varphi\right),$$

φ se déduisant de $f'\varphi = \dfrac{3q}{p}$. Mais c'est dans le système fonctionnaire dont l'échelle est e ou $\dfrac{2\sqrt{p}}{\sqrt{3}}$.

Or si l'on veut rapporter ces fonctions au système dont l'échelle est celle des tables, ou R, on aura pour les trois racines,

$$x = \frac{2\sqrt{p}}{R\sqrt{3}}f'\tfrac{1}{3}\varphi,\ldots \quad x = \frac{2\sqrt{p}}{R\sqrt{3}}f'\left(\tfrac{1}{3}\pi - \tfrac{1}{3}\varphi\right),\ldots$$

$$x = -\frac{2\sqrt{p}}{R\sqrt{3}}f'\left(\tfrac{1}{3}\pi + \tfrac{1}{3}\varphi\right),$$

φ se déduisant de $f'\varphi = \dfrac{R.3q\sqrt{3}}{2p\sqrt{p}}$. En effet,

1°. $f'\varphi$ étant $= \dfrac{3q}{p}$, dans le système dont l'échelle est $\dfrac{2\sqrt{p}}{\sqrt{3}}$, sera $= \dfrac{3q}{p} : \dfrac{2\sqrt{p}}{\sqrt{3}}$ ou $\dfrac{3q\sqrt{3}}{2p\sqrt{p}}$, dans le système dont l'échelle est 1; et $= \dfrac{R.3q\sqrt{3}}{2p\sqrt{p}}$, dans le système dont l'échelle est R. 2°. $f'\tfrac{1}{3}$ Q étant $= x$

dans le premier système, sera $=\dfrac{\dfrac{x}{2\sqrt{p}}}{\sqrt{3}}$ ou $\dfrac{x\sqrt{3}}{2\sqrt{p}}$

dans le second, et $=\dfrac{\mathrm{R}x\sqrt{3}}{2\sqrt{p}}$ dans le troisième; ce

qui donne, pour ce dernier, $x=\dfrac{2\sqrt{p}}{\mathrm{R}\sqrt{3}}f'\dfrac{1}{3}\mathrm{Q}$, d'où les trois racines ci-dessus.

Telle est la forme que l'on donne aux trois racines de l'équation $x^3-px+q=0$, $\dfrac{1}{27}p^3$ étant $>\dfrac{1}{4}q^2$; parce que, de cette manière, on trouve dans les tables les fonctions dont on a besoin. Et l'on peut même déterminer φ par les tables. Car, de $f'\varphi=\dfrac{\mathrm{R}.3q\sqrt{3}}{2p\sqrt{p}}$, on tire log. $(f'\varphi)=\log.\mathrm{R}+$ log. $q+\dfrac{3}{2}\log.3-\log.2-\dfrac{3}{2}\log.p$, ou, en supposant le second membre $=m$, log. $(f'\varphi)=m$. Supposons qu'on trouve, et on le trouvera toujours par les tables, que m répond à log. $(f'g)$. On aura donc $f'\varphi=f'g$, et par conséquent $\varphi=g$, quantité connue.

Mais on n'aura pas même besoin de ce moyen, toutes les fois que p et q seront tels que $\dfrac{\mathrm{R}.3q\sqrt{3}}{2p\sqrt{p}}$ exprimera la fonction prime d'une quantité connue. Supposons, par exemple, $\dfrac{\mathrm{R}.3q\sqrt{3}}{2p\sqrt{p}}=\dfrac{\mathrm{R}}{2}$

ce qui arrive évidemment si $q = 1$, et $p = 3$.

On aura donc, $f'\varphi = \dfrac{R}{2}$, d'où l'on conclut immédiatement $\varphi = \dfrac{\pi}{6}$. Supposons encore $\dfrac{R.3q\sqrt{3}}{2p\sqrt{p}} = \dfrac{R\sqrt{3}}{2}$: ce qui arrive évidemment si $q = \dfrac{1}{3}$, et $p = 1$. On aura donc $f'\varphi = \dfrac{R\sqrt{3}}{2}$, d'où l'on conclut immédiatement, $\varphi = \dfrac{\pi}{3}$.

Nous ne connoissons jusqu'ici qu'un petit nombre de cas, dans lesquels la valeur de $f'\varphi$ puisse faire conclure immédiatemeut celle de φ. Mais nous en trouverons beaucoup d'autres dans la suite.

Voici quelques applications de ces principes.

1°. Soit $x^3 - 3x + 1 = 0$. On aura, $p = 3$, $q = 1$; $f'\varphi = \dfrac{R}{2}$, $\varphi = \dfrac{\pi}{6}$; $\dfrac{1}{3}\varphi = \dfrac{\pi}{18} = \dfrac{10\pi}{180}$, $\dfrac{1}{3}\pi - \dfrac{1}{3}\varphi = \dfrac{5\pi}{18} = \dfrac{50\pi}{180}$, $\dfrac{1}{3}\pi + \dfrac{1}{3}\varphi = \dfrac{7\pi}{18} = \dfrac{70\pi}{180}$. Donc $x = \dfrac{2}{R}f' 10^d$, $x = \dfrac{2}{R}f' 50^d$, $x = -\dfrac{2}{R}f' 70^d$. En faisant le calcul on trouvera, $x = 0,3472964$, $x = 1,5320888$, $x = -1,8793852$.

2°. Soit $x^3 - 5x + 3 = 0$. On aura $p = 5$, $q = 3$, $f'\varphi = \dfrac{R.3^2.\sqrt{3}}{2.5.\sqrt{5}}$, $\log. (f'\varphi) = \log. R + \dfrac{5}{2}\log. 3 -$

$\log. 2 - \dfrac{3}{2} \log. 5 = 9,843318.$ Or $9,843318$ répond

sensiblement dans les tables à $\dfrac{1591127\pi}{180.60^2} = \dfrac{44\pi}{180} +$

$\dfrac{11\pi}{180.60} + \dfrac{52\pi}{180.60^2} = 44^d + 11' + 52''.$ Donc on

aura,

$$x = \frac{2\sqrt{5}}{R\sqrt{3}} f' (14^d + 43' + 57''),$$

$$x = \frac{2\sqrt{5}}{R\sqrt{3}} f' (45^d + 16' + 3''),$$

$$x = - \frac{2\sqrt{5}}{R\sqrt{3}} f' (74^d + 43' + 57'');$$

c'est-à-dire en faisant le calcul, $x = 0, 656625,$ $x = 1, 834238, x = - 2, 490863.$

3°. Soit $x^3 - 39x + 70 = 0.$ On trouvera de la même manière, $f'\varphi = \dfrac{R.35}{13\sqrt{13}};$ et $x = 1, 99999,$ $x = 4, 99999, x = - 6, 99999;$ c'est-à-dire, $x = 2, x = 5, x = - 7.$

42. On peut trouver encore d'une manière bien simple, les racines d'une équation du troisième dans le cas irréductible.

Car, 1°. soit $x^3 - px - q = 0.$ On aura,

$$x = \sqrt[3]{\tfrac{1}{2}q + \sqrt{\tfrac{1}{27}p^3 - \tfrac{1}{4}q^2} \cdot \sqrt{-1}}$$

$$+ \sqrt[3]{\tfrac{1}{2}q - \sqrt{\tfrac{1}{27}p^3 - \tfrac{1}{4}q^2} \cdot \sqrt{-1}},$$

$$a = \frac{-1+\sqrt{-3}}{2}\sqrt[3]{\tfrac{1}{2}q + \sqrt{\tfrac{1}{27}p^3 - \tfrac{1}{4}q^2}\cdot\sqrt{-1}}$$

$$+ \frac{-1-\sqrt{-3}}{2}\sqrt[3]{\tfrac{1}{2}q - \sqrt{\tfrac{1}{27}p^3 - \tfrac{1}{4}q^2}\cdot\sqrt{-1}},$$

$$x = \frac{-1-\sqrt{-3}}{2}\sqrt[3]{\tfrac{1}{2}q + \sqrt{\tfrac{1}{27}p^3 - \tfrac{1}{4}q^2}\cdot\sqrt{-1}}$$

$$+ \frac{-1+\sqrt{-3}}{2}\sqrt[3]{\tfrac{1}{2}q - \sqrt{\tfrac{1}{27}p^3 - \tfrac{1}{4}q^2}\cdot\sqrt{-1}}.$$

Or,
$$\sqrt{\tfrac{1}{2}q \pm \sqrt{\tfrac{1}{27}p^3 - \tfrac{1}{4}q^2}\cdot\sqrt{-1}} =$$

$$\left(\tfrac{1}{27}p^3\right)^{\frac{1}{2\cdot 3}}\left(f\left(\tfrac{\varphi}{3}\right) \pm \sqrt{-1}\,f'\left(\tfrac{\varphi}{3}\right)\right) =$$

$$\frac{\sqrt{p}}{\sqrt{3}}\left(f\left(\tfrac{\varphi}{3}\right) \pm \sqrt{-1}\,f'\left(\tfrac{\varphi}{3}\right)\right), \text{ et } \frac{-1\pm\sqrt{-3}}{2} =$$

$$-\tfrac{1}{2} \pm \frac{\sqrt{3}}{2}\cdot\sqrt{-1} = -f'\left(\tfrac{\pi}{6}\right) \pm \sqrt{-1}\,f\left(\tfrac{\pi}{6}\right)$$

$$= -f\left(\tfrac{\pi}{3}\right) \pm \sqrt{-1}\,f'\left(\tfrac{\pi}{3}\right). \text{ Donc on trouvera,}$$

$$x = \frac{2\sqrt{p}}{\sqrt{3}}f\left(\tfrac{\varphi}{3}\right)\ldots x = \frac{2\sqrt{p}}{\sqrt{3}}\left(-f\left(\tfrac{\pi}{3}\right)\cdot f\left(\tfrac{\varphi}{3}\right)\right.$$

$$\left.-f'\left(\tfrac{\pi}{3}\right)\cdot f'\left(\tfrac{\varphi}{3}\right)\right) = -\frac{2\sqrt{3}}{\sqrt{3}}f\left(\tfrac{\pi}{3} - \tfrac{\varphi}{3}\right)\ldots$$

$$x = \frac{2\sqrt{p}}{\sqrt{3}}\left(-f\left(\tfrac{\pi}{3}\right)\cdot f\left(\tfrac{\varphi}{3}\right) + f'\left(\tfrac{\pi}{3}\right)\cdot f'\left(\tfrac{\varphi}{3}\right)\right)$$

$$= -\frac{2\sqrt{p}}{\sqrt{3}}f\left(\tfrac{\pi}{3} + \tfrac{\varphi}{3}\right): \text{ comme ci-devant.}$$

2°. Soit $x^3 - px + q = 0$. On aura

$$x = \sqrt[3]{-\tfrac{1}{2}q + \sqrt{\tfrac{1}{27}p^3 - \tfrac{1}{4}q^2} \cdot \sqrt{-1}}$$
$$+ \sqrt[3]{-\tfrac{1}{2}q - \sqrt{\tfrac{1}{27}p^3 - \tfrac{1}{4}q^2} \cdot \sqrt{-1}},$$

$$x = \frac{-1 + \sqrt{-3}}{2}\sqrt[3]{-\tfrac{1}{2}q + \sqrt{\tfrac{1}{27}p^3 - \tfrac{1}{4}q^2} \cdot \sqrt{-1}}$$
$$+ \frac{-1 - \sqrt{-3}}{2}\sqrt[3]{-\tfrac{1}{2}q - \sqrt{\tfrac{1}{27}p^3 - \tfrac{1}{4}q^2} \cdot \sqrt{-1}},$$

$$x = \frac{-1 - \sqrt{-3}}{2}\sqrt[3]{-\tfrac{1}{2}q + \sqrt{\tfrac{1}{27}p^3 - \tfrac{1}{4}q^2} \cdot \sqrt{-1}}$$
$$+ \frac{-1 + \sqrt{-3}}{2}\sqrt[3]{-\tfrac{1}{2}q - \sqrt{\tfrac{1}{27}p^3 - \tfrac{1}{4}q^2} \cdot \sqrt{-1}}.$$

Or, $\sqrt[3]{-\tfrac{1}{2}q \pm \sqrt{\tfrac{1}{27}p^3 - \tfrac{1}{4}q^2} \cdot \sqrt{-1}} =$

$\dfrac{\sqrt{p}}{\sqrt{3}}\left(f\left(\dfrac{\varphi'}{3}\right) \pm \sqrt{-1}\, f'\left(\dfrac{\varphi'}{3}\right)\right)$, et $\dfrac{-1 \pm \sqrt{-3}}{2}$

$= -f\left(\dfrac{\pi}{3}\right) \pm \sqrt{-1}\, f'\left(\dfrac{\pi}{3}\right)$. Donc on trouvera,

$$x = \frac{2\sqrt{p}}{\sqrt{3}} f\left(\frac{\varphi'}{3}\right) \ldots\ x = -\frac{2\sqrt{p}}{\sqrt{3}} f\left(\frac{\pi}{3} - \frac{\varphi'}{3}\right) \ldots$$

$x = -\dfrac{2\sqrt{p}}{\sqrt{3}} f\left(\dfrac{\pi}{3} + \dfrac{\varphi'}{3}\right)$: et en faisant $\varphi' = \tfrac{1}{2}\pi + \varphi$,

ce qui doit être, car $f\varphi' = f'\varphi = -f\left(\dfrac{\pi}{2} - \varphi\right) =$

$f\left(\dfrac{\pi}{2} + \varphi\right)$, il viendra, $x = \dfrac{2\sqrt{p}}{\sqrt{3}} f\left(\dfrac{\pi}{6} + \dfrac{\varphi}{3}\right) =$

$$\frac{2\sqrt{p}}{\sqrt{3}} f'\left(\frac{\pi}{2} - \left(\frac{\pi}{6} + \frac{\varphi}{3}\right)\right) = \frac{2\sqrt{p}}{\sqrt{3}} f'\left(\frac{\pi}{3} - \frac{\varphi}{3}\right) \ldots$$

$$x = -\frac{2\sqrt{p}}{\sqrt{3}} f\left(\frac{\pi}{3} - \frac{\pi}{6} - \frac{\varphi}{3}\right) = -\frac{2\sqrt{p}}{\sqrt{3}} f\left(\frac{\pi}{6} - \frac{\varphi}{3}\right)$$

$$= -\frac{2\sqrt{p}}{\sqrt{3}} f'\left(\frac{\pi}{3} + \frac{\varphi}{3}\right) \ldots x = -\frac{2\sqrt{p}}{\sqrt{3}} f\left(\frac{\pi}{3} + \frac{\pi}{6} + \frac{\varphi}{3}\right)$$

$$= -\frac{2\sqrt{p}}{\sqrt{3}} f\left(\frac{\pi}{2} + \frac{\varphi}{3}\right) = \frac{2\sqrt{p}}{\sqrt{3}} f\left(\frac{\pi}{2} - \frac{\varphi}{3}\right) =$$

$$\frac{2\sqrt{p}}{\sqrt{3}} f'\left(\frac{\varphi}{3}\right) : \text{comme ci-devant.}$$

43. L'expression $x = \dfrac{2\sqrt{p}}{\sqrt{3}} f\dfrac{Q}{3}$, Q ayant les trois valeurs, φ, $2\pi + \varphi$, $4\pi + \varphi$, et fQ étant $= \dfrac{3q\sqrt{3}}{2p\sqrt{p}}$, renferme, comme l'on voit, les trois racines réelles de l'équation $x^3 - px - q = 0$, tombant dans le cas irréductible. Mais

$$f\frac{Q}{3} = \tfrac{1}{2}\sqrt[3]{fQ + \sqrt{-1}\, f'Q} + \tfrac{1}{2}\sqrt[3]{fQ - \sqrt{-1}\, f'Q}.$$

Donc la valeur

$$x = \frac{\sqrt{p}}{\sqrt{3}}\sqrt[3]{fQ + \sqrt{-1}\, f'Q} + \frac{\sqrt{p}}{\sqrt{3}}\sqrt[3]{fQ - \sqrt{-1}\, f'Q},$$

renferme les trois racines de cette équation $x^3 - px - q = 0$. Si cependant on met dans cette expression, pour fQ sa valeur $\dfrac{3q\sqrt{3}}{2p\sqrt{p}}$, on ne trouvera que la seule racine

$$x = \sqrt[3]{\tfrac{1}{2}q + \sqrt{\tfrac{1}{27}p^3 - \tfrac{1}{4}q^2} \cdot \sqrt{-1}}$$
$$+ \sqrt[3]{\tfrac{1}{2}q - \sqrt{\tfrac{1}{27}p^3 - \tfrac{1}{4}q^2} \cdot \sqrt{-1}}.$$

Mais je dis que cette seule racine les renferme toutes, puisqu'elle se réduit à $x = \dfrac{2\sqrt{p}}{\sqrt{3}} f\dfrac{Q}{3}$.

De même l'expression $x = \dfrac{2\sqrt{p}}{\sqrt{3}} f\dfrac{Q}{3}$, Q ayant les trois valeurs, φ, $2\pi + \varphi$, $4\pi + \varphi$, et fQ étant $= \dfrac{-3q\sqrt{3}}{2p\sqrt{p}}$, renferme les trois racines réelles de l'équation $x^3 - px + q = 0$, tombant dans le cas irréductible. Donc la valeur

$$x = \frac{\sqrt{p}}{\sqrt{3}}\sqrt[3]{fQ + \sqrt{-1}\,f'Q} + \frac{\sqrt{p}}{\sqrt{3}}\sqrt[3]{fQ - \sqrt{-1}\,f'Q},$$

renferme les trois racines de cette équation $x^3 - px + q = 0$. Si cependant on met dans cette expression, pour fQ sa valeur $\dfrac{-3q\sqrt{3}}{2p\sqrt{p}}$, on ne trouvera que la seule racine

$$x = \sqrt[3]{-\tfrac{1}{2}q + \sqrt{\tfrac{1}{27}p^3 - \tfrac{1}{4}q^2} \cdot \sqrt{-1}}$$
$$+ \sqrt[3]{-\tfrac{1}{2}q - \sqrt{\tfrac{1}{27}p^3 - \tfrac{1}{4}q^2} \cdot \sqrt{-1}}.$$

Mais je dis que cette seule racine les renferme toutes, puisqu'elle se réduit à $x = \dfrac{2\sqrt{p}}{\sqrt{3}} f\dfrac{Q}{3}$.

Ainsi la forme $\sqrt[3]{A+B\sqrt{-1}} + \sqrt[3]{A-B\sqrt{-1}}$,
se ramène en général à $2\sqrt[6]{A^2+B^2} \cdot f\dfrac{Q}{3}$, et peut
toujours exprimer les trois racines d'une équation
du troisième degré dans le cas irréductible.

Mais comme, en supposant $\sqrt[3]{A\pm B\sqrt{-1}} =$
$a\pm c\sqrt{-1}$, on auroit, $A = a^3 - 3ac^2$, et $B = 3a^2c - c^3$;
partant $a^2 = \dfrac{A+3ac^2}{a} = \dfrac{B+c^3}{3c}$, d'où $a = \dfrac{3Ac}{B-8c^3}$,
valeur qui, substituée dans $B = 3a^2c - c^3$, donne-
roit une équation en c, du neuvième degré, savoir
$= 64c^9 - 48Bc^6 - (27A^2 + 15B^2)c^3 + B^3 = 0$,
(elle seroit résoluble à la manière du troisième);
il en résulteroit neuf valeurs pour c, autant pour
a, et neuf racines pour l'équation du troisième
degré $x^3 - px \pm q = 0$, tombant dans le cas irréductible, puisqu'alors $x = 2a$. Mais on peut faire
voir que des neuf valeurs de a, il y en a six qui
doivent être rejetées, parce qu'elles donneroient
pour x des valeurs qui n'appartiendroient pas à
l'équation $x^3 - px \pm q = 0$. Comme d'Alembert a
résolu cette difficulté, et l'a traitée fort au long
dans ses Opuscules, je me contente de l'indiquer
ici.

44. Sachant résoudre les équations du troisième
degré dans le cas irréductible, on pourra donc
résoudre aussi celles du quatrième degré dans le
cas irréductible. Car en les représentant par

$x^4 + px^2 + qx + r = 0$, on peut démontrer que leurs quatre racines sont représentées par

$$x = \sqrt{\tfrac{1}{6}(\tfrac{1}{2}x' - p)} \pm \sqrt{-\tfrac{1}{6}(\tfrac{1}{2}x' + 2p) - \frac{q\sqrt{\tfrac{2}{3}(\tfrac{1}{2}x' - p)}}{\tfrac{4}{3}(\tfrac{1}{2}x' - p)}},$$

$$\text{et } x = -\sqrt{\tfrac{1}{6}(\tfrac{1}{2}x' - p)} \pm \sqrt{-\tfrac{1}{6}(\tfrac{1}{2}x' + 2p) + \frac{q\sqrt{\tfrac{2}{3}(\tfrac{1}{2}x' - p)}}{\tfrac{4}{3}(\tfrac{1}{2}x' - p)}};$$

x' étant la seule racine réelle, ou l'une des trois racines réelles, de la réduite, transformée en équation du troisième degré sans second terme. Or on démontre encore que les quatre racines de la proposée sont réelles, si les trois racines de la réduite transformée sont réelles et positives : c'est-à-dire que la première tombe dans le cas irréductible, si la seconde y tombe elle-même. Mais alors

$$x' = \frac{2\sqrt{P}}{\sqrt{3}} f\frac{\varphi}{3};$$

P désignant le coefficient de x' dans l'équation en x'; racine réelle, quoiqu'elle se présente d'abord sous une forme imaginaire

$$a\sqrt[3]{b + c\sqrt{-1}} + a\sqrt[3]{b - c\sqrt{-1}}.$$

On trouvera donc pour x une quantité réelle : en effet, on peut démontrer que les trois racines de la réduite transformée sont $\tfrac{2}{3}(\tfrac{1}{2}x' - p)$, et

$$-\tfrac{1}{3}(\tfrac{1}{2}x' - p) \pm \sqrt{\left(-\tfrac{1}{3}(\tfrac{1}{2}x' + 2p)\right)^2 - \frac{q^2}{\tfrac{2}{3}(\tfrac{1}{2}x' - p)}};$$

donc, puisqu'elles doivent être réelles et positives, il faut que $\tfrac{1}{2}x' - p$, et $\left(-\tfrac{1}{3}(\tfrac{1}{2}x' + 2p)\right)^2 - \dfrac{q}{\tfrac{2}{3}(\tfrac{1}{2}x' - p)}$, soient positives; par conséquent, que $\tfrac{1}{2}x' - p$, et

$$-\frac{1}{3}\left(\frac{1}{2}x' + 2p\right) \pm \frac{q}{\sqrt{\frac{2}{3}\left(\frac{1}{2}x' - p\right)}}$$

$$= -\frac{1}{3}\left(\frac{1}{2}x' + 2p\right) \pm \frac{q\sqrt{\frac{2}{3}\left(\frac{1}{2}x' - p\right)}}{\frac{2}{3}\left(\frac{1}{2}x' - p\right)},$$

soient positives : ce qui rend réelles, $\sqrt{\frac{1}{6}\left(\frac{1}{2}x' - p\right)}$,

et $\sqrt{-\frac{1}{6}\left(\frac{1}{2}x' + 2p\right) \pm \frac{\frac{1}{2}q\sqrt{\frac{2}{3}\left(\frac{1}{2}x' - p\right)}}{\frac{2}{3}\left(\frac{1}{2}x' - p\right)}}$,

et par conséquent x. On voit que x ne se présentoit sous une forme imaginaire que parce que x' se présentoit aussi sous une forme imaginaire.

45. Après avoir trouvé les racines réelles des équations du troisième et du quatrième degré, lorsque ces racines se présentent sous une forme imaginaire, nous allons trouver les racines imaginaires des équations du troisième et du quatrième degré.

Commençons par le troisième degré. Soit $x^3 + px + q = 0$; les racines peuvent être représentées par $x = \sqrt[3]{a + \sqrt{b}} + \sqrt[3]{a + \sqrt{b}}$, $x = \frac{-1 \pm \sqrt{-3}}{2}\sqrt[3]{a + \sqrt{b}} + \frac{-1 \mp \sqrt{-3}}{2}\sqrt[3]{a - \sqrt{b}}$.

Or si b est positif, ces deux dernières racines sont imaginaires. Car soit $\sqrt[3]{a + \sqrt{b}} = c$, quantité réelle, et $\sqrt[3]{a - \sqrt{b}} = d$, autre quantité réelle ;

on aura $x = \left(\frac{-1 \pm \sqrt{-3}}{2}\right)c + \left(\frac{-1 \mp \sqrt{-3}}{2}\right)d$

$= -\frac{1}{2}(c + d) \pm \frac{1}{2}(c + d)\sqrt{3}\sqrt{-1}.$

Passons au quatrième degré. Soit $x^4 + px^2 + qx + r = 0$. Les racines peuvent être représentées par

$$x = \sqrt{\tfrac{1}{6}(\tfrac{1}{2}x' - p)} \pm \sqrt{-\tfrac{1}{6}(\tfrac{1}{2}x' + 2p) - \frac{q\sqrt{\tfrac{2}{3}(\tfrac{1}{2}x' - p)}}{\tfrac{4}{3}(\tfrac{1}{2}x' - p)}},$$

$$\text{et } x = -\sqrt{\tfrac{1}{6}(\tfrac{1}{2}x' - p)} \pm \sqrt{-\tfrac{1}{6}(\tfrac{1}{2}x' + 2p) + \frac{q\sqrt{\tfrac{2}{3}(\tfrac{1}{2}x' - p)}}{\tfrac{4}{3}(\tfrac{1}{2}x' - p)}};$$

x' étant la seule racine réelle, ou l'une des trois racines réelles, de la réduite, transformée en équation du troisième degré sans second terme. Or,

1°. On démontre que les quatre premières de la proposée sont imaginaires, si les trois racines de la réduite transformée sont réelles, une seule étant positive et les deux autres négatives. Mais alors

$$x' = \frac{2\sqrt{P}}{\sqrt{3}} f\frac{\varphi}{3}.$$

De plus, des trois racines $\tfrac{2}{3}(\tfrac{1}{2}x' - p)$

$$\text{et} -\tfrac{1}{3}(\tfrac{1}{2}x' + 2p) \pm \sqrt{\left(-\tfrac{1}{3}(\tfrac{1}{2}x' + 2p)\right)^2 - \frac{q^2}{\tfrac{2}{3}(\tfrac{1}{2}x' - p)}},$$

de cette réduite, on démontre que la première seule peut être positive, lorsqu'il n'y en a qu'une de positive : donc on a $\tfrac{1}{2}x' - p$ positive, et $-\tfrac{1}{3}$

$$(\tfrac{1}{2}x' + 2p) \pm \frac{q\sqrt{\tfrac{2}{3}(\tfrac{1}{2}x' - p)}}{\tfrac{2}{3}(\tfrac{1}{2}x' - p)}$$ négative et réelle ; ce

qui rend $\sqrt{\tfrac{1}{6}(\tfrac{1}{2}x' - p)}$ réelle, et

$$\sqrt{-\tfrac{1}{6}(\tfrac{1}{2}x' - p) \pm \frac{\tfrac{1}{2}q\sqrt{\tfrac{2}{3}(\tfrac{1}{2}x' - p)}}{\tfrac{2}{3}(\tfrac{1}{2}x' - p)}}$$ imaginaire, de

la forme $B\sqrt{-1}$. Soit cette imaginaire $= C\sqrt{-1}$, en prenant le signe supérieur, et $=D\sqrt{-1}$, en prenant l'inférieur ; et soit $\sqrt{\frac{1}{6}(\frac{1}{2}x'-p)}=a$: on aura donc $x=a\pm c\sqrt{-1}$, $x=-a\pm d\sqrt{-1}$.

2°. On démontre que les quatre racines de la préposée sont encore imaginaires, si, des trois racines de la réduite transformée, la première est réelle et négative, et les deux autres imaginaires. Mais alors $\frac{1}{2}x'-p$ est négative, et $-\frac{1}{3}(\frac{1}{2}x'+2p)\pm$

$$\frac{q\sqrt{\frac{2}{3}(\frac{1}{2}x'-p)}}{\frac{2}{3}(\frac{1}{2}x'-p)}$$ imaginaire de la forme $A\pm B\sqrt{-1}$;

ce qui rend $\sqrt{\frac{1}{6}(\frac{1}{2}x'-p)}$ imaginaire de la forme

$a\sqrt{-1}$, et $\sqrt{\frac{1}{6}(\frac{1}{2}x'+2p)\pm\dfrac{\frac{1}{2}q\sqrt{\frac{2}{3}(\frac{1}{2}x'-p)}}{\frac{2}{3}(\frac{1}{2}x'-p)}}$ ima-

ginaire de la forme $\sqrt{\frac{1}{2}A\pm\frac{1}{2}B\sqrt{-1}}=c\pm d\sqrt{-1}$. Donc on aura $x=a\sqrt{-1}\pm c\mp d\sqrt{-1}=\pm c+(a\mp d)\sqrt{-1}$, et $x=-a\sqrt{-1}\pm c\pm d\sqrt{-1}=\pm c+(-a\pm d)\sqrt{-1}$.

3°. On démontre que les quatre racines de la préposée sont deux réelles et deux imaginaires, si, des trois racines de la réduite transformée, la première est réelle et positive, et les deux autres imaginaires. Mais alors $\frac{1}{2}x'-p$ est positive, et

$$-\frac{1}{3}(\frac{1}{2}x'+2p)\pm\frac{q\sqrt{\frac{2}{3}(\frac{1}{2}x'-p)}}{\frac{2}{3}(\frac{1}{2}x'-p)}$$ réelle, savoir ; posi-

tive en prenant le signe supérieur, et négative en prenant l'inférieur ; ou au contraire ; et cela, afin que le produit $\left(-\frac{1}{3}(\frac{1}{2}x'+2p)\right)^2-\dfrac{q^2}{\frac{2}{3}(\frac{1}{2}x'-p)}$ soit négatif, et partant sa racine quarrée imaginaire, comme cela doit être dans le cas présent. On a donc

$$\sqrt{\tfrac{1}{6}(\tfrac{1}{2}x'-p)} = a \text{ quantité positive},$$

$$\sqrt{-\tfrac{1}{6}(\tfrac{1}{2}x'+2p) + \frac{\tfrac{1}{2}q\sqrt{\tfrac{2}{3}(\tfrac{1}{2}x'-p)}}{\tfrac{2}{3}(\tfrac{1}{2}x'-p)}} = b, \text{ quantité}$$

réelle, ou $= b\sqrt{-1}$, quantité imaginaire, et

$$\sqrt{-\tfrac{1}{6}(\tfrac{1}{2}x'+2p) - \frac{\tfrac{1}{2}q\sqrt{\tfrac{2}{3}(\tfrac{1}{2}x'-p)}}{\tfrac{2}{3}(\tfrac{1}{2}x'-p)}} = c\sqrt{-1},$$

quantité imaginaire, ou $=c$, quantité réelle. Donc on aura, dans le premier cas, $x=a\pm b$, $x=-a\pm c\sqrt{-1}$; et dans le second cas, $x=a\pm b\sqrt{-1}$, $x=-a\pm c$.

46. Ainsi les racines imaginaires des équations du troisième et du quatrième degré sont toujours réductibles à la forme $A + B\sqrt{-1}$; ce qui n'est pas étonnant, puisque ces racines sont des imaginaires données. Mais en seroit-il de même des racines imaginaires des équations des degrés plus élevés ? C'est ce qu'on ne peut pas conclure des principes précédens ; car la résolution algébrique de ces équations n'étant pas trouvée, leurs racines imaginaires ne sont plus des imaginaires données ; et l'on pourroit douter que ces racines imaginaires aient toujours une expression analytique possible. A la vérité, l'induction porte à croire que toute racine imaginaire d'une équation est réductible à la forme $A + B\sqrt{-1}$. Mais il faut une démonstra-

tion en règle. M. de Foncenex en a donné une purement algébrique, dans un savant Mémoire sur les imaginaires, qui se trouve dans le premier volume des *Mémoires de la société des sciences de Turin*, et auquel je renvoie ; observant cependant, d'après d'Alembert, que cette démonstration est sujette à quelques difficultés, reposant sur un principe qui, quoique certain, n'est pas rigoureusement établi, et qui devroit l'être pour pouvoir être admis. Laplace et Lagrange ont fait disparoître ces difficultés, dans la démonstration purement algébrique qu'ils ont donnée de cette proposition.

47. Il résulte de là que si une équation a une racine imaginaire $= A + B\sqrt{-1}$, elle en a une autre $= A - B\sqrt{-1}$; proposition qu'on peut regarder comme évidente, à cause que tout radical quarré doit, en général, être affecté du double signe $\pm$ (*) : mais qu'on peut cependant démontrer pour plus de rigueur. En effet, si $x = A + B\sqrt{-1}$, on aura $x - A = B\sqrt{-1}$, et $x^2 - 2Ax + A^2 + B^2 = 0$; d'où $x = A \pm B\sqrt{-1}$. Autrement, soit $A = af\varphi$, et $B = af'\varphi$. On aura $x = af\varphi + \sqrt{-1}\, af'\varphi = ae^{\varphi\sqrt{-1}}$.

$$\text{Mais } f\varphi = \frac{e^{\varphi\sqrt{-1}} + e^{-\varphi\sqrt{-1}}}{2} = \frac{e^{\varphi\sqrt{-1}} + \dfrac{1}{e^{\varphi\sqrt{-1}}}}{2} =$$

(*) C'est par cette raison que, de log. $x = y + z\sqrt{-1}$, j'ai conclu, au commencement de ce Mémoire, log. $x = y - z\sqrt{-1}$; et que de log. $(x + s\sqrt{-1}) = y + z\sqrt{-1}$, j'ai conclu, un peu plus loin, log. $(x - s\sqrt{-1}) = y - z\sqrt{-1}$.

$$\frac{e^{2\varphi\sqrt{-1}}+1}{2e^{\varphi\sqrt{-1}}}.$$ Donc $\mathrm{A}f\varphi$, ou A, $= \dfrac{ae^{2\varphi\sqrt{-1}}+a}{2e^{\varphi\sqrt{-1}}}$, ou $= \dfrac{x^2+a^2}{2a}$; d'où l'on tire $x^2 - 2\mathrm{A}x + a^2 = 0$, et

$$x = \mathrm{A} \pm \sqrt{\mathrm{A}^2 - a^2} = \mathrm{A} \pm \sqrt{-\mathrm{B}^2} = \mathrm{A} \pm \mathrm{B}\sqrt{-1}.$$

De là on doit conclure, 1°. que si une équation n'a que des racines imaginaires elle est toujours de degré pair. 2°. Que si l'on divise une équation qui a des racines réelles et des racines imaginaires, par le facteur qui renferme toutes les racines réelles, le quotient sera un facteur de degré pair, et renfermant toutes les racines imaginaires. 3°. Qu'une équation de degré impair a au moins une racine réelle. 4°. Qu'une équation qui a des racines imaginaires en nombre m, m étant par conséquent pair, a toujours $\dfrac{m}{2}$ facteurs du second degré de la forme $x^2 + px + q = 0$, p et q étant des quantités réelles : ce qui donne le moyen de trouver, au moins par approximation, les racines imaginaires des équations, quel qu'en soit le degré. Au surplus, il y a plusieurs autres méthodes pour avoir les racines imaginaires des équations. Toutes ces méthodes étant connues, nous n'en parlerons pas ici.

Une équation d'un degré impair $2m+1$ ayant au moins une racine réelle, le facteur qui renferme les racines imaginaires de cette équation sera tout au plus du degré pair $2m$. Donc si l'on démontroit que les racines imaginaires de toute équation de degré pair sont de la forme $A + B\sqrt{-1}$, cela seroit démontré aussi pour toute équation de degré impair.

Par là, on peut conclure que les racines imaginaires d'une équation du cinquième degré sont encore de la forme $A + B\sqrt{-1}$. Car elles sont nécessairement renfermées dans un facteur du quatrième degré, ou même du second.

Nous trouverons, dans la suite de ce Mémoire, pour plusieurs classes d'équations, l'expression des racines imaginaires, sous la forme $A + B\sqrt{-1}$; ce qui formeroit une nouvelle induction, à défaut d'une démonstration rigoureuse de ce principe, que toute racine imaginaire d'une équation est réductible à la forme $A + B\sqrt{-1}$.

48. Nous avons trouvé ci-devant $\sqrt[n]{1} =$
$$f\left(\frac{2k\pi}{n}\right) \pm \sqrt{-1}\, f'\left(\frac{2k\pi}{n}\right);$$ et nous avons fait voir que cette expression, prise avec le signe inférieur, donnoit les mêmes résultats que prise avec le signe supérieur, en faisant les deux valeurs correspondantes de k compléments l'une de l'autre à n.

Nous trouverions de même, $\sqrt[n]{-1} = f\left(\frac{(2k+1)\pi}{n}\right)$
$$\pm \sqrt{-1}\, f'\left(\frac{(2k+1)\pi}{n}\right);$$ et nous ferions voir, d'une manière semblable, que cette expression,

prise avec le signe inférieur, donne les mêmes résultats que prise avec le signe supérieur, en faisant les deux valeurs correspondantes de k compléments l'une de l'autre à n.

Si $n = 2m$, nous aurons donc $\sqrt[2m]{-1} =$ $f\left(\dfrac{(2k+1)\pi}{2m}\right) \pm \sqrt{-1}\, f'\left(\dfrac{(2k+1)\pi}{2m}\right)$. Mais, d'après la formule $(a \pm b\sqrt{-1})^m = (a^2 + b^2)^{\frac{m}{2}}(f(mQ) \pm \sqrt{-1}\, f'(mQ))$, nous aurons, en faisant $a = 0$, $b = 1$, et $m = \dfrac{1}{m}$; $\sqrt[m]{\sqrt{-1}} = f\left(\dfrac{(1 \pm 4k)\pi}{2m}\right) + \sqrt{-1}\, f'\left(\dfrac{(1 \pm 4k)\pi}{2m}\right)$. Or $\sqrt[m]{\sqrt{-1}} = \sqrt[2m]{-1}$: et cependant, $f\dfrac{(2k+1)\pi}{2m} \pm \sqrt{-1}\, f'\dfrac{(2k+1)\pi}{2m}$ n'est pas $= f\dfrac{(1 \pm 4k)\pi}{2m} + \sqrt{-1}\, f'\dfrac{(1 \pm 4k)\pi}{2m}$. D'où vient cela? — Pour répondre à cette objection, il faut remarquer, 1°. que $\sqrt[2m]{-1} = \sqrt[m]{\sqrt{-1}} = \sqrt[m]{\pm\sqrt{-1}} = f\dfrac{(2k+1)\pi}{2m} \pm \sqrt{-1}\, f'\dfrac{(2k+1)\pi}{2m}$, ou simplement $= f\dfrac{(2k+1)\pi}{2m} + \sqrt{-1}\, f'\dfrac{(2k+1)\pi}{2m}$, puisqu'en prenant $-\sqrt{-1}$ au lieu de $+\sqrt{-1}$, dans le second membre, on auroit les mêmes résultats, d'après ce qui a été dit précédemment. 2°. Que $\sqrt[m]{+\sqrt{-1}} = f\dfrac{(1\pm 4k)\pi}{2m} +$

$\sqrt{-1}\, f'\dfrac{(1\pm 4k)\pi}{2m}$, et que $\sqrt[m]{-\sqrt{-1}} =$

$f\dfrac{(-1\pm 4k)\pi}{2m} - \sqrt{-1}\, f'\dfrac{(-1\pm 4k)\pi}{2m}$. Donc la

première formule doit renfermer toutes les valeurs réunies de la seconde et de la troisième formules; ce qui a lieu, puisque tous les impairs positifs et négatifs, représentés par $\pm(2k+1)$, sont renfermés, tant dans l'expression $1\pm 4k$, que dans l'expression $-1\pm 4k$; et que d'ailleurs la première formule donne $2m$ valeurs, au lieu que la seconde ou la troisième n'en donne que m.

Ainsi $\sqrt[2m]{-1}$ donne $2m$ racines, parce que c'est $\sqrt[2m]{-1} \pm 0\sqrt{-1}$; et $\sqrt[m]{\sqrt{-1}}$ n'en donne que m, parce que c'est, ou $\sqrt[m]{0+\sqrt{-1}}$, ou $\sqrt[m]{0-\sqrt{-1}}$.

Il faut faire la même différence de $\sqrt[2m]{-s^2}$, d'avec $\sqrt[m]{+s\sqrt{-1}}$ et $\sqrt[m]{-s\sqrt{-1}}$. Voilà ce que confondra le calculateur qui ne connoît que la mécanique de l'algèbre, et ce que distinguera celui qui en connoît la métaphysique.

En général, $\sqrt[2m]{-a} = \sqrt[2m]{a}.\sqrt[2m]{-1} = \sqrt[2m]{a}\left(f\dfrac{(2k+1)\pi}{2m} \pm\right.$

$\left.\sqrt{-1}\, f'\dfrac{(2k+1)\pi}{2m}\right)$: mais, $\sqrt[m]{b\sqrt{-1}} = \sqrt[m]{b}.\left(f\dfrac{(1\pm 4k)\pi}{2m}\right.$

$$+ \sqrt{-1}\, f' \frac{(1 \pm 4k)\pi}{2m} \Big), \text{ et } \sqrt[m]{-b\sqrt{-1}} =$$

$$\sqrt[m]{-b} \cdot \Big(f \frac{(-1 \pm 4k)\pi}{2m} - \sqrt{-1}\, f' \frac{(-1 \pm 4k)\pi}{2m} \Big);$$

parce que $\sqrt[m]{b\sqrt{-1}} = \sqrt[m]{b} \cdot \sqrt[m]{+\sqrt{-1}}$, et que

$\sqrt[m]{-b\sqrt{-1}} = \sqrt[m]{b} \cdot \sqrt[m]{-\sqrt{-1}}$. Or si $a = b^2$, on

a $\sqrt[2m]{-a} = \sqrt[2m]{-b^2} = \sqrt[m]{b\sqrt{-1}}$; mais $b\sqrt{-1}$ renferme ici tout-à-la-fois $+b\sqrt{-1}$ et $-b\sqrt{-1}$,
et n'est pas exclusivement l'un ou l'autre, comme
dans les deux expressions précédentes.

Si l'on avoit $\sqrt[2m]{-a}$, et qu'on transformât cette

quantité en $\sqrt[m]{\sqrt{-a}}$ ou $\sqrt[m]{\sqrt{a} \cdot \sqrt{-1}}$, ou enfin

$\sqrt{a^{\frac{1}{2}}\sqrt{-1}}$, on voit donc pourquoi l'on n'auroit
que la moitié des racines qu'elle contient.

49. Nous avons trouvé ci-devant, $e^{mQ\sqrt{-1}} =$
$(fQ + \sqrt{-1}\, f'Q)^m = f(mQ) + \sqrt{-1}\, f'(mQ)$.
Donc aussi $e^{-mQ\sqrt{-1}} = (fQ - \sqrt{-1}\, f'Q)^m =$
$f(mQ) - \sqrt{-1}\, f'(mQ)$. Partant,

$$f(mQ) = \frac{e^{mQ\sqrt{-1}} + e^{-mQ\sqrt{-1}}}{2} = \ldots\ldots\ldots\ldots$$

$$\frac{(fQ + \sqrt{-1}\, f'Q)^m + (fQ - \sqrt{-1}\, f'Q)^m}{2},$$

$$\text{et } f'(mQ) = \frac{e^{mQ\sqrt{-1}} - e^{-mQ\sqrt{-1}}}{2\sqrt{-1}} = \ldots\ldots\ldots$$

$$\frac{(fQ + \sqrt{-1}\, f'Q)^m - (fQ - \sqrt{-1}\, f'Q)^m}{2\sqrt{-1}}$$

50. Au moyen des formules précédentes, on peut démontrer encore que $\log.(-1) = \pm (2k+1)\pi\sqrt{-1}$. En effet, $\sqrt[n]{fQ + \sqrt{-1}f'Q} = f\dfrac{Q}{n} + \sqrt{-1}f'\dfrac{Q}{n}$. Donc $\sqrt[n]{\left(f((2k+1)\pi) + \sqrt{-1}f'((2k+1)\pi)\right)} = f\dfrac{(2k+1)\pi}{n} + \sqrt{-1}f'\dfrac{(2k+1)\pi}{n}$,

ou simplement, $\sqrt[n]{-1} = f\dfrac{(2k+1)\pi}{n} + \sqrt{-1}f'\dfrac{(2k+1)\pi}{n}$,

parce que π est la valeur qui rend $f'z = 0$ et $fz = -1$. Faisant n infini, il vient $\sqrt[n]{-1} = 1 + \sqrt{-1}\dfrac{(2k+1)\pi}{n}$; partant $\left(1 + \dfrac{(2k+1)\pi\sqrt{-1}}{n}\right)^n = -1$. Mais n étant toujours supposé infini, on

$$a\left(1 + \frac{\log.(-1)}{n}\right)^n = 1 + \log.(-1) + \frac{\log.^2(-1)}{2} + \frac{\log.^3(-1)}{2.3} + \&c. = e^{\log.(-1)} = -1. \text{ Donc}$$

$$1 + \frac{\log.(-1)}{n} = 1 \pm \frac{(2k+1)\pi\sqrt{-1}}{n}, \text{ et partant,}$$

$$\log.(-1) = \pm(2k+1)\pi\sqrt{-1}.$$

D'Alembert (*) prend l'équation $1 + \dfrac{\log.(-1)}{n}$ $= f\dfrac{(2k+1)\pi}{n} \pm \sqrt{-1}f'\dfrac{(2k+1)\pi}{n}$, qui n'a lieu que si $n = \infty$ par rapport à $(2k+1)\pi$, et par conséquent aussi par rapport à $2k+1$; équation de

---

(*) Opuscules math., tom. 1, pag. 197.

laquelle on tire $\log. (-1) = \pm (2k+1)\pi \sqrt{-1}$: et il prétend en tirer aussi $\log. (-1) = 0$, en faisant $k = n = \infty$. Il est bien vrai qu'elle se réduit alors à

$$1 + \frac{\log. (-1)}{\infty} = f(2\pi) \pm \sqrt{-1} f'(2\pi),$$

d'où l'on tire $\log. (-1) = 0$. Mais la supposition $k = n = \infty$ ne peut avoir lieu ici. Car, l'équation

$$1 + \frac{\log. (-1)}{n} = f\frac{(2k+1)\pi}{n} \pm \sqrt{-1} f'\frac{(2k+1)\pi}{n},$$

supposant nécessairement que $\dfrac{(2k+1)\pi}{n}$ est infiniment petit, et par conséquent que $\dfrac{2k+1}{n}$ l'est aussi; il s'ensuit, ou que k ne peut être infini, si n est infini ; ou que si l'on prend k infini, il faudra que n soit encore infiniment plus grand que k déjà infini : k ne seroit donc jamais $= n$, quand même ils seroient tous deux infinis. Ainsi la supposition de d'Alembert n'est pas légitime, ni la conséquence qu'il en déduit admissible.

Vouloir trouver $\log. (-1) = 0$ dans la formule même des log. des quantités imaginaires, c'est méconnoître entièrement l'état de la question. Car $\log. (a + b\sqrt{-1}) = \frac{1}{2} \log. (a^2 + b^2) +$

$$\left(\frac{b}{a} - \frac{1}{3}\frac{b^3}{a^3} + \frac{1}{5}\frac{b^5}{a^5} - \&c. \right) \sqrt{-1} = \frac{1}{2}\log.(a^2+b^2)$$

$$- \left(\frac{a}{b} - \frac{1}{3}\frac{a^3}{b^3} + \frac{1}{5}\frac{a^5}{b^5} - \&c. \right) \sqrt{-1} + \frac{1}{2}\log.(-1) :$$

d'où $\frac{1}{2} \log. (-1) = \left(\frac{b}{a} - \frac{1}{3}\left(\frac{b}{a}\right)^3 + \frac{1}{5}\left(\frac{b}{a}\right)^5 - \&c. \right) \sqrt{-1}$

$$+\left(\frac{a}{b}-\tfrac{1}{3}\left(\frac{a}{b}\right)^3+\tfrac{1}{5}\left(\frac{a}{b}\right)^5-\&c.\right)\sqrt{-1}.$$ Or, si

log. (-1) étoit o, il faudroit donc que le second

membre fût aussi o, ou que $\dfrac{b}{a}-\tfrac{1}{3}\left(\dfrac{b}{a}\right)^3+\tfrac{1}{5}\left(\dfrac{b}{a}\right)^5$

$-\&c.+\dfrac{a}{b}-\tfrac{1}{3}\left(\dfrac{a}{b}\right)^3+\tfrac{1}{5}\left(\dfrac{a}{b}\right)^5-\&c.=o.$ Mais

cela ne peut avoir lieu, ni si $\dfrac{b}{a}=o$, ni si $\dfrac{b}{a}=\infty$,

ni si $\dfrac{b}{a}=\dfrac{1}{m}$, ni si $\dfrac{b}{a}=m$. Car si $b=a$, on a

$$\frac{b}{a}-\tfrac{1}{3}\left(\frac{b}{a}\right)^3+\tfrac{1}{5}\left(\frac{b}{a}\right)^5-\&c.+\frac{a}{b}-\tfrac{1}{3}\left(\frac{a}{b}\right)^3+\tfrac{1}{5}\left(\frac{a}{b}\right)^5-\&c.$$

$=2(1-\tfrac{1}{3}+\tfrac{1}{5}-\&c.)$; d'où il est facile de conclure
qu'on a la même équation, quels que soient a
et b.

51. Pour nous résumer ici, au sujet des méprises de d'Alembert, relativement aux log. des
quantités réelles et imaginaires, nous dirons, que
cet auteur s'est trompé; 1°. en voulant trouver
log. $(-1)=o$ dans la formule des log. des quantités imaginaires, puisque log. (-1) ne peut être
$=o$, qu'en vertu de la supposition arbitraire
log. $(-x)=$ log. x, qui est d'abord inadmissible
dans le systéme des log. des quantités imaginaires,
et qui, en général, détruit l'unité de systême, et
suppose deux systêmes : 2°. en regardant cette valeur
réelle log. $(-1)=o$, comme excluant les valeurs

imaginaires, savoir $\log. (—1) = \pm (2k+1)\pi \sqrt{—1}$; tandis que, même en admettant la première, les secondes n'en subsisteroient pas moins comme les différentes racines d'une équation : 3°. en avançant que la valeur imaginaire de $\log. (—x)$, et même celle de $\log. (x \pm s\sqrt{—1})$, ou de $\log. (—x \pm s\sqrt{—1})$, n'avoit lieu que dans un système dont le module seroit $\dfrac{1}{\sqrt{—1}}$; puisqu'il est clair qu'elles ont lieu dans le système ordinaire, ou dont le module est 1 : 4°. en contredisant Euler, sans avoir pris la peine de l'entendre, sans avoir bien examiné et saisi le véritable état de la question, sans l'avoir examinée d'une manière directe et générale.

52. Les principes que nous avons découverts jusqu'ici, peuvent nous servir à trouver l'expression du logarithme de la somme de plusieurs nombres.

Soient d'abord n et n' deux nombres dont on connoît les logarithmes : et supposons qu'on demande le logarithme de leur somme.

Faisons $n + n' = m$; et prenons un nombre p, tel que $\dfrac{n}{n'} = f''p =$ par conséquent $\dfrac{fp}{f'p}$. Nous aurons donc $n = \dfrac{n'fp}{f'p}$; et en substituant cette valeur dans l'équation $n + n' = m$, il viendra, $n'(fp + f'p) = mf'p$. Multipliant chaque membre par $f'\dfrac{\pi}{4}$, on obtiendra, $n'\left(f'\frac{\pi}{4}\cdot fp + f'p\cdot f'\frac{\pi}{4}\right) = mf'\frac{\pi}{4}\cdot f'p$;

ou, parce que $f'\frac{\pi}{4} = f\frac{\pi}{4}$, $n'\left(f'\frac{\pi}{4}\cdot fp + f'p\cdot f\frac{\pi}{4}\right) =$

$mf'\frac{\pi}{4}\cdot f'p$, c'est-à-dire $n'f\left(\frac{\pi}{4} + p\right) = mf'\frac{\pi}{4}\cdot f'p$;

d'où l'on tire $m = \dfrac{n'f'\left(\frac{\pi}{4} + p\right)}{f'\frac{\pi}{4}\cdot f'p}$, et log. m, ou

log. $(n+n')$, $= $ log. $n' + $ log. $\left(f'\left(\frac{\pi}{4} + p\right)\right) -$

log. $\left(f'\frac{\pi}{4}\right) - $ log. $(f'p)$. Or, connoissant

$f'\left(\frac{\pi}{4} + p\right), f'\frac{\pi}{4}$, et $f'p$, on connoîtra leurs log.

On aura donc celui de $n+n'$.

Soient maintenant n, n', n'' trois nombres dont on connoît les log., et dont on demande le log. de la somme. — On aura, par l'article précédent le nombre $m = n + n'$; et il ne s'agira plus que de trouver le log. de $m + n''$, ce qu'on obtiendra encore par l'article précédent. En faisant $m + n'' = m'$,

et $m = \dfrac{n''fq}{f'q}$, on aura, $m' = \dfrac{n''f'\left(\frac{\pi}{4} + q\right)}{f'\frac{\pi}{4}\cdot f'q}$. Et comme $\dfrac{n''fq}{f'q} = \dfrac{n'f'\left(\frac{\pi}{4}+p\right)}{f'\frac{\pi}{4}\cdot f'p}$, d'où $f'q = \ldots$

$\dfrac{n''q\cdot f'p\cdot f'\frac{\pi}{4}}{n'f'\left(\frac{\pi}{4}+p\right)}$, il viendra $m' = \ldots\ldots\ldots$

$$\frac{n'f'\left(\frac{\pi}{4}+q\right)f'\left(\frac{\pi}{4}+p\right)}{\left(f'\frac{\pi}{4}\right)^2\cdot fq\cdot f'p}.$$

On voit ce qu'il y auroit à faire pour un plus grand nombre de quantités.

55. Nous avons trouvé $f(mQ) = \dfrac{e^{mQ\sqrt{-1}}+e^{-mQ\sqrt{-1}}}{2}$, mais cette équation donne : 1°. $f(mQ) = \dfrac{e^{2mQ\sqrt{-1}}+1}{2e^{mQ\sqrt{-1}}}$; $e^{2mQ\sqrt{-1}} - 2e^{mQ\sqrt{-1}}f(mQ) = -1$; $(e^{mQ\sqrt{-1}} - f(mQ))^2 = -1 + f^2(mQ)$; et $e^{mQ\sqrt{-1}} - f(mQ) = \pm f'(mQ)\sqrt{-1}$; 2°. $f(mQ) = \dfrac{1+e^{-2mQ\sqrt{-1}}}{2e^{-mQ\sqrt{-1}}}$; $e^{-2mQ\sqrt{-1}} - 2e^{-mQ\sqrt{-1}}f(mQ) = -1$; $(e^{-mQ\sqrt{-1}} - f(mQ))^2 = -1 + f^2(mQ)$; et $e^{-mQ\sqrt{-1}} - f(mQ) = \mp f'(mQ)\sqrt{-1}$. Je mets ici $\mp$ et non pas $\pm$, pour indiquer que l'équation $e^{mQ\sqrt{-1}} - f(mQ) = \pm f'(mQ)\sqrt{-1}$ ne peut aller qu'avec l'équation $e^{-mQ\sqrt{-1}} - f(mQ) = \mp$

$f'(mQ)\sqrt{-1}$, parce qu'autrement on auroit $e^{mQ\sqrt{-1}} = e^{-mQ\sqrt{-1}}$. Or de ces deux équations $e^{mQ\sqrt{-1}} - f(mQ) = \pm f'(mQ)\sqrt{-1}$, et $e^{-mQ\sqrt{-1}} - f(mQ) = \mp f'(mQ)\sqrt{-1}$; on tire $f'(mQ) = \pm\left(\dfrac{e^{mQ\sqrt{-1}} - e^{-mQ\sqrt{-1}}}{2\sqrt{-1}}\right)$. Que signifient ces deux valeurs de $f'(mQ)$? — Je réponds, que celle avec le signe inférieur est inadmissible, attendu que $\sqrt{1 - f^2(mQ)}$ n'est pas $\pm f'(mQ)$, mais seulement $f'(mQ)$, qui peut être positif ou négatif, selon la valeur de mQ.

De même, nous avons trouvé $f'(mQ) = \dfrac{e^{mQ\sqrt{-1}} - e^{-mQ\sqrt{-1}}}{2\sqrt{-1}}$. Mais cette équation donne:

1°. $f'(mQ) = \dfrac{e^{2mQ\sqrt{-1}} - 1}{2\sqrt{-1}\, e^{mQ\sqrt{-1}}}$; $e^{2mQ\sqrt{-1}} - 2e^{mQ\sqrt{-1}} f'(mQ)\sqrt{-1} = 1$; $(e^{mQ\sqrt{-1}} - f'(mQ)\sqrt{-1})^2 = 1 - f'^2(mQ)$; et $e^{mQ\sqrt{-1}} - f'(mQ)\sqrt{-1} = \pm f(mQ)$; 2°. $f'(mQ) = \dfrac{1 - e^{-2mQ\sqrt{-1}}}{2\sqrt{-1}\, e^{-mQ\sqrt{-1}}}$; $e^{-2mQ\sqrt{-1}} + 2e^{-mQ\sqrt{-1}} f'(mQ)\sqrt{-1} = 1$; $(e^{-mQ\sqrt{-1}} + f'(mQ)\sqrt{-1})^2 = 1 - f'(mQ)$; et $e^{-mQ\sqrt{-1}} + f'(mQ) = \pm f(mQ)$. Or de ces deux équations $e^{mQ\sqrt{-1}} - f'(mQ)\sqrt{-1} = \pm f(mQ)$, et $e^{-mQ\sqrt{-1}} + f'(mQ)\sqrt{-1} = \pm f(mQ)$; on tire $f(mQ) = \pm\left(\dfrac{e^{mQ\sqrt{-1}} + e^{-mQ\sqrt{-1}}}{2}\right)$. Que signifient ces deux valeurs de $f(mQ)$? — Je réponds, que celle avec le signe inférieur est inadmissible, attendu que $\sqrt{1-f''^2(mQ)}$ n'est pas $\pm f(mQ)$, mais seulement $f(mQ)$, qui peut être positif ou négatif, selon la valeur de mQ.

54. Soit $x = \sqrt[m]{fQ + \sqrt{-1}\, f'Q}$, Q étant $= q \pm 2k\pi$. On aura $x^m - fQ = \sqrt{f^2Q - 1}$, à cause de $f^2Q + f''^2Q = 1$; et partant, $x^{2m} - 2(fQ)x^m + 1 = 0$, ou, parce que $fQ = f(q \pm 2k\pi) = fq$, $x^{2m} - 2(fq)x^m + 1 = 0$. Mais d'ailleurs $x = \sqrt{fQ + \sqrt{-1}\, f'Q} = f\dfrac{Q}{m} + \sqrt{-1}\, f'\dfrac{Q}{m}$; ce qui

donne encore, $x - f\dfrac{Q}{m} = \sqrt{f^2\left(\dfrac{Q}{m}\right) - 1}$; et

partant $x^2 - 2\left(f\dfrac{Q}{m}\right)x + 1 - 0$, ou $\ldots\ldots\ldots$

$x^2 - 2\left(f\dfrac{q \pm 2k\pi}{m}\right)x + 1 = 0$; ou seulement

$x^2 - 2\left(f\dfrac{q + 2k\pi}{m}\right)x + 1 = 0$, parce qu'en

prenant $k = m - k'$, on a $f\left(\dfrac{q + 2k\pi}{m}\right) = f\left(\dfrac{q - 2k'\pi}{m} + 2\pi\right) = f\left(\dfrac{q - 2k'\pi}{m}\right)$. Ainsi,

l'équation $x^2 - 2\left(f\dfrac{q + 2k\pi}{m}\right)x + 1 = 0$ est le facteur général de l'équation $x^{2m} - 2(fq)x^m + 1 = 0$; parce qu'en donnant à l'entier k successivement toutes les valeurs possibles, depuis o jusqu'à $m-1$ inclusivement, on aura m facteurs du second degré.

Et puisque $x^2 - 2\left(f\dfrac{Q}{m}\right)x + 1 = o$ est ici le facteur général de $x^{2m} - 2(fq)x^m + 1 = o$;

$$x^2 - 2a\left(f\dfrac{Q}{m}\right)x + a^2 = o$$ sera celui de.....

$$x^{2m} - 2a^m(fq)x^m + a^{2m} = o.$$ Donc si l'on a $x^{2m} - bx^m + c = o$, $\frac{1}{4}b^2$ étant $< c$; on fera $b = 2a^m fq$, et $c = a^{2m}$; ce qui donne $a = \sqrt{c}$, $a^m = \overset{2m}{\sqrt{c}}$,

$$fq = \frac{b}{2\sqrt{c}}, \text{ et } f'q = \sqrt{1 - \frac{b^2}{4c}}\,; \text{ d'où l'on}$$

tire q par le retour des suites, ou par les tables.

55. Soit encore $x = \overset{m}{\sqrt{fQ + \sqrt{-1}\,f'Q}}$, Q étant $= q \pm 2k\pi$. On aura de même $x^{2m} - 2(fQ)x^m + 1 = o$, ou, parce que $fQ = f(-q \pm 2k\pi) = f(-q) = fq$, $x^{2m} - 2(fq)x^m + 1 = o$. Mais d'ailleurs $x = f\dfrac{Q}{m} + \sqrt{-1}\,f'\dfrac{Q}{m}$; et partant $x^2 - 2\left(f\dfrac{Q}{m}\right)x + 1 = o$, ou $x^2 - 2\left(f\dfrac{-q \pm 2k\pi}{m}\right)x + 1 = o$; ou seulement $x^2 - 2\left(f\dfrac{q + 2k\pi}{m}\right)x + 1 = o$, parce que $f\left(\dfrac{-q \pm 2k\pi}{m}\right) = f\left(\dfrac{q \mp 2k\pi}{m}\right)$, et qu'en prenant $k = m - k'$, on a $f\left(\dfrac{q + 2k\pi}{m}\right) = f\left(\dfrac{q - 2k'\pi}{m}\right)$.

Concluons qu'en faisant $Q = -q \pm 2k\pi$, on a la même équation $x^{2m} - 2(fq)x^m + 1 = 0$, et le même facteur général $x^2 - 2\left(f\dfrac{q+2k\pi}{m}\right)x + 1 = 0$, qu'en faisant $Q = q \pm 2k\pi$.

Et comme en faisant $Q = q \pm 2k\pi$, on a $f'Q = f'q$, et qu'en faisant $Q = -q \pm 2k\pi$, on a $f'Q = -f'q$; il s'ensuit qu'il revient au même de supposer

$$x = \sqrt[m]{fQ + \sqrt{-1}\,f'Q}, \text{ ou } x = \sqrt[m]{fQ - \sqrt{-1}\,f'Q};$$

et partant, $x = f\dfrac{Q}{m} + \sqrt{-1}\,f'\dfrac{Q}{m}$, ou $x = f\dfrac{Q}{m} - \sqrt{-1}\,f'\dfrac{Q}{m}$.

56. Soit maintenant $x = \sqrt[m]{fQ + \sqrt{-1}\,f'Q}$, Q étant $= -q + (1 \pm 2k)\pi$, On aura $x^{2m} - 2(fQ)x^m + 1 = 0$, ou, parce que $fQ = f(-q + (1 \pm 2k)\pi) = -fq$, $x^{2m} + 2(fq)x^m + 1 = 0$. Mais d'ailleurs $x = \sqrt[m]{fQ + \sqrt{-1}\,f'Q} = f\dfrac{Q}{m} + \sqrt{-1}\,f'\dfrac{Q}{m}$; et partant $x^2 - 2\left(f\dfrac{Q}{m}\right)x + 1 = 0$, ou…………

$$x^2 - 2\left(f\dfrac{-q + (1 \pm 2k)\pi}{m}\right)x + 1 = 0; \text{ ou seulement}$$

$$x^2 - 2\left(\dfrac{-q + (1 + 2k)\pi}{m}\right)x + 1 = 0, \text{ parce qu'en}$$

prenant $k = m - k'$, on a $f\left(\dfrac{-q + (1 + 2k)\pi}{m}\right) =$

$$f\left(\frac{-q+(1-2k')\pi}{m}+2\pi\right)=f\left(\frac{-q+(1-2k')\pi}{m}\right).$$

Ainsi l'équation $x^2-2\left(f\dfrac{-q+(1+2k)\pi}{m}\right)x+1$

$=0$ est le facteur général de l'équation $x^{2m}+2(fq)x^m+1=0$, parce qu'en donnant à l'entier k successivement toutes les valeurs possibles depuis o jusqu'à $m-1$ inclusivement, on aura m facteur du second degré.

Et puisque $x^2-2\left(f\dfrac{Q}{m}\right)x+1=0$ est ici le facteur

général de $x^{2m}+2(fq)x^m+1=0$; $x^2-2\alpha\left(f\dfrac{Q}{m}\right)x$

$+\alpha^2=0$ sera celui de $x^{2m}+2\alpha^m(fq)x^m+\alpha^{2m}$ $=0$. Donc si l'on a $x^{2m}+bx^m+c=0,\frac{1}{4}b^2$ étant $<c$, on fera $b=2\alpha^m fq$, et $c=\alpha^{2m}$; ce qui donne

$$\alpha=\sqrt[2m]{c},\, fq=\frac{b}{2\sqrt{c}},\text{ et } f'q=\sqrt{1-\frac{b^2}{4c}};\text{ d'où}$$

l'on tire q par le retour des suites, ou par les tables.

57. Soit enfin $x=\sqrt[m]{fQ+\sqrt{-1}f'Q}$, Q étant $=$ $q+(-1\pm2k)\pi$. On aura de même $x^{2m}-2(fQ)x^m$ $+1=0$, ou, parce que $f Q=f(q+(-1\pm2k)\pi)$ $=-fq$, $x^{2m}+2(fq)x^m+1=0$. Mais d'ailleurs,

$x=f\dfrac{Q}{m}+\sqrt{-1}f'\dfrac{Q}{m}$; et partant $x^2-2\left(f\dfrac{Q}{m}\right)x$

$+1=0$, ou $x^2-2\left(f\dfrac{q+(-1\pm2k)\pi}{m}\right)x+1$

$=0$; ou seulement $x^2 - 2\left(f\dfrac{-q+(1+2k)\pi}{m}\right)x$

$+1=0$, parce que $f\left(\dfrac{q+(-1\pm 2k)\pi}{m}\right)=\ldots$

$f\dfrac{-q+(1\mp 2k)\pi}{m}$, et qu'en prenant $k=m-k'$,

on a $f\left(\dfrac{-q+(1+2k)\pi}{m}\right)=f\left(\dfrac{-q+(1-2k')\pi}{m}\right)$.

Concluons qu'en faisant $Q=q+(-1\pm 2k)\pi$,
on a la même équation $x^{2m}+2(fq)x+1=0$,
et le même facteur général $x^2-2\left(f\dfrac{-q+(1+2k)\pi}{m}\right)x$

$+1=0$, qu'en faisant $Q=-q+(1\pm 2k)\pi$.

Et comme en faisant $Q=-q+(1\pm 2k)\pi$,
on a $f'Q=f'q$, et qu'en faisant $Q=q+(-1\pm 2k)\pi$,
on a $f'Q=-f'q$; il s'ensuit qu'il revient au même

de supposer $x=\sqrt[m]{fQ+\sqrt{-1}f'Q}$, ou $x=$

$\sqrt[m]{fQ-\sqrt{-1}f'Q}$; et partant, $x=f\dfrac{Q}{m}+\sqrt{-1}$

$f'\dfrac{Q}{m}$, ou $x=f\dfrac{Q}{m}-\sqrt{-1}\,f'\dfrac{Q}{m}$.

58. On a donc par ce moyen la résolution des
équations de la forme $x^{2m}-bx^m+c=0$, et
$x^{2m}+bx^m+c=0$, lorsque $\frac{1}{4}b^2$ est $<c$, ou
que ces équations ont leurs racines imaginaires.

59. Puisque l'équation $x^2m-2(fq)x^m+1=0$
a pour facteur général $x^2-2\left(f\dfrac{q+2k\pi}{m}\right)x+1=0$;

on a $x^{2m} - 2(fq)x^m + 1 = \left(x^2 - 2\left(f\dfrac{q}{m}\right)x + 1\right)$

$\left(x^2 - \left(f\dfrac{q+2\pi}{m}\right)x + 1\right)\left(x^2 - 2\left(f\dfrac{q+4\pi}{m}\right)x + 1\right)$

$\left(x^2 - 2\left(f\dfrac{q+6\pi}{m}\right)x + 1x\right)\dots\dots\dots\dots\dots$

$-\left(x^2 - 2\left(f\dfrac{q+2(m-1)\pi}{m}\right)x + 1\right).$

Faisant $q = 0$, il viendra $(x^m - 1)^2 = (x^2 - 2x + 1)$

$\left(x^2 - 2\left(f\dfrac{2\pi}{m}\right)x + 1\right)\left(x^2 - 2\left(f\dfrac{4\pi}{m}\right)x + 1\right)$

$\left(x^2 - 2\left(f\dfrac{6\pi}{m}\right)x + 1\right)\dots\left(x^2 - 2\left(f\dfrac{2(m-1)\pi}{m}\right)x\right.$

$\left. + 1\right)$: or $f\left(\dfrac{2(m-1)\pi}{m}\right) = f\left(2\pi - \dfrac{2\pi}{m}\right) = f\dfrac{2\pi}{m}$:

donc le $m.^e$ facteur est égal au second. De même,
le $m - 1.^e$ facteur est égal au troisième ; le $m - 2.^e$
facteur égal au quatrième ; &c. Par conséquent,
$1°.$ si m est impair, le $\left(m - \dfrac{m-1}{2}\right).^e$ facteur est

égal au $\left(\dfrac{m-1}{2} + 2\right).^e$, ou ce qui revient au même,

le $\left(\dfrac{m+1}{2}\right).^e$ égal au $\left(\dfrac{m-1}{2} + 1\right).^e$. Et $2°.$ si m est

pair, le $\left(m - \dfrac{m+2}{2}\right).^e$ facteur est égal au $\left(\dfrac{m-2}{2} + 2\right).^e$,

ou ce qui revient au même, le $\left(\dfrac{m+2}{2}\right).^e$ au

$\left(\dfrac{m+2}{2}\right)^{e}$, c'est-à-dire que le $\left(\dfrac{m}{2}+1\right)^{e}$ facteur n'en

a point d'égal. Mais 1°. pour avoir le $\left(\dfrac{m+1}{2}\right)^{e}$ facteur,

il faut faire $k = \dfrac{m+1}{2} - 1 = \dfrac{m-1}{2}$ dans le facteur

général $x^2 - 2\left(f\dfrac{2k\pi}{m}\right)x + 1 = 0$, qui deviendra

alors $x^2 - 2\left(f\left(\pi - \dfrac{\pi}{m}\right)\right)x + 1 = 0$, ou $x^2 +$

$2\left(f\dfrac{\pi}{m}\right)x + 1 = 0$. Et 2°. pour avoir le $\left(\dfrac{m}{2}+1\right)^{e}$

facteur, il faut faire $k = \dfrac{m}{2} + 1 - 1 = \dfrac{m}{2}$ dans

le facteur général $x^2 - 2\left(f\dfrac{2k\pi}{m}\right)x + 1 = 0$, qui

deviendra alors, $x^2 - 2(f\pi)x + 1 = 0$, ou $x^2 +$
$2x + 1 = 0$; ou enfin $(x+1)^2 = 0$. D'ailleurs
le premier facteur $x^2 - 2x + 1 = 0$ revient à
$(x-1)^2 = 0$. Donc ....

Si m est impair, on aura, $x^m - 1 = (x-1)$

$\left(x^2 - 2\left(f\dfrac{2\pi}{m}\right)x + 1\right)\left(x^2 - 2\left(f\dfrac{4\pi}{m}\right)x + 1\right)$

$\left(x^2 - 2\left(f\dfrac{6\pi}{m}\right)x + 1\right) \ldots \left(x^2 + 2\left(f\dfrac{\pi}{m}\right)x + 1\right)$:

ce qui donnera $\dfrac{m-1}{2}$ facteurs du second degré

et 1 du premier..... Et si m est pair, on aura

$$x^m - 1 = (x-1)\left(x^2 - 2\left(f\frac{2\pi}{m}\right)x + 1\right)$$

$$\left(x^2 - 2\left(f\frac{4\pi}{m}\right)x + 1\right)\left(x^2 - 2\left(f\frac{6\pi}{m}\right)x + 1\right)$$

$$\ldots\ldots(x+1) : \text{ce qui donnera } \frac{m-2}{2} \text{ ou } \frac{m}{2} - 1$$

facteurs du second degré, et 2 du premier.

59. Semblablement; puisque l'équation $x^{2m} + 2(fq)x^m + 1 = 0$ a pour facteur général $x^2 - 2\left(f\dfrac{-q+(+2k)\pi}{m}\right)x + 1 = 0$; on a; $x^{2m} +$

$$2(fq)x^m + 1 = \left(x^2 - 2\left(f\frac{-q+\pi}{m}\right)x + 1\right)$$

$$\left(x^2 - 2\left(f\frac{-q+3\pi}{m}\right)x + 1\right)\left(x^2 - 2\left(f\frac{-q+5\pi}{m}\right)x + 1\right)$$

$$\ldots\left(x^2 - 2\left(f\frac{-q+(1+2(m-1))\pi}{m}\right)x + 1\right).$$

Faisant $q = 0$, il viendra $(x^m + 1)^2 =$

$$\left(x^2 - 2\left(f\frac{\pi}{m}\right)x + 1\right)\left(x^2 - 2\left(f\frac{3\pi}{m}\right)x + 1\right)$$

$$\left(x^2 - 2\left(f\frac{5\pi}{m}\right)x + 1\right)\ldots\ldots\ldots\ldots\ldots\ldots$$

$$\left(x^2 - 2\left(f\frac{(1+2(m-1))\pi}{m}\right)x + 1\right). \text{ Or } f\frac{(1+2(m-1))\pi}{m}$$

$$= f\left(2\pi - \frac{\pi}{m}\right) = f\frac{\pi}{m} : \text{donc le } m^e. \text{ facteur est}$$

égal au premier. De même, le $m - 1^e$. est égal au second; le $m - 2^e$. égal au troisième; etc. Par conséquent 1°. si m est impair, le $\left(m - \dfrac{m-1}{2}\right)$.^{e}

facteur est égal au $\left(\dfrac{m-1}{2} + 1\right)$.^{e}, ou ce qui re-

vient au même le $\left(\dfrac{m+1}{2}\right)$.^{e} égal au $\left(\dfrac{m+1}{2}\right)$.^{e},

c'est-à-dire que le $\left(\dfrac{m+1}{2}\right)$.^{e} facteur n'en a point

d'égal. Et 2°. si m est pair, le $\left(m - \dfrac{m-2}{2}\right)$.^{e} fac-

teur est égal au $\left(\dfrac{m-2}{2} + 1\right)$.^{e}, ou ce qui re-

vient au même, le $\left(\dfrac{m}{2} + 1\right)$.^{e} égal au $\left(\dfrac{m}{2}\right)$.^{e}.

Mais, 1°. pour avoir le $\left(\dfrac{m+1}{2}\right)$.^{e} facteur, il faut

faire $k = \dfrac{m+1}{2} - 1 = \dfrac{m-1}{2}$ dans le facteur gé-

néral $x^2 - 2\left(f\dfrac{(1+2k)\pi}{m}\right)x + 1 = 0$, qui de-

viendra alors, $x^2 - 2(f\pi)x + 1 = 0$, ou $x^2 + 2x + 1 = 0$, ou enfin $x + 1 = 0$. Et 2°. pour

avoir le $\left(\dfrac{m}{2}\right)$.^{e} facteur, il faut faire $k = \dfrac{m}{2} - 1$

$= \dfrac{m-2}{2}$ dans le facteur général $x^2 - 2\left(f\dfrac{(1+2k)\pi}{m}\right)x$

$+ 1 = 0$, qui deviendra alors, $x^2 - 2\left(f\left(\pi - \dfrac{\pi}{m}\right)\right)x$

$+ 1 = 0$, ou $x^2 + 2\left(f\dfrac{\pi}{m}\right)x + 1 = 0$. Donc....

Si m est impair, on aura, $x^m + 1 = \left(x^2 - 2\left(f\dfrac{\pi}{m}\right)x + 1\right)$
$\left(x^2 - 2\left(f\dfrac{3\pi}{m}\right)x + 1\right)\left(x^2 - 2\left(f\dfrac{5\pi}{m}\right)x + 1\right)\ldots$
$(x + 1)$: ce qui donnera $\dfrac{m-1}{2}$ facteurs du second degré et 1 du premier... Et si m est pair, on aura $x^m + 1 = \left(x^2 - 2\left(f\dfrac{\pi}{m}\right)x + 1\right)$
$\left(x^2 - 2\left(f\dfrac{3\pi}{m}\right)x + 1\right)\left(x^2 - 2\left(f\dfrac{5\pi}{m}\right)x + 1\right)\ldots$
$\left(x^2 + 2\left(f\dfrac{\pi}{m}\right)x + 1\right)$: ce qui donnera $\dfrac{m}{2}$ facteurs du second degré.

60. L'équation $x^m - 1 = 0$ a donc pour facteur général $x^2 - 2\left(f\dfrac{2k\pi}{m}\right)x + 1 = 0$, qui donne toutes les racines doubles, en prenant k entre les limites 0 et $m - 1$; mais qui les donne simples, en prenant k entre les limites 0 et $\dfrac{m-1}{2}$, si m est impair, et entre les limites 0 et $\dfrac{m}{2} + 1$, si m est pair.

De même l'équation $x^m + 1 = 0$ a pour facteur général $x^2 - 2\left(f\dfrac{(1+2k)\pi}{m}\right)x + 1 = 0$; qui donne toutes les racines doubles, en prenant k entre les limites o et $m-1$; mais qui les donne simples, en prenant k entre les limites o et $\dfrac{m-1}{2}$, si m est impair, et entre les limites o et $\dfrac{m}{2}$, si m est pair.

Par conséquent l'équation $x^m - a^m = 0$ aura pour facteur général $x^2 - 2\alpha \left(f \dfrac{2k\pi}{m} \right) x + a^2 = 0$. Et si l'on a $x^m - c = 0$, on fera $c = a^m$, ce qui donne $a = \overset{m}{\sqrt{}}\, c$.

De même l'équation $x^m + a^m = 0$ aura pour facteur général $x^2 - 2\alpha \left(f \dfrac{(1+2k)\pi}{m} \right) x + a^2 = 0$. Et si l'on a $x^m + c = 0$, on fera $c = a^m$, ce qui donne $a = \overset{m}{\sqrt{}}\, c$.

61. On a donc dans tous les cas la résolution des équations de la forme $x^m - c = 0$, et $x^m + c = 0$.

62. Observons que l'équation $x^{2m} - 2\,(f q)x^m + 1 = 0$ deviendra $x^{2m} + 2 (f q) x^m + 1 = 0$, si q devient $\pi - q$; et que le facteur général $x^2 - 2 \left(f \dfrac{q + 2k\pi}{m} \right) x + 1 = 0$ de la première deviendra dans le même cas $x^2 - 2 \left(f \dfrac{-q + (1+2k)\pi}{m} \right) x + 1 = 0$, facteur général de la seconde. Nous nous bornerons donc dans ce que nous allons dire à considérer la première.

Puisque $x^2 - 2\left(f\dfrac{q+2k\pi}{m}\right)x + 1 = 0$ est le facteur général de $x^{2m} - 2(fq)x^m + 1 = 0$; si l'on met pour x une quantité z, qui ne soit plus racine de l'équation $x^{2m} - 2(fq)x^m + 1 = 0$,

$z^2 - 2\left(f\dfrac{q+2k\pi}{m}\right)z + 1$, qui ne sera plus o, sera

encore le facteur général de $z^{2m} - 2(fq)z^m + 1$, qui pareillement ne sera plus o. Soit $z = fy$, le fac-

teur général $z^2 - 2\left(f\dfrac{q+2k\pi}{m}\right)z + 1$ se changera en

$f^2y - 2(fy)f\left(\dfrac{q+2k\pi}{m}\right) + 1$, ou ce qui revient

au même, en $\left(f\dfrac{q+2k\pi}{m} - fy\right)^2 + \left(f'\dfrac{q+2k\pi}{m}\right)^2$.

Supposons la somme de ces deux quarrés $= u^2$; et supposons encore que u devienne u, u', u'', u'''; &c., suivant que k a l'une des valeurs o, 1, 2, 3, &c. On aura donc $1 - 2(fq)z^m + z^{2m} = u^2 . u'^2 . u''^2 . u'''^2$. &c. Et si la quantité prise pour 1 est a, on aura

$a^{2m} - 2a^m(fq)z^m + z^{2m} = u^2 . u'^2 . u''^2 . u'''^2$. &c.

Si q devenoit $\pi - q$, on auroit de même $a^{2m} - 2a^m(fq)z^m + z^{2m} = u^2 . u'^2 . u''^2 . u'''^2$. &c.

Supposons maintenant $q = 0$. La première de ces deux formules deviendra, si m est impair, $a^m - z^m = u . u'^2 . u''^2 . u'''^2$. &c.; et si z est pair, $a^m - z^m = u . u'^2 . u''^2 \ldots 'u$, $'u$ marquant ce que devient l'une des valeurs u', u'', u''', &c., savoir celle qui répond à $k = \dfrac{m}{2} + 1$. La seconde formule

deviendra de même, si m est impair, $a^m + z^m = u'.u''^2.u'''^2....'u$, $'u$ marquant ce que devient l'une des valeurs u', u'', &c. savoir celle qui répond

à $k = \dfrac{m-1}{2}$; et si z est pair, $a^m + z^m = u^2.u'^2.u''^2.u'''^2$. &c.

63. Reprenons les formules................

$$f(mQ) = \frac{(fQ + \sqrt{-1}f'Q)^m + (fQ - \sqrt{-1}f'Q)^m}{2},$$

$$\text{et } f'(mQ) = \frac{(fQ + \sqrt{-1}f'Q)^m - (fQ - \sqrt{-1}f'Q)^m}{2\sqrt{-1}}.$$

Et à cause de $(fQ \pm \sqrt{-1}f'Q)^m = (fQ)^m \pm$

$$m\sqrt{-1}(f'Q)(fQ)^{m-1} - \frac{m(m-1)}{2}(f'Q)^2(fQ)^{m-2}$$

$$\mp \frac{m(m-1)(m-2)}{2.3}\sqrt{-1}(f'Q)^3(fQ)^{m-3} +$$

$$\frac{m(m-1)(m-2)(m-3)}{2.3.4}(f'Q)^4(fQ)^{m-4} \pm$$

$$\frac{m(m-1)(m-2)(m-3)(m-4)}{2.3.4.5}\sqrt{-1}(f'Q)^5$$

$(fQ)^{m-5} -$ &c., nous trouverons............

$$(E)... f(mQ) = (fQ)^m - \frac{m(m-1)}{2}(f'Q)^2(fQ)^{m-2}$$

$$+ \frac{m(m-1)(m-2)(m-3)}{2.3.4}(f'Q)^4(fQ)^{m-4} - \text{&c.},$$

$$(F)\ldots f'(mQ) = m(f'Q)(fQ)^{m-1} - \frac{m(m-1)(m-2)}{2.3}$$

$$(f'Q)^3(fQ)^{m-3} + \frac{m(m-1)(m-2)(m-3)(m-4)}{2.3.4.5}$$

$$(f'Q)^5(fQ)^{m-5} - \&c.,$$

séries qui seront terminées, si m est entier.

Et de ces deux formules générales, on déduira les formules particulières suivantes :

$$f(2Q) = (fQ)^2 - (f'Q)^2$$
$$f(3Q) = (fQ)^3 - 3(fQ)(f'Q)^2$$
$$f(4Q) = (fQ)^4 - 6(fQ)^2(f'Q)^2 + (f'Q)^4$$
$$f(5Q) = (fQ)^5 - 10(fQ)^3(f'Q)^2 + 5(fQ)(f'Q)^4$$
$$\&c.$$

$$f'(2Q) = 2(f'Q)(fQ)$$
$$f'(3Q) = 3(f'Q)(fQ)^2 - (f'Q)^3$$
$$f'(4Q) = 4(f'Q)(fQ)^3 - 4(fQ)(f'Q)^3$$
$$f'(5Q) = 5(f'Q)(fQ)^4 - 10(f'Q)^3(fQ)^2 + (f'Q)^5.$$
$$\&c.$$

64. Divisant l'une par l'autre les deux formules générales ci-dessus, il vient :

$$(mQ) = \frac{1 - \frac{m(m-1)}{2}(f''Q)^2 + \frac{m(m-1)(m-2)(m-3)}{2.3.4}(f''Q)^4 - \&c.}{m(f''Q) - \frac{m(m-1)(m-2)}{2.3}(f''Q)^3 + \frac{m(m-1)(m-2)(m-3)(m-4)}{2.3.4.5}(f''Q)^5 - \&c.}$$

$$(mQ) = \frac{m(f'''Q) - \frac{m(m-1)(m-2)}{2.3}(f''Q)^3 + \frac{m(m-1)(m-2)(m-3)(m-4)}{2.3.4.5}(f''Q)^5 - \&c.}{1 - \frac{m(m-1)}{2}(f'''Q)^2 + \frac{m(m-1)(m-2)(m-3)}{2.3.4}(f'''Q)^4 - \&c.}$$

Et de là les formules particulières suivantes :

$$f''(2Q) = \frac{1-(f'''Q)^2}{2(f'''Q)}.$$

$$f''(3Q) = \frac{1-3(f'''Q)^2}{3(f'''Q)-(f'''Q)^3}$$

$$f''(4Q) = \frac{1-6(f'''Q)^2+(f'''Q)^4}{4(f'''Q)-4(f'''Q)^3}$$

$$f''(5Q) = \frac{1-10(f'''Q)^2+5(f'''Q)^4}{5(f'''Q)-10(f'''Q)^3+(f'''Q)^5}$$

&c.

$$f'''(2Q) = \frac{2(f'''Q)}{1-(f'''Q)^2}$$

$$f'''(3Q) = \frac{3(f'''Q)-(f'''Q)^3}{1-3(f'''Q)^2}$$

$$f'''(4Q) = \frac{4(f'''Q)-4(f'''Q)^3}{1-6(f'''Q)^2+(f'''Q)^4}$$

$$f'''(5Q) = \frac{5(f'''Q)-10(f'''Q)^3+(f'''Q)^5}{1-10(f'''Q)^2+5(f'''Q)^4}$$

&c.

65. Afin d'obtenir pour $f(mQ)$ et $f'(mQ)$, d'autres expressions que celles (E) et (F) données ci-dessus, nous allons développer d'une manière différente $(fQ \pm \sqrt{-1}\, f'Q)^m$, ou ce qui revient au même $(fQ \pm \sqrt{f^2Q-1})^m$, ou enfin, (en faisant pour abréger $fQ = p$), $(p \pm \sqrt{p^2-1})^m$.

Soit donc d'abord $(p + \sqrt{p^2-1})^m = Ap^m + Bp^{m-1} + Cp^{m-2} + Dp^{m-3} + Ep^{m-4} + Fp^{m-5} + Gp^{m-6}.$

$+$ &c. $=y$. Si l'on met $p+i$ au lieu de p, on aura, $\left(p+i+\sqrt{(p+i)^2-1}\right)^m = A(p+i)^m + B(p+i)^{m-1} + C(p+i)^{m-2} + D(p+i)^{m-3} + E(p+i)^{m-4} + F(p+i)^{m-5} + G(p+i)^{m-6} +$ &c. Développant les puissances indiquées, et se bornant dans ces développemens à la première puissance de i, ce qui suffit pour déterminer les coëfficients A, B, C, D, E, F, G, &c., on obtiendra, $\left(p+i+(p^2-1+2pi+\text{&c.})^{\frac{1}{2}}\right)^m$,

ou $\left(p+i+(p^2-1)^{\frac{1}{2}}+(p^2-1)^{\frac{1}{2}}pi+\text{&c.}\right)^m$,

ou $\left(p+\sqrt{p^2-1}+\left(1+\dfrac{p}{\sqrt{p^2-1}}\right)i+\text{&c.}\right)^m$,

ou $\left(p+\sqrt{p^2-1}\right)^m + m\left(p+\sqrt{p^2-1}\right)^{m-1} \times \left(1+\dfrac{p}{\sqrt{p^2-1}}\right)i +$ &c., ou enfin

$$\left(p+\sqrt{p^2-1}\right)^m + \frac{m\left(p+\sqrt{p^2-1}\right)^m}{\sqrt{p^2-1}}i +\text{&c.},$$

$= Ap^m + Bp^{m-1} + Cp^{m-2} + Dp^{m-3} + Ep^{m-4} + Fp^{m-5} + Gp^{m-6} +$ &c. $+ [mAp^{m-1} + (m-1)Bp^{m-2} + (m-2)Cp^{m-3} + (m-3)Dp^{m-4} + (m-4)Ep^{m-5} + (m-5)Fp^{m-6} +$ &c.$]i +$ &c.; ou bien, en représentant par y le dernier coëfficient de i, $y + \left(\dfrac{my}{\sqrt{p^2-1}}\right)i = y + y'i$ qui se réduit à $\dfrac{my}{\sqrt{p^2-1}} = y'$, d'où $m^2y^2 = y'^2(p^2-1)$. Or si, pour n'avoir y et y'

qu'à la première puissance, on met encore $p+i$ au lieu de p, dans cette dernière équation, il faudra y mettre aussi $y + y'i + $ &c. au lieu de y, et $y' + y''i + $ &c. au lieu de y'; y'' désignant une fonction qui ait la même relation par rapport à y', que celle qu'à y' lui-même par rapport à y; et étant par conséquent $= m(m-1)A\,p^{m-2} + (m-1)(m-2)Bp^{m-3} + (m-2)(m-3)Cp^{m-4} + (m-3)(m-4)Dp^{m-5} + (m-4)(m-5)Ep^{m-6} + (m-5)(m-6)Fp^{m-7} + $ &c. L'équation $m^2y^2 = y'^2(p^2-1)$ deviendra donc, $m^2(y+y'i+$&c.$)^2 = (y'+y''i+$&c.$)^2(p+2pi+$&c.$-1)$, ou $m^2y - py' - (p^2-1)y'' = 0$. Remettant pour y, y', y'', leurs valeurs, et ordonnant par rapport à p, on obtiendra,

$$
\begin{aligned}
&\left.\begin{array}{r} m^2A \\ -mA \\ -m(m-1)A \end{array}\right| p^m
&&\left.\begin{array}{r} +m^2B \\ -(m-1)B \\ -(m-1)(m-2)B \end{array}\right| p^{m-1} \\[1em]
&\left.\begin{array}{r} +m^2C \\ -(m-2)C \\ -(m-2)(m-3)C \\ +m(m-1)A \end{array}\right| p^{m-2}
&&\left.\begin{array}{r} +m^2D \\ -(m-3)D \\ -(m-3)(m-4)D \\ +(m-1)(m-2)B \end{array}\right| p^{m-3} \\[1em]
&\left.\begin{array}{r} +m^2E \\ -(m-4)E \\ -(m-4)(m-5)E \\ +(m-2)(m-3)C \end{array}\right| p^{m-4}
&&\left.\begin{array}{r} +m^2F \\ -(m-5)F \\ -(m-5)(m-6)F \\ +(m-5)(m-4)D \end{array}\right| p^{m-5} \\[1em]
&\left.\begin{array}{r} +m^2G \\ -(m-6)G \\ -(m-6)(m-7)G \\ +(m-4)(m-5)E \end{array}\right| p^{m-6}
&&\qquad +\,\&\text{c.}
\end{aligned}\right\} = 0.
$$

Déterminant à l'ordinaire les coëfficients, on trou-
vera, $A = \frac{0}{0} = A$, $B = 0$, $C = -\dfrac{m\,A}{4}$, $D = 0$,

$$E = -\frac{(m-3)C}{8} = \frac{m(m-3)A}{4.8}, \quad F = 0,$$

$$G = -\frac{(m-4)(m-5)E}{12(m-3)} = -\frac{m(m-4)(m-5)A}{4.8.12}, \&c.$$

Donc $y = A\left(p^m - \dfrac{m}{4}p^{m-2} + \dfrac{m(m-3)}{4.8}p^{m-4} - \right.$

$\dfrac{m(m-4)(m-5)}{4.8.12}p^{m-6} + \&c.\Big)$. Reste à déterminer

A. Or Ap^m seroit la valeur de $(p + \sqrt{p^2-1})^m$, si p
étoit $= \infty$; c'est évident. On auroit donc $Ap^m =$
$(p+p)^m = (2p)^m$, et partant $A = 2^m$. Mais comme
p ou fQ est < 1, à moins que Q ne soit imaginaire,
on s'y prendra de cette autre manière. On a, quel
que soit p, $(p + \sqrt{p^2-1})^m = \left(p + (p^2-1)^{\frac{1}{2}}\right)^m =$
$(p + p + \&c.)^m = (2p)^m + \&c.$: mais $(p + \sqrt{p^2-1})^m$
$= Ap^m + \&c.$: donc $Ap^m = (2p)^m$, d'où $A = 2^m$.
Donc enfin $y = (p + \sqrt{p^2-1})^m = (2p)^m - m(2p)^{m-2}$

$$+ \frac{m(m-3)}{2}(2p)^{m-4} - \frac{m(m-4)(m-5)}{2.3}(2p)^{m-6}$$

$+ \&c.$ Or je remarque que le second membre
étant réel, le premier doit l'être aussi; ce qui
suppose $p > 1$, $p^2 - 1$ positif, et $\sqrt{p^2-1}$ réel. Mais
$p = fQ$ et $\sqrt{p^2-1} = (f'Q)\sqrt{-1}$: il faut donc que
l'on ait $fQ > 1$, et $(f'Q)\sqrt{-1}$ réel, ou ce qui

est la même chose $f'Q$ imaginaire de la forme $B\sqrt{-1}$. Mais lorsque Q est réel, fQ est toujours <1, (à moins que d'être $=1$), et $f'Q$ réel : donc pour que fQ soit >1, et $f'Q$ imaginaire de la forme $B\sqrt{-1}$, il faut que Q soit aussi imaginaire, et de la même forme (*). Ainsi la formule précédente,

ou $(fQ + \sqrt{-1}f'Q)^m = (2fQ)^m - m(2fQ)^{m-2} +$

$$\frac{m(m-5)}{2}(2fQ)^{m-4} - \frac{m(m-4)(m-5)}{2.3}(2fQ)^{m-6}$$

$+ $ &c., n'a lieu qu'en supposant p ou $fQ > 1$, $f'Q$ imaginaire de la forme $B\sqrt{-1}$, et Q imaginaire de la même forme.

Maintenant on a, $\left(p - \sqrt{p^2-1}\right)^n = \left(\dfrac{1}{p + \sqrt{p^2-1}}\right)^m$ $= \left(p + \sqrt{p^2-1}\right)^{-m}$. D'où l'on voit que pour avoir la valeur de $\left(p - \sqrt{p2-1}\right)^n$, il suffit de mettre $-m$ au lieu de m dans celle de $\left(p + \sqrt{p^2-1}\right)^m$. On aura donc $\left(p - \sqrt{p^2-1}\right)^m = (2p)^{-m} + m(2p)^{-m-2}$

$$+ \frac{m(m+5)}{2}(2p)^{-m-4} + \frac{m(m+4)(m+5)}{2.3}(2p)^{-m-6}$$

$+ $ &c.(**). Et cette formule, ou $(fQ - \sqrt{-1}f'Q)^m$

(*) On a en effet, $f(z\sqrt{-1}) = 1 + \dfrac{z^2}{2} + \dfrac{z^4}{2.3.4} + $ &c., quantité >1, et $f'(z\sqrt{-1}) = \left(z + \dfrac{z^3}{2.3} + \dfrac{z^5}{2.3.4.5} + \text{&c.}\right)\sqrt{-1}$ quantité imaginaire de la forme $B\sqrt{-1}$; et $z\sqrt{-1}$ est aussi une imaginaire de la même forme.

(**) Si l'on avoit formé immédiatement ce développe-

$$= (2fQ)^{-m} + m (2fQ)^{-m-2} + \frac{m(m+3)}{2}$$

$$(2fQ)^{-m-4} + \frac{m(m+4)(m+5)}{2.3} (2fQ)^{-m-6}$$

$+$ &c., n'a lieu qu'en supposant p ou $fQ > 1$, $f'Q$ imaginaire de la forme $B\sqrt{-1}$, et Q imaginaire de la même forme.

66. Cela posé, puisque $f (m q) = \ldots\ldots$

$$\frac{(fQ+\sqrt{-1}f'Q)^m+(fQ-\sqrt{-1}f'Q)^m}{2} \text{ et } f'(mQ) =$$

$$\frac{(fQ+\sqrt{-1}f'Q)^m-(fQ-\sqrt{-1}f'Q)^m}{2\sqrt{-1}}, \text{ on aura..}$$

$$f(mQ) = \tfrac{1}{2}\left[(2fQ)^m - m (2fQ)^{m-2} + \frac{m(m-3)}{2}\right.$$

$$\left. (2fQ)^{m-4} - \frac{m(m-4)(m-5)}{2.3} (2fQ)^{m-6} + \&c. \right]$$

ment, comme on a fait pour le précédent, on eût pu éprouver quelqu'embarras pour la détermination de A. Car en s'y prenant comme pour celui-ci, on diroit :

$$(p-\sqrt{p^2-1})^m = (p - (p^2-1)^{\frac{1}{2}})^m = (p-p+\&c.)^m$$

$= o^m + \&c.$: mais $(p-\sqrt{p^2-1})^m = A p^m + \&c.$: donc $Ap^m = o$, d'où $A = o$. Pour lever cette petite difficulté, il faut remarquer que A ne peut être ici o; qu'ainsi o ne peut être le premier terme du développement de $(p-\sqrt{p^2-1})^m$. Or on trouvera ce premier terme de la manière suivante :

$$(p-\sqrt{p^2-1})^m = (p+(p^2-1)^{\frac{1}{2}})^m = \left(p-(p-\frac{1}{2p} \ \&c.)\right)^m =$$

$\left(\dfrac{1}{2p}\right)^m$. D'où $A = 2^{-m}$. *(Cette note est pour les calculateurs qui ne sont pas encore bien exercés.)*

$$+ \tfrac{1}{2}\left[(2fQ)^{-m} + m(2fQ)^{-m-2} + \frac{m(m+3)}{2} \cdot \right.$$

$$(2fQ)^{-m-4} + \frac{m(m+4)(m+5)}{2.3}(2fQ)^{-m-6} + \&c. \Big],$$

$$\text{et...} \, f'(mQ) = \frac{1}{2\sqrt{-1}}\left[(2fQ)^{m} - m(2fQ)^{m-2} + \right.$$

$$\frac{m(m-3)}{2}(2fQ)^{m-4} - \frac{m(m-4)(m-5)}{2.3}(2fQ)^{m-6}$$

$$+ \&c. \Big] - \frac{1}{2\sqrt{-1}}\left[(2fQ)^{-m} + m(2fQ)^{-m-2} + \right.$$

$$\frac{m(m-3)}{2}(2fQ)^{-m-4} + \frac{m(m+4)(m+5)}{2.3}(2fQ)^{-m-6}$$

$$+ \&c. \Big].$$ Et, dans chacune de ces formules, on doit

avoir, par ce qui précède, $fQ > 1$, et Q imaginaire de la forme $B\sqrt{-1}$. D'où il résulte, mQ imaginaire, $f(mQ) > 1$, et $f'(mQ)$ imaginaire; les imaginaires étant de la forme $B\sqrt{-1}$.

Or rien n'empêche, dans la première formule, de supposer que Q passe de l'imaginaire au réel; et alors fQ est < 1, et $f(mQ)$ aussi < 1, et par conséquent réel. Or la formule donne en effet $f(mQ)$ réel. On a donc aussi, dans l'état vrai de ces sortes de fonctions,

$$(G)...f(mQ) = \tfrac{1}{2}\left[(2fQ)^{m} - m(2fQ)^{m-2} + \frac{m(m-3)}{2} \right.$$

$$(2fQ)^{m-4} - \frac{m(m-4)(m-5)}{2.3}(2fQ)^{m-6} + \&c. \Big]$$

$$+ \tfrac{1}{2}\left[(2fQ)^{-m} + m(2fQ)^{-m-2} + \frac{m(m+3)}{2}(2fQ)^{-m-4} \right.$$

$$\left. + \frac{m(m+4)(m+5)}{2.3}(2fQ)^{-m-6} + \&c. \right].$$

Mais on ne peut, dans la seconde formule, supposer que Q passe de l'imaginaire au réel. Car alors, fQ est < 1, $f'Q$ réel, et par conséquent $f'(mQ)$ aussi réel. Or la formule donne $f'(mQ)$ imaginaire. Cette formule n'a donc pas lieu dans l'état vrai de ces sortes de fonctions, c'est-à-dire qu'alors la valeur de $f'(mQ)$ ne peut avoir la forme qu'on lui a donnée. Nous lui en chercherons bientôt une autre.

67. Voyons ce que devient la formule précédente (G), lorsque m est un entier positif. Cette formule donne la valeur de $f(mQ)$ par le moyen de deux séries. Or il est aisé de voir qu'un terme quelconque de la première série est de la forme

$$\pm \frac{m(m-(k+1))(m-(k+2))\ldots(m-(2k-1))}{2.3.4\ldots k}$$

$(2fQ)^{m-2k}$, k étant un entier quelconque, et le signe devant être $+$ ou $-$, suivant que k est pair ou impair (*). Ce terme aura un exposant néga-

---

(*) Ce terme général peut paroître en défaut si $K = 1$; car alors, à ne considérer que son expression algébrique, il devient $-(m-1)(2fQ)^{m-2}$, et non pas $-m(2fQ)^{m-2}$, comme cela doit être. Cela vient de ce que ce terme général n'exprime pas deux circonstances, qui ne peuvent être exprimées analytiquement, mais que le calculateur doit

tif, lorsque $2k$ sera $> m$, et par conséquent, $= m + i$, i étant un entier quelconque. 1°. Soit d'abord $i < m$, et par conséquent $= m - i'$, i' étant un entier moindre que m. Il en résultera ,

$$2k = 2m - i', \text{ et } k = m - \frac{i'}{2}, = m - i'', i'' \text{ étant}$$

un entier $= \dfrac{i'}{2}$, et par conséquent moindre que m.

Or, cela étant, dans tous les termes où k sera plus petit que m, il y aura un facteur, parmi ceux du numérateur, $\left(\text{à savoir}, m - (k+1), m - (k+2), \ldots m - (2k-1)\right)$, qui sera $= m - (k+i'')$, c'est-à-dire $= m - m$ ou 0. D'où l'on voit que chaque terme où cela aura lieu s'anéantira ; et que cela aura lieu, depuis le terme dont l'exposant est 0 ou 1, jusqu'au terme dont l'exposant est $- m$. 2°. Soit maintenant $i = m$. Il en résultera $2k = 2m$, et $k = m$. Or, cela étant, le terme correspondant

___

remarquer et faire entrer dans ses opérations: la première, que m est facteur de tous les termes; la seconde, qu'il y a un facteur de plus au numérateur qu'au dénominateur de chaque coëfficient. Or ici il n'y a point de facteur au dénominateur, si ce n'est 1 qui ne compte pas : il ne peut donc y avoir qu'un facteur au numérateur. Mais tout numérateur doit avoir m pour facteur : le numérateur ne pouvant ici avoir qu'un facteur, ne peut donc en avoir un autre que m. Ce qui donnera pour le terme en question $- m \left(2 f' Q\right)^{m-2}$.

deviendra $\pm \dfrac{m(-1)(-2)\ldots(-(m-1))}{2.3.4\ldots m}(2fQ)^{-m}$,

c'est-à-dire $-(2fQ)^{-m}$, parce que le nombre des facteurs négatifs est impair si m est pair, et pair si m est impair, ce qui donne toujours le signe —. D'où l'on voit que le premier terme effectif qui aura un exposant négatif, dans la première série, sera égal et de signe contraire au premier terme de la seconde série 3°. Soit enfin $i =$ successivement $m+1$, $m+2$, $m+3$, &c. Il en résultera successivement, $k = m+1$, $k = m+2$, $k = m+3$, &c. Or, cela étant, le terme correspondant deviendra successivement ;

$$\pm \frac{m(-2)(-3)\ldots\ldots(-(m+1))}{2.3.4\ldots(m+1)}(2fQ)^{-m-2}$$

$$= -m(2fQ)^{-m-2} ;$$

$$\pm \frac{m(-3)(-4)\ldots\ldots(-(m+3))}{2.3.4\ldots(m+2)}(2fQ)^{-m-4}$$

$$= -\frac{m(m+3)}{2}(2fQ)^{-m-4} ;$$

$$\pm \frac{m(-4)(-5)\ldots\ldots(-(m+5))}{2.3.4\ldots(m+3)}(2fQ)^{-m-6}$$

$$= -\frac{m(m+4)(m+5)}{2.3}(2fQ)^{-m-6} ; \&c.$$

D'où l'on voit que le second terme effectif qui aura un exposant négatif, dans la première série, sera égal et de signe contraire au second terme de la seconde série ; le troisième terme effectif qui aura un exposant négatif, dans la première série, égal et de signe contraire au troisième terme de la seconde série; et ainsi de suite.

La nature de ces deux séries est donc telle, que, si m est un entier positif, 1°. tous les termes qui ont des exposans négatifs, entre les limites 0 ou 1 et $-m$, dans la première série, s'anéantiront; et 2°. tous les termes suivans de la première série se retrouveront dans la seconde, à partir du premier terme, et avec des signes contraires. Or ces séries s'ajoutent : on a donc, dans le cas de m entier positif,

$$(H)\ldots f(mQ) = \tfrac{1}{2}\left[(2fQ)^m - m(2fQ)^{m-2} + \frac{m(m-3)}{2}(2fQ)^{m-4} - \frac{m(m-4)(m-5)}{2.3}(2fQ)^{m-6} + \&c. \right],$$

cette série se terminant au premier terme dont l'exposant seroit négatif.

De-là les formules particulières qui suivent:

$$f(2Q) = 2(fQ)^2 - 1$$
$$f(3Q) = 4(fQ)^3 - 3(fQ)$$
$$f(4Q) = 8(fQ)^4 - 8(fQ)^2 + 1$$
$$f(5Q) = 16(fQ)^5 - 20(fQ)^3 + 5(fQ)$$
$$f(6Q) = 32(fQ)^6 - 48(fQ)^4 + 18(fQ)^2 - 1$$

&c.

Remarquons que le second membre de la formule $(G.)$ ne change pas lorsque m est négatif; parce qu'alors la première des deux séries devient la seconde, et réciproquement. Donc si m est entier négatif, le second membre de la formule (11) ne doit pas changer non plus. Et en effet on sait que $f(-mQ) = f(mQ)$.

68. Afin d'obtenir encore de nouvelles expressions pour $f(mQ)$ et $f'(mQ)$, nous allons développer d'une autre manière $(fQ \pm \sqrt{-1}\, f'Q)^m$, ou, ce qui est la même chose, $(p + \sqrt{p^2 - 1})^m$.

Nous avons trouvé ci-devant, $(p + \sqrt{p^2 - 1})^m$
$$= A\left(p^m - \frac{m}{4}p^{m-2} + \frac{m(m-3)}{4.8}p^{m-4}\right.$$
$$\left. - \frac{m(m-4)(m-5)}{4.8.12}p^{m-6} + \&c.\right). \text{ Supposons cette}$$

expression $= (p^2 - 1)^{\frac{1}{2}}(A'p^{m-1} + B'p^{m-3} + C'p^{m-5}$
$+ D'p^{m-7} + \&c.)\,(^*) = (p - \frac{1}{2}p - \frac{1}{8}p^3 - \frac{1}{16}p^5 - \&c.)$
$(A'p^{m-1} + B'p^{m-3} + C'p^{m-5} + D'p^{m-7} + \&c.) =$

$$A'p^m + B' \begin{vmatrix} \\ \end{vmatrix} p^{m-2} + C' \begin{vmatrix} \\ \end{vmatrix} p^{m-4} + D' \begin{vmatrix} \\ \end{vmatrix} p^{m-6} + \&c.$$
$$-\tfrac{1}{2}A' \qquad -\tfrac{1}{2}B' \qquad -\tfrac{1}{2}C'$$
$$-\tfrac{1}{8}A' \qquad -\tfrac{1}{8}B'$$
$$-\tfrac{1}{16}A'$$

Égalant terme à terme ces deux développemens,

(*) Je mets $m-1$, $m-3$, $m-5$, &c., pour exposans des termes de cette série, parce que ces termes doivent être multipliés par p premier terme du développement de $(p^2 - 1)^{\frac{1}{2}}$; et qu'ainsi l'on aura, pour exposans des termes du produit de cette série par celle qui exprime $(p^2 - 1)^{\frac{1}{2}}$, m, $m-2$, $m-4$, &c., comme cela doit être par supposition.

on aura, $A' = A$, $B' = -\dfrac{(m-2)A}{4}$,

$C' = \dfrac{(m-3)(m-4)A}{4.8}$, $D' = -\dfrac{(m-4)(m-5)(m-6)A}{4.8.12}$, &c.

ou, (parce que $A = 2^m$), $A' = 2^m$, $B' = -(m-2)2^{m-2}$,

$= \dfrac{(m-3)(m-4)2^{m-4}}{2}$, $D' = -\dfrac{(m-4)(m-5)(m-6)2^{m-6}}{2.3}$, &c.

Donc $(p + \sqrt{p^2-1})^m = \dfrac{2(1-p^2)^{\frac{1}{2}}}{\sqrt{-1}}\Big((2p)^{m-1} - $

$(m-2)(2p)^{m-3} + \dfrac{(m-3)(m-4)}{2.3}(2p)^{m-5}$

$- \dfrac{(m-4)(m-5)(m-6)}{2.3}(2p)^{m-7} + \&c.\Big)$. Or le

second membre est tout réel ou tout imaginaire,
selon que $(1-p^2)^{\frac{1}{2}}$ est imaginaire ou réel, ou, ce
qui revient au même, selon que $\sqrt{p^2-1}$ est réel
ou imaginaire. Mais le premier membre est tout
réel, ou en partie réel et en partie imaginaire,
selon que $\sqrt{p^2-1}$ est réel ou imaginaire. Donc
l'égalité ne peut avoir lieu qu'autant que les deux
membres sont tous deux réels, c'est-à-dire qu'autant que $\sqrt{p^2-1}$ est réel, p^2-1 positif, et $p > 1$;
ou ce qui est la même chose, qu'autant que fQ est
> 1, et $f'Q$ imaginaire de la forme $B\sqrt{-1}$;
d'où il suit que Q est aussi imaginaire et de la
même forme. Ainsi la formule précédente, ou

$(fQ + \sqrt{-1}f'Q)^m = \dfrac{2f'Q}{\sqrt{-1}}\Big((2fQ)^{m-1} - (m-2)$

$$(2fQ)^{m-3} + \frac{(m-3)(m-4)}{2}(2fQ)^{m-5}$$

$$- \frac{(m-4)(m-5)(m-6)}{2.3}(2fQ)^{m-7} + \&c.\Big),$$

n'a lieu qu'en supposant p ou $fQ > 1$, $f'Q$ imaginaire de la forme $B\sqrt{-1}$, et Q imaginaire de la même forme.

Et comme $\left(p - \sqrt{p^2-1}\right)^m = \left(p + \sqrt{p^2-1}\right)^{-m}$,

on aura immédiatement, $\left(p - \sqrt{p^2-1}\right)^m$

$$= \frac{2(1-p^2)^{\frac{1}{2}}}{\sqrt{-1}}\Big((2p)^{-m-1} + (m+2)(2p)^{-m-3}$$

$$+ \frac{(m+3)(m+4)}{2}(2p)^{-m-5} + \frac{(m+4)(m+5)(m+6)}{2.3}$$

$$(2p)^{-m-7} + \&c.\Big). \text{ Et cette formule, ou}$$

$$(fQ - \sqrt{-1}f'Q)^m = \frac{2f'Q}{\sqrt{-1}}\Big((2fQ)^{-m-1} +$$

$$(m+2)(2fQ)^{-m-3} + \frac{(m+3)(m+4)}{2}(2fQ)^{-m-5}$$

$$+ \frac{(m+4)(m+5)(m+6)}{2.3}(2fQ)^{-m-7} + \&c.\Big) \text{ n'a}$$

lieu qu'en supposant $fQ > 1$, $f'Q$ imaginaire de la forme $B\sqrt{-1}$, et Q imaginaire de la même forme.

69. Cela posé, on aura. . . . .

$$f(mQ) = \frac{f'Q}{\sqrt{-1}}\Big[(2f'Q)^{m-1} - (m-2)(2fQ)^{m-3}$$

$$+ \frac{(m-3)(m-4)}{2}(2fQ)^{m-5} - \frac{(m-4)(m-5)(m-6)}{2.3}$$

$$(2fQ)^{m-7} + \&c. \Big] + \frac{f'Q}{\sqrt{-1}} \Big[(2fQ)^{-m-1}$$

$$+ (m+2)(2fQ)^{-m-3} + \frac{(m+3)(m+4)}{2}(2fQ)^{-m-5}$$

$$+ \frac{(m+4)(m+5)(m+6)}{2.3}(2fQ)^{-m-7} + \&c. \Big],$$

$$\text{et}\ldots f'(mQ) = f'Q\Big[(2fQ)^{m-1} - (m-2)(2fQ)^{m-3}$$

$$+ \frac{(m-3)(m-4)}{2}(2fQ)^{m-5} - \frac{(m-4)(m-5)(m-6)}{2.3}$$

$$(2fQ)^{m-7} + \&c. \Big] - f'Q \Big[(2fQ)^{-m-1}$$

$$+ (m+2)(2fQ)^{-m-3} + \frac{(m+3)(m+4)}{2}(2fQ)^{-m-5}$$

$$+ \frac{(m+4)(m+5)(m+6)}{2.3}(2fQ)^{-m-7} + \&c. \Big]. \text{ Et,}$$

dans chacune de ces formules on doit avoir, par ce qui précède, $fQ > 1$, $f'Q$ imaginaire, et Q imaginaire. D'où il résulte, mQ imaginaire, $f(mQ) > 1$, et $f'(mQ)$ imaginaire, les imaginaires étant de la forme $B\sqrt{-1}$.

Or rien n'empêche, dans la seconde formule, de supposer que Q passe de l'imaginaire au réel. Car alors fQ est < 1, $f'Q$ réel, et par conséquent $f'(mQ)$ aussi réel. Or la formule donne en effet, $f'(mQ)$ réel. On a donc aussi, dans l'état vrai de ces sortes de fonctions,

$$l)\ldots f'(mQ) = f'Q\Big[(2fQ)^{m-1} - (m-2)(2fQ)^{m-3}$$

$$\left[+\frac{(m-3)(m-4)}{2}(2fQ)^{m-5}-\frac{(m-4)(m-5)(m-6)}{2.3}\right.$$

$$\left.(2fQ)^{m-7}+\&\text{c.}\right]-f'Q\left[(2fQ)^{-m-1}\right.$$

$$+(m+2)(2fQ)^{-m-3}+\frac{(m+3)(m+4)}{2}(2fQ)^{-m-5}$$

$$\left.+\frac{(m+4)(m+5)(m+6)}{2.3}(2fQ)^{-m-7}+\&\text{c.}\right].$$

Mais on ne peut, dans la première formule, supposer que Q passe de l'imaginaire au réel. Car alors fQ est <1, $f'Q$ réel, et $f(mQ)$ aussi <1, et par conséquent réel. Or la formule donneroit $f(mQ)$ imaginaire, parce que $f'Q$ étant réel,

$\dfrac{f'Q}{\sqrt{-1}}$ est imaginaire. Cette formule n'a donc pas

lieu dans l'état vrai de ces sortes de fonctions. C'est-à-dire qu'alors la valeur de $f(mQ)$ ne peut avoir la forme qu'on lui a donnée. Mais nous lui en avons trouvé une autre dans un des articles précédens, qui correspond à celui-ci.

70. Voyons ce que devient la formule précédente (I), lorsque m est un entier positif. Cette formule donne la valeur de $f'(mQ)$ par le moyen de deux séries. Or il est aisé de voir qu'un terme quelconque de la première série est de la forme

$$\pm\frac{(m-(k+1))(m-(k+2))\ldots(m-2k)}{2.3\ldots k}(2fQ)^{m-(2k+1)},$$

k étant un entier quelconque, et le signe étant $+$,

ou —, suivant que k est pair ou impair (*). Ce terme aura un exposant négatif, lorsque $2k+1$ sera $> m$, et par conséquent $= m + i$, i étant un entier quelconque. 1°. Soit d'abord $i < m + 1$, et par conséquent $= m + 1 - i'$, i' étant un entier moindre que $m + 1$. Il en résultera, $2k+1 =$

$$2m + 1 - i', \text{ et } k = m - \frac{i'}{2} = m - i'', i'' \text{ étant un}$$

entier $= \dfrac{i'}{2}$, et par conséquent moindre que $m + 1$.

Or, cela étant, dans tous les termes où k sera plus petit que m, il y aura un facteur, parmi ceux du numérateur, (à savoir, $m-(k+1)$, $m-(k+2)$,.. $m-2k$,) qui sera $= m - (k + i'')$, c'est-à-dire $= m - m$ ou o. D'où l'on voit que chaque terme où cela aura lieu s'anéantira ; et que cela aura lieu, depuis le terme dont l'exposant est 1 ou 0, jusqu'au terme dont l'exposant est $-m-1$. 2°. Soit maintenant $i = m + 1$. Il en résultera $2k+1 = 2m+1$, ou $k = m$. Or, cela étant, le terme correspondant deviendra

$$\pm \frac{(-1)(-2)\ldots(-m)}{2.3\ldots m} (2fQ)^{-m-1}, \text{ c'est-à-dire}$$

$+ (2fQ)^{-m-1}$, parce que le nombre des facteurs négatifs est pair si m est pair, et impair si m est impair, ce qui donne toujours le signe $+$. D'où

(*) Ce terme général deviendra , si $k = 1$, $- (m-2)$ $(2fQ)^{m-3}$. Ainsi il n'aura pas l'inconvénient de l'autre terme général dont j'ai parlé précédemment.

l'on voit que le premier terme effectif qui aura un exposant négatif, dans la première série, sera égal et de signe pareil au premier terme de la seconde série. 3°. Soit enfin $i = $ successivement $m+3$, $m+5$, $m+7$, &c. Il en résultera successivement, $k = m + 1$, $k = m + 2$, $k = m + 3$, &c. Or, cela étant, le terme correspondant deviendra successivement;

$$\pm \frac{(-2)(-3)\dots(-(m+2))}{2.3\dots(m+1)}(2fQ)^{-m-3}$$
$$= + (m + 2)(2fQ)^{-m-3};$$
$$\pm \frac{(-3)(-4)\dots(-(m+4))}{2.3\dots(m+2)}(2fQ_{\prime})^{-m-5}$$
$$= + \frac{(m+3)(m+4)}{2}(2fQ)^{-m-5}; \&c.$$

D'où l'on voit que le second terme effectif qui aura un exposant négatif, dans la première série, sera égal et de signe pareil au second terme de la seconde série; le troisième terme effectif qui aura un exposant négatif, dans la première série, égal et de signe pareil au troisième terme de la seconde série; et ainsi de suite.

La nature de ces deux séries est donc telle, que, si m est un entier positif, 1°. tous les termes qui ont des exposans négatifs, entre les limites 1 ou 0 et $-m-1$, dans la première série, s'anéantiront; et 2°. tous les termes suivans de la première série se retrouveront dans la seconde, à partir du premier terme, et avec les mêmes signes. Or ces séries se retranchent l'une de l'autre : on a donc, dans le cas de m entier positif,..........

$$(K)\ldots f'(mQ) = f'Q\left[(2fQ)^{m-1} - (m-2)(2fQ)^{m-3}\right.$$
$$+ \frac{(m-3)(m-4)}{2}(2fQ)^{m-5} - \frac{(m-4)(m-5)(m-6)}{2.3}$$
$$\left.(2fQ)^{m-7} + \&c.\right], \text{cette série se terminant au}$$

premier terme dont l'exposant seroit négatif.

De-là les formules particulières qui suivent :

$$f'(2Q) = 2(f'Q)(fQ)$$
$$f'(3Q) = 4(f'Q)(fQ)^2 - f'Q$$
$$f'(4Q) = 8(f'Q)(fQ)^3 - 4(f'Q)(fQ)$$
$$f'(5Q) = 16(f'Q)(fQ)^4 - 12(f'Q)(fQ)^2 + f'Q$$
$$f'(6Q) = 32(f'Q)(fQ)^5 - 32(f'Q)(fQ)^3 + 6(f'Q)(fQ)$$
$$\&c.$$

Remarquons que le second membre de la formule (I) ne change que de signe lorsque m est négatif; parce qu'alors la première des deux séries devient la seconde affectée d'un signe contraire, et réciproquement. Donc si m est entier négatif, le second membre de la formule (K) ne doit changer que de signe. Et en effet on sait que $f'(-mQ) = -f'(mQ)$.

71. Afin d'avoir d'autres expressions pour $f(mQ)$ et $f'(mQ)$, nous allons former de nouveaux développemens pour $(fQ \pm \sqrt{-1}\,f'Q)^m$, ou ce qui revient au même $(p \pm \sqrt{p^2-1})^m$.

Soit d'abord $(p + \sqrt{p^2 - 1})^m = A + Bp + Cp^2 + Dp^3 + Ep^4 + Fp^5 + $ &c. $= y$. Par un calcul semblable à celui de l'art. 65, et en conservant les mêmes dénominations, on trouvera $y' = B + 2Cp + 3Dp^2 + 4Ep^3 + 5Fp^4 + $ &c., et $y'' = 2C + 2.3Dp + 3.4Ep^2 + 4.5Fp^3 + $ &c. Substituant ces valeurs dans l'équation $m^2 y - py' - (p^2 - 1)y'' = 0$, et ordonnant par rapport à p, on trouvera,

$$
\left.
\begin{array}{l}
m^2A \\ {} - B \\ {} \\ +2C
\end{array}
\middle|
\begin{array}{l}
+ m^2B \\ {} - 2C \\ {} \\ +2.3D
\end{array}
\middle| p +
\begin{array}{l}
m^2C \\ {} - 3D \\ {} - 2C \\ +3.4E
\end{array}
\middle| p^2 +
\begin{array}{l}
m^2D \\ {} - 4E \\ {} - 2.3D \\ +4.5F
\end{array}
\middle| p^3 +
\begin{array}{l}
m^2E \\ {} \\ {} - 3.4E \\ +5.6G
\end{array}
\middle| p^4 + \text{&c.}
\right\} = 0
$$

D'où l'on tire, $C = -\dfrac{m^2A}{2}$, $D = -\dfrac{(m^2-1)B}{2.3}$,

$$E = -\frac{(m^2-4)C}{3.4} = \frac{m^2(m^2-4)A}{2.3.4},$$

$$F = -\frac{(m^2-9)D}{4.5} = \frac{(m^2-1)(m^2-9)B}{2.3.4.5}, \text{&c.},$$

A et B restant indéterminés. Donc $y = \ldots\ldots$

$$A + Bp - \frac{m^2A}{2}p^2 - \frac{(m^2-1)B}{2.3}p^3 + \frac{m^2(m^2-4)A}{2.3.4}p^4$$

$$+ \frac{(m^2-1)(m^2-9)A}{2.3.4.5}p^5 - \text{&c.}$$ Reste à déterminer A et B. Or 1°. A est la valeur de y ou $(p + \sqrt{p^2 - 1})^m$, lorsque $p = 0$; c'est évident. Donc $A = (\sqrt{-1})^m$. 2°. B est la valeur de y' ou

$$\frac{m(p + \sqrt{p^2 - 1})^m}{\sqrt{p^2 - 1}},$$ lorsque $p = 0$; c'est encore évi-

dent. Donc $B = \dfrac{m(\sqrt{-1})^m}{\sqrt{-1}} = m(\sqrt{-1})^{m-1}$. On

aura par conséquent y ou $\left(p + \sqrt{p^2 - 1}\right)^m =$

$(\sqrt{-1})^m + m(\sqrt{-1})^{m-1}p - \dfrac{m^2}{2}(\sqrt{-1})^m p^2 -$

$\dfrac{m(m^2-1)}{2.3}(\sqrt{-1})^{m-1}p^3 + \dfrac{m^2(m^2-4)}{2.3.4}(\sqrt{-1})^m p^4$

$+ \dfrac{m(m^2-1)(m^2-9)}{2.3.4.5}(\sqrt{-1})^{m-1}p^5$

— &c. ; quantité qu'on trouveroit être de
la forme $A + B\sqrt{-1}$, si l'on mettoit pour

$(\sqrt{-1})^m$ sa valeur $f\dfrac{m\pi}{2} + \sqrt{-1}f'\dfrac{m\pi}{2}$, et pour

$(\sqrt{-1})^{m-1}$ sa valeur $f\dfrac{(m-1)\pi}{2} + \sqrt{-1}f'\dfrac{(m-1)\pi}{2}$

ou $f'\dfrac{m\pi}{2} - \sqrt{-1}f\dfrac{m\pi}{2}$: (mais il vaut mieux ne
pas faire encore cette substitution, qui complique-
roit la formule). Cette formule suppose donc p
ou $fQ < 1$, et $\sqrt{1-p^2}$ ou $f'Q$ réel; ce qui est
l'état vrai de ces sortes de fonctions. On a donc

$(fQ + \sqrt{-1}f'Q)^m = (\sqrt{-1})^m + m(\sqrt{-1})^{m-1}fQ$

$- \dfrac{m^2}{2}(\sqrt{-1})^m (fQ)^2 - \dfrac{m(m^2-1)}{2.3}(\sqrt{-1})^{m-1}(fQ)^3$

$+ \dfrac{m^2(m^2-4)}{2.3.4}(\sqrt{-1})^m (fQ)^4 + \dfrac{m(m^2-1)(m^2-9)}{2.3.4.5}$

$(\sqrt{-1})^{m-1}(fQ)^5 -$ &c.

Quant à la valeur de $(fQ - \sqrt{-1}f'Q)^m$, on
l'obtiendra en faisant m négative dans la formule

précédente, ce qui en donnera une autre tout-à-fait semblable, excepté que A sera $= (-\sqrt{-1})^m$, et $B = m(-\sqrt{-1})^{m-1}$. Car $(\sqrt{-1})^{-m} = \left(\dfrac{1}{\sqrt{-1}}\right)^m$

$= (-\sqrt{-1})^m$, et $-m(\sqrt{-1})^{-m-1} =$

$$\dfrac{-m(\sqrt{-1})^{-m}}{\sqrt{-1}} = \dfrac{-m(-\sqrt{-1})^m}{\sqrt{-1}} = \dfrac{m(-\sqrt{-1})^m}{-\sqrt{-1}}$$

$= m(-\sqrt{-1})^{m-1}$. Ainsi cette formule sera la même que la précédente, excepté que chaque radical sera affecté du signe —.

72. On aura donc......................

$$(\mathrm{L})\ldots f(mQ) = \tfrac{1}{2}\Big[\ (\sqrt{-1})^m + (-\sqrt{-1})^m$$

$$+\ m\left((\sqrt{-1})^{m-1} + (-\sqrt{-1})^{m-1}\right)(fQ)$$

$$-\ \dfrac{m^2}{2}\left((\sqrt{-1})^m + (-\sqrt{-1})^m\right)(fQ)^2$$

$$-\ \dfrac{m(m^2-1)}{2.3}\left((\sqrt{-1})^{m-1} + (-\sqrt{-1})^{m-1}\right)(fQ)^3$$

$$+\ \dfrac{m^2(m^2-4)}{2.3.4}\left((\sqrt{-1})^m + (-\sqrt{-1})^m\right)(fQ)^4$$

$$+\ \&c.\ \Big],\ \text{ou}\ \ldots\ldots\ldots\ldots\ldots\ldots\ldots$$

$$= f\left(\dfrac{m\pi}{2}\right) + mf'\left(\dfrac{m\pi}{2}\right)fQ - \dfrac{m^2}{2}f\left(\dfrac{m\pi}{2}\right)(fQ)^2$$

$$-\ \dfrac{m(m^2-1)}{2.3}f'\left(\dfrac{m\pi}{2}\right)(fQ)^3 + \dfrac{m^2(m^2-4)}{2.3.4}$$

$$f\left(\dfrac{m\pi}{2}\right)(fQ)^4 + \dfrac{m(m^2-1)(m^2-9)}{2.3.4.5}f'\left(\dfrac{m\pi}{2}\right)$$

$$(fQ)^5 - \&c.,$$

à cause de $(\sqrt{-1})^m + (-\sqrt{-1})^m = 2 f\left(\dfrac{m\pi}{2}\right)$,

et de $(\sqrt{-1})^{m-1} + (-\sqrt{-1})^{m-1} =$

$$2 f\left(\dfrac{(m-1)\pi}{2}\right) = 2 f'\left(\dfrac{m\pi}{2}\right).$$

On aura aussi . . . .

$$(M) \ldots f'(mQ) = \dfrac{1}{2\sqrt{-1}}\Big[(\sqrt{-1})^m - (-\sqrt{-1})^m$$

$$+ m \left((\sqrt{-1})^{m-1} - (-\sqrt{-1})^{m-1} \right)(fQ)$$

$$- \dfrac{m^2}{2}\left((\sqrt{-1})^m - (-\sqrt{-1})^m \right)(fQ)^2$$

$$- \dfrac{m(m^2-1)}{2.3}\left((\sqrt{-1})^{m-1} - (-\sqrt{-1})^{m-1} \right)(fQ)^3$$

$$+ \dfrac{m^2(m^2-4)}{2.3.4}\left((\sqrt{-1})^m - (-\sqrt{-1})^m \right)(fQ)^4$$

$$+ \&c. \Big], \text{ ou} \ldots \ldots \ldots \ldots \ldots \ldots \ldots$$

$$= f'\left(\dfrac{m\pi}{2}\right) - m f\left(\dfrac{m\pi}{2}\right)(fQ) - \dfrac{m^2}{2} f'\left(\dfrac{m\pi}{2}\right)(fQ)^2$$

$$+ \dfrac{m(m^2-1)}{2.3} f\left(\dfrac{m\pi}{2}\right)(fQ)^3 + \dfrac{m^2(m^2-4)}{2.3.4}$$

$$f'\left(\dfrac{m\pi}{2}\right)(fQ)^4 - \dfrac{m(m^2-1)(m^2-9)}{2.3.4.5} f\left(\dfrac{m\pi}{2}\right)$$

$$(fQ)^5 - \&c. ,$$

à cause de $(\sqrt{-1})^m - (-\sqrt{-1})^m = 2\sqrt{-1} f'\left(\dfrac{m\pi}{2}\right)$,

et de $(\sqrt{-1})^{m-1} - (-\sqrt{-1})^{m-1} =$

$$2\sqrt{-1}\, f'\left(\dfrac{(m-1)\pi}{2}\right) = -2\sqrt{-1}\, f\left(\dfrac{m\pi}{2}\right).$$

73. Voyons ce que deviennent ces formules (L) et (M), si m est entier positif.

Relativement à la valeur de $f(mQ)$; on observera; 1°. que si m est impair positif, $(\sqrt{-1})^m + (-\sqrt{-1})^m = \pm\sqrt{-1} \mp \sqrt{-1} = 0$, et $(\sqrt{-1})^{m-1} + (-\sqrt{-1})^{m-1} = \pm 1 \pm 1 = \pm 2$; le signe supérieur ayant lieu pour les impairs $1, 5, 9, 13$, &c., et l'inférieur pour les impairs $3, 7, 11, 15$, &c. 2°. Que si m est pair positif, $(\sqrt{-1})^m + (-\sqrt{-1})^m = \pm 1 \pm 1 = \pm 2$, et $(\sqrt{-1})^{m-1} + (-\sqrt{-1})^{m-1} = \pm\sqrt{-1} \mp \sqrt{-1} = 0$; le signe supérieur ayant lieu pour les pairs $0, 4, 8, 12$, &c. , et l'inférieur pour les pairs $2, 6, 10, 14$, &c. On a donc..................

1°. Dans le cas de m impair positif,

$$(N)\ldots f(mQ) = \pm\left[mfQ - \frac{m(m^2-1)}{2.3}(fQ)^3 + \frac{m(m^2-1)(m^2-9)}{2.3.4.5}(fQ)^5 - \&c. \right];$$

2°. Dans le cas de m pair positif,

$$(O)\ldots f(mQ) = \pm\left[1 - \frac{m^2}{2}(fQ)^2 - \frac{m^2(m^2-4)}{2.3.4}(fQ)^4 + \frac{m^2(m^2-4)(m^2-16)}{2.3.4.5.6}(fQ)^6 - \&c. \right]:$$

séries qui s'arrêtent lorsqu'on trouve un coëfficient nul.

Dans la première série , le signe supérieur a lieu pour les impairs de la forme $4n+1$, et l'inférieur pour les impairs de la forme $4n+3$.

Dans la seconde série, le signe supérieur a lieu pour les pairs de la forme $4n$, et l'inférieur pour les pairs de la forme $4n+2$.

De-là les formules particulières suivantes :

$$.f(3Q) = -\left(3fQ - 4(fQ)^3\right)$$

$$f(5Q) = \quad 5f\,Q - 20(fQ)^3 + 16(fQ)^5$$

$$f(7Q) = -\left(7fQ - 56(fQ)^3 + 112(fQ)^5 - 64(fQ)^7\right)$$

&c.

$$(2Q) = -\left(1 - 2(fQ)^4\right)$$

$$f(4Q) = \quad 1 - 8(fQ)^2 + 8(fQ)^4$$

$$f(6Q) = -\left(1 - 18(fQ)^2 + 48(fQ)^4 - 32(fQ)^6\right)$$

&c.

Relativement à la valeur de $f'(mQ)$, on observera, 1°. que si m est impair positif, $(\sqrt{-1})^m - (-\sqrt{-1})^m = \pm\sqrt{-1} \pm \sqrt{-1} = \pm 2\sqrt{-1}$, et $(\sqrt{-1})^{m-1} - (-\sqrt{-1})^{m-1} = \pm 1 \mp 1 = 0$; le signe supérieur ayant lieu pour les impairs $1, 5, 9, 13$, &c., et l'inférieur pour les impairs $3, 7, 11, 15$, &c. 2°. Que si m est pair positif, $(\sqrt{-1})^m - (-\sqrt{-1})^m = \pm 1 \mp 1 = 0$, et $(\sqrt{-1})^{m-1} - (-\sqrt{-1})^{m-1} = \mp\sqrt{-1} \mp \sqrt{-1}, = \mp 2\sqrt{-1}$; le signe supérieur ayant lieu pour les pairs $0, 4, 8, 12$, &c., et l'inférieur pour les pairs 2, 6, 10, 14, &c. On a donc, ...

1°. Dans le cas de m impair positif,

$$(\text{P})\ldots f'(mQ) = \pm\left[1 - \frac{m^2}{2}(fQ)^2 + \frac{m^2(m^2-4)}{2.3.4}(fQ)^4 - \frac{m^2(m^2-4)(m^2-16)}{2.3.4.5.6}(fQ)^6 + \&\text{c.}\right];$$

2°. Dans le cas de m pair positif,

$$(\text{Q})\ldots f'(mQ) = \mp\left[mfQ - \frac{m(m^2-1)}{2.3}(fQ)^3 + \frac{m(m^2-1)(m^2-9)}{2.3.4.5}(fQ)^5 - \text{etc.}\right]:$$

séries qui vont à l'infini, parce qu'aucun coëfficient ne peut ici devenir nul.

Dans la première série, le signe supérieur a lieu pour les impairs de la forme $4n+1$, et l'inférieur pour les impairs de la forme $4n+3$.

Dans la seconde série, le signe supérieur a lieu pour les pairs de la forme $4n$, et l'inférieur pour les pairs de la forme $4n+2$.

Remarquons que le second membre de la formule (L) ne change pas lorsque m est négatif : car $f\left(\dfrac{-m\pi}{2}\right) = f\left(\dfrac{m\pi}{2}\right)$, et $-mf\left(\dfrac{(-m-1)\pi}{2}\right)$

$$= -mf\left(\frac{(m+1)\pi}{2}\right) = +mf\left(\frac{(1-m)\pi}{2}\right)$$

$$= mf\left(\frac{(m-1)\pi}{2}\right).$$ Donc si m est entier néga-

tif, le second membre des formules (N) et (P) ne doit pas changer.

Remarquons aussi que le second membre de la formule (M) ne change que de signe lorsque m est négatif : car $f'\left(\dfrac{-m\pi}{2}\right)=-f'\left(\dfrac{m\pi}{2}\right)$, et

$$-mf'\left(\dfrac{(-m-1)\pi}{2}\right)=+mf'\left(\dfrac{(m+1)\pi}{2}\right)$$

$$=mf'\left(\dfrac{(1-m)\pi}{2}\right)=-mf'\left(\dfrac{(m-1)\pi}{2}\right).$$

Donc si m est entier négatif, le second membre des formles (O) et (Q) ne doit changer que de signe.

74. Dans la vue d'obtenir de nouvelles expressions, prenons pour Q $\frac{1}{2}\pi$ — Q dans les deux formules (N) et (O).

A cause que m est impair positif dans la première (N), on aura, $f\left(\dfrac{m\pi}{2}-mQ\right)=\pm f'(mQ)$,

suivant que m est l'un des impairs 1, 5, 9, &c., ou 3, 7, 11, &c. D'ailleurs $f(\frac{1}{2}\pi-Q)=f'Q$. Donc..

1°. Si m est impair positif,

$$(R)\ldots f'(mQ)=mf'Q-\dfrac{m(m^2-1)}{2.3}(f'Q)^3$$

$$+\dfrac{m(m^2-1)(m^2-9)}{2.3.4.5}(f'Q)^5-\&c.,$$

série qui s'arrête au premier coëfficient nul.

De même, à cause que m est entier positif dans la seconde (O), on aura, $f\left(\dfrac{m\pi}{2} - mQ\right)$
$= \pm f(mQ)$, suivant que m est l'un des pairs o, 4, 8, &c., ou 2, 6, 10, &c. D'ailleurs $f(\frac{1}{2}\pi - Q) = f'Q$. Donc.....................

2°. Si m est pair positif,

$$(S)\ldots f(mQ) = 1 - \frac{m^2}{2}(f'Q)^2 + \frac{m^2(m^2-4)}{2.3.4}$$

$$(f'Q)^4 - \frac{m^2(m^2-4)(m^2-16)}{2.3.4.5.6}(f'Q)^6 + \&c.,$$

série qui s'arrête au premier coëfficient nul.

Et de-là les formules particulières suivantes :

1°. $f'(3Q) = 3f'Q - 4(f'Q)^3$
$f'(5Q) = 5f'Q - 20(f'Q)^3 + 16(f'Q)^5$
$f'(7Q) = 7f'Q - 56(f'Q)^3 + 112(f'Q)^5 - 64(f'Q)^7$
&c.

2°. $f(2Q) = 1 - 2(f'Q)^2$
$f(4Q) = 1 - 8(f'Q)^2 + 8(f'Q)^4$
$f(6Q) = 1 - 18(f'Q)^2 + 48(f'Q)^4 - 32(f'Q)^6$
&c.

75. Dans la même vue, prenons encore pour Q $\frac{1}{2}\pi - Q$ dans les deux formules (P) et (Q).

A cause que m est impair dans la première (P), on aura, $f'\left(\dfrac{m\pi}{2} - mQ\right) = \pm f(mQ)$, suivant que m est l'un des impairs, 1, 5, 9, &c., ou 3, 7, 11, &c. D'ailleurs $f(\frac{1}{2}\pi - Q) = f'Q$. Donc...

1°. Si m est impair positif,

$$(\text{T})\dots f(\,mQ\,)=1-\frac{m^2}{2}(f'Q)^2+\frac{m^2(m^2-4)}{2.3.4}$$

$$(f'Q)^4-\frac{m^2(m^2-4)(m^2-16)}{2.3.4.5.6}(f'Q)^6+\&c.,$$

série qui va à l'infini, parce qu'aucun coëfficient ne peut ici devenir nul.

De même, à cause que m est pair dans la seconde (Q), on aura, $f'\left(\frac{m\pi}{2}-mQ\right)=\mp f'(mQ)$, suivant que m est l'un des pairs 0, 4, 8, &c., ou 2, 6, 10, &c. D'ailleurs $f(\tfrac{1}{2}\pi-Q)=f'Q)$. Donc . . . .

2°. Si m est pair positif,

$$(\text{V})\dots f'(mQ)=mf'Q-\frac{m(m^2-1)}{2.3}(f'Q)^3$$

$$+\frac{m(m^2-1)(m^2-9)}{2.3.4.5}(f'Q)^5-\&c.,$$

série qui va à l'infini, parce qu'aucun coëfficient ne peut ici devenir nul.

76. Afin d'obtenir encore d'autres expressions pour $f(\,mQ\,)$ et $f'(\,mQ)$, nous allons former de nouveaux développemens pour $(fQ\pm\sqrt{-1}f'Q)^m$, ou ce qui revient au même $\left(p+\sqrt{p^2-1}\right)^m$.

Nous avons trouvé ci-devant $\left(p+\sqrt{p^2-1}\right)^m$

$$=A+Bp-\frac{m^2A}{2}p^2-\frac{(m^2-1)B}{2.3}p^3+.$$

$$\frac{m^2(m^2-4)A}{2.3.4}p^4 + \frac{(m^2-1)(m^2-9)B}{2.3.4.5}p^5 - \&c.$$

Supposons cette expression $=(1-p^2)^{\frac{1}{2}}\left(A'+B'p\right.$

$\left.+C'p^2+D'p^3+E'p^4+F'p^5+\&c.\right)=$

$\left(1-\tfrac{1}{2}p^2-\tfrac{1}{8}p^4-\&c.\right)\left(A'+B'p+C'p^2+\right.$

$\left.D'p^3+E'p^4+F'p^5+\&c.\right)$

$$=A'+B'p+\left.\begin{array}{l}C'\\-\tfrac{1}{2}A'\end{array}\right|p^2+\left.\begin{array}{l}D'\\-\tfrac{1}{2}B'\end{array}\right|p^3+\left.\begin{array}{l}E'\\-\tfrac{1}{2}C'\\-\tfrac{1}{8}A'\end{array}\right|p^4+\left.\begin{array}{l}F'\\-\tfrac{1}{2}D'\\-\tfrac{1}{8}B'\end{array}\right|p^5+\&c.,$$

égalant terme à terme ces deux développemens,

on aura, $A'=A$, $B'=B$, $C'=-\dfrac{(m^2-1)A}{2}$, $D'=-$

$\dfrac{(m^2-4)B}{2.5}$, $E'=\dfrac{(m^2-1)(m^2-9)A}{2.3.4}$, $F'=$

$\dfrac{(m^2-4)(m^2-16)B}{2.3.4.5}$, &c.; ou, $\Big($ parce que A

$=(\sqrt{-1})^m$, et $B=m(\sqrt{-1})^{m-1}\Big)$, $A'=(\sqrt{-1})^m$,

$B'=m(\sqrt{-1})^{m-1}$, $C'=-\dfrac{m^2-1}{2}(\sqrt{-1})^m$,

$D'=-\dfrac{m(m^2-4)}{2.5}(\sqrt{-1})^{m-1}$, $E'=$

$\dfrac{(m^2-1)(m^2-9)}{2.3.4}(\sqrt{-1})^m$, $F'=$

$\dfrac{m(m^2-4)(m^2-16)}{2.3.4.5}(\sqrt{-1})^{m-1}$, &c. Donc

$$\left(p+\sqrt{p^2-1}\right)^m = (1-p^2)^{\frac{1}{2}} \left((\sqrt{-1})^m + \right.$$

$$m(\sqrt{-1})^{m-1} p - \frac{m^2-1}{2}(\sqrt{-1})^m p^2 - \frac{m(m^2-4)}{2.3}$$

$$(\sqrt{-1})^{m-1} p^3 + \frac{(m^2-1)(m^2-9)}{2.3.4}(\sqrt{-1})^m p^4 +$$

$$\frac{m(m^2-4)(m^2-16)}{2.3.4.5}(\sqrt{-1})^{m-1} p^5 - \&c. \big);$$

quantité qu'on trouveroit être de la forme $A+B\sqrt{-1}$, si l'on mettoit pour $(\sqrt{-1})^m$ sa valeur $f\dfrac{m\pi}{2} + \sqrt{-1} f'\dfrac{m\pi}{2}$, et pour $(\sqrt{-1})^{m-1}$ sa valeur $f\dfrac{(m-1)\pi}{2} + \sqrt{-1} f'\dfrac{(m-1)\pi}{2}$:

(mais il vaut mieux ne pas faire encore cette substitution, qui compliqueroit la formule). Cette formule suppose donc p ou $fQ < 1$, et $\sqrt{1-p^2}$ ou $f'Q$ réel ; ce qui est l'état vrai de ces sortes de fonctions. On a donc $(fQ + \sqrt{-1} f'Q) = f'Q$

$$\left((\sqrt{-1})^m + m(\sqrt{-1})^{m-1} fQ - \frac{m^2-1}{2}(\sqrt{-1})^m \right.$$

$$(fQ)^2 - \frac{m(m^2-4)}{2.3}(\sqrt{-1})^{m-1}(fQ)^3 +$$

$$\frac{(m^2-1)(m^2-9)}{2.3.4}(\sqrt{-1})^m (fQ)^4 + \&c. \big).$$

Et comme $\left(p-\sqrt{p^2-1}\right)^m = \left(p+\sqrt{p^2-1}\right)^{-m}$, on aura immédiatement pour $(fQ - \sqrt{-1} f'Q)^m$ une formule tout-à-fait semblable à la précédente, excepté que chaque radical sera affecté du signe $-$.

77. On aura donc................................

$$(\mathrm{U})\dots f(mQ) = \tfrac{1}{2}f'Q\Bigg[(\sqrt{-1})^m + (-\sqrt{-1})^m$$

$$+ m\left((\sqrt{-1})^{m-1} + (-\sqrt{-1})^{m-1}\right)(fQ)$$

$$- \frac{m^2-1}{2}\left((\sqrt{-1})^m + (-\sqrt{-1})^m\right)(fQ)^2$$

$$- \frac{m(m^2-4)}{2.3}\left((\sqrt{-1})^{m-1} + (-\sqrt{-1})^{m-1}\right)(fQ)^3$$

$$+ \frac{(m^2-1)(m^2-9)}{2.3.4}\left((\sqrt{-1})^m + (-\sqrt{-1})^m\right)(fQ)^4$$

$$+ \&c.\Bigg], \text{ ou} \dots\dots\dots\dots\dots\dots\dots\dots$$

$$= f'Q\Bigg[f\left(\frac{m\pi}{2}\right) + mf\left(\frac{(m-1)\pi}{2}\right)fQ -$$

$$\frac{m^2-1}{2}f\left(\frac{m\pi}{2}\right)(fQ)^2 - \frac{m(m^2-4)}{2.3}$$

$$f\left(\frac{(m-1)\pi}{2}\right)(fQ)^3 + \frac{(m^2-1)(m^2-9)}{2.3.4}$$

$$f\left(\frac{m\pi}{2}\right)(fQ)^4 + \&c.\Bigg].$$

On aura aussi................................

$$(\mathrm{X})\dots f'(mQ) = \frac{1}{2\sqrt{-1}}f'Q\Bigg[(\sqrt{-1})^m - (-\sqrt{-1})^m$$

$$+ m\left((\sqrt{-1})^{m-1} - (-\sqrt{-1})^{m-1}\right)(fQ)$$

$$- \frac{m^2-1}{2}\left((\sqrt{-1})^m - (-\sqrt{-1})^m\right)(fQ)^2$$

$$- \frac{m(m^2-4)}{2.3}\left((\sqrt{-1})^{m-1} - (-\sqrt{-1})^{m-1}\right)(fQ)^3$$

$$+ \frac{(m^2-1)(m^2-9)}{2.3.4} \left((\sqrt{-1})^m - (-\sqrt{-1})^m \right) (fQ)^4$$

$$+ \&c. \Bigg], \text{ ou} \ldots\ldots\ldots\ldots\ldots\ldots\ldots\ldots\ldots$$

$$= f'Q \Bigg[f'\left(\frac{m\pi}{2}\right) + mf'\left(\frac{(m-1)\pi}{2}\right) fQ -$$

$$\frac{m^2-1}{2} f'\left(\frac{m\pi}{2}\right)(fQ)^2 - \frac{m(m^2-4)}{2.3}$$

$$f'\left(\frac{(m-1)\pi}{2}\right)(fQ)^3 + \frac{(m^2-1)(m^2-9)}{2.3.4}$$

$$f'\left(\frac{m\pi}{2}\right)(fQ)^4 + \&c. \Bigg].$$

78. Voyons ce que deviennent ces formules (U) et (X), si m est entier positif.

Relativement à la valeur de $f(mQ)$, on observera ; 1°. que si m est impair positif, $(\sqrt{-1})^m + (-\sqrt{-1})^m = 0$, et $(\sqrt{-1})^{m-1} + (-\sqrt{-1})^{m-1} = \pm 2$; le signe supérieur ayant lieu pour les impairs, 1, 5, 9, 13, &c., et l'inférieur pour les impairs, 3, 7, 11, 15, &c. 2°. Que si m est pair positif, $(\sqrt{-1})^m + (-\sqrt{-1})^m = \pm 2$, et $(\sqrt{-1})^{m-1} + (-\sqrt{-1})^{m-1} = 0$; le signe supérieur ayant lieu pour les pairs 0, 4, 8, 12, &c., et l'inférieur pour les pairs 2, 6, 10, 14, &c. On a donc$\ldots\ldots\ldots\ldots\ldots\ldots\ldots\ldots\ldots$

1°. Dans le cas de m impair positif,

$$(Y)\ldots f(mQ) = \pm f'Q \Bigg[mfQ - \frac{m(m^2-4)}{2.3}$$

$$(fQ)^3 + \frac{m(m^2-4)(m^2-16)}{2.3.4.5}(fQ)^5 - \&c. \Big];$$

2°. Dans le cas de m pair positif,

$$(Z)\ldots f(mQ) = \pm f'Q\Big[1 - \frac{m^2-1}{2}(fQ)^2$$

$$+ \frac{(m^2-1)(m^2-9)}{2.3.4}(fQ)^4 - \&c.\Big]:$$

séries qui vont à l'infini, parce qu'aucun coëffi-cient ne peut ici devenir nul.

Dans la première série, le signe supérieur a lieu pour les impairs de la forme $4n+1$, et l'inférieur pour les impairs de la forme $4n+3$.

Dans la seconde série, le signe supérieur a lieu pour les pairs de la forme $4n$, et l'inférieur pour les pairs de la forme $4n+2$.

Relativement à la valeur de $f'(mQ)$, on obser-vera; 1°. que si m est impair positif, $(\sqrt{-1})^m - (-\sqrt{-1})^m = \pm 2\sqrt{-1}$, et $(\sqrt{-1})^{m-1} - (-\sqrt{-1})^{m-1} = 0$; le signe supérieur ayant lieu pour les impairs $1, 5, 9, 13, \&c.$, et l'infé-rieur pour les impairs $3, 7, 11, 15, \&c.$ 2°. Que si m est pair positif, $(\sqrt{-1})^m - (-\sqrt{-1})^m = 0$, et $(\sqrt{-1})^{m-1} - (-\sqrt{-1})^{m-1} = \mp 2\sqrt{-1}$; le signe supérieur ayant lieu pour les pairs $0, 4, 8, 12, \&c.$, et l'inférieur pour les pairs $2, 6, 10, 14, \&c.$ On a donc $\ldots\ldots\ldots\ldots\ldots\ldots\ldots\ldots\ldots$

1°. Dans le cas de m impair positif,

$$(AA)\ldots f'(mQ) = \pm f'Q\Big[1 - \frac{m^2-1}{2}(fQ)^2$$

$$+ \frac{(m^2-1)(m^2-9)}{2.3.4}(fQ)^4 - \&\text{c.}\Big];$$

$2°$. Dans le cas de m pair positif,

$$(BB)\ldots f'(mQ) = \mp f'Q\Big[mfQ - \frac{m(m^2-4)}{2.3}$$

$$(fQ)^3 + \frac{m(m^2-4)(m^2-16)}{2.3.4.5}(fQ)^5 - \&\text{c.}\Big]:$$

séries qui s'arrêtent lorsqu'on trouve un coëfficient nul.

Dans la première série, le signe supérieur a lieu pour les impairs de la forme $4n+1$, et l'inférieur pour les impairs de la forme $4n+3$.

Dans la seconde série, le signe supérieur a lieu pour les pairs de la forme $4n$, et l'inférieur pour les pairs de la forme $4n+2$.

De-là les formules particulières suivantes :

$1°. f(3Q) = -\left(f'Q - 4(f'Q)(fQ)^2\right)$

$f(5Q) = \quad f'Q - 12(f'Q)(fQ)^2 + 16(f'Q)(fQ)^4$

$f'(7Q) = -\left(f'Q - 24(f'Q)(fQ)^2 + 80(f'Q)(fQ)^4\right.$

$\left.\quad - 64(f'Q)(fQ)^6\right)$

&c.

$2°. f'(2Q) = \quad 2(f'Q)(fQ)$

$f'(4Q) = -\left(-4(f'Q)(fQ) - 8(f'Q)(fQ)^3\right)$

$f'(6Q) = \quad 6(f'Q)(fQ) - 32(f'Q)(fQ)^3$

$\quad + 32(f'Q)(fQ)^5.$

&c.

Remarquons que le second membre de la formule (U) ne change pas, lorsque m est négatif. Donc si m est entier négatif, le second membre des formules (Y) et (Z) ne doit pas changer.

Remarquons aussi que le second membre de la formule (X) ne change que de signe lorsque m est négatif. Donc si m est entier négatif, le second membre des formules (AA) et (BB) ne doit changer que de signe.

79. Dans la vue d'obtenir de nouvelles expressions, prenons pour Q $\frac{1}{2}\pi$ — Q dans les deux formules (Y) et (Z). Il en résultera..........

1°. Si m est impair positif,

$$(CC)\dots f'(mQ)=fQ\left[\,mf'Q-\frac{m\,(m^2-4)}{2.3}(f'Q)^3+\frac{m(m^2-4)(m^2-16)}{2.3.4.5}(f'Q)^5-\&c.\,\right],$$

série qui va à l'infini, parce qu'aucun coëfficient ne peut ici devenir nul.

2°. Si m est pair positif,

$$(DD)\dots f(mQ)=fQ\left[\,1-\frac{m^2-1}{2}(f'Q)^2+\frac{(m^2-1)(m^2-9)}{2.3.4}(fQ)^4-\&c.\,\right],$$

série qui va à l'infini, parce qu'aucun coefficient ne peut ici devenir nul.

80. Dans la même vue, prenons encore pour Q

$\frac{1}{2}\pi - Q$ dans les deux formules (AA) et (BB). Il en résultera...............................

1°. Si m est impair positif,

$$(EE)\ldots f(mQ) = fQ\left[1 - \frac{m^2-1}{2}(f'Q)^2 + \frac{(m^2-1)(m^2-9)}{2.3.4}(f'Q)^4 - \&c.\right],$$

série qui s'arrête au premier coëfficient nul.

2°. Si m est pair positif,

$$(FF)\ldots f'(mQ) = fQ\left[m f'Q - \frac{m(m^2-4)}{2.3}(f'Q)^3 + \frac{m(m^2-4)(m^2-16)}{2.3.4.5}(f'Q)^5 - \&c.\right],$$

série qui s'arrête au premier coëfficient nul.

Et de-là les formules particulières suivantes :

$$f(3Q) = fQ - 4(fQ)(f'Q)^2$$
$$f(5Q) = fQ - 12(fQ)(f'Q)^2 + 16(fQ)(f'Q)^4$$
$$f(7Q) = fQ - 24(fQ)(f'Q)^2 + 80(fQ)(f'Q)^4 - 64(fQ)(f'Q)^6$$
$$\&c.$$
$$f'(2Q) = 2(fQ)(f'Q)$$
$$f'(4Q) = 4(fQ)(f'Q) - 8(fQ)(f'Q)^3$$
$$f'(6Q) = 6(fQ)(f'Q) - 32(fQ)(f'Q)^3 + 32(fQ)(f'Q)^5$$
$$\&c.$$

81. Telles sont les différentes expressions de $f(mQ)$ et $f'(mQ)$, au moyen de fQ et $f'Q$. Mais il ne faut pas perdre de vue, que les unes sont terminées, et que d'autres vont à l'infini ; que, parmi celles qui sont terminées, les unes finissent au premier terme dont le coëfficient seroit o, d'autres, au

premier terme dont l'exposant seroit négatif; que les unes ont lieu quel que soit m, d'autres, seulement si m est entier, ou seulement si m est pair, ou seulement si m est impair; que plusieurs de ces séries, qui présentent la même forme, sont cependant très-différentes, m n'ayant pas dans chacune la même détermination, désignant, par exemple, un nombre pair dans l'une, et un impair dans l'autre; en sorte qu'alors l'une doit être finie, et l'autre infinie en termes. Plusieurs de ces formules étoient connues; mais, ou l'on avoit négligé de les démontrer, ou l'on ne l'avoit pas fait par l'algèbre ordinaire; et j'ai tâché d'y suppléer (*).

On voit ce que deviendroient ces différentes formules en faisant $mQ = Q'$, et partant $Q = \dfrac{Q'}{m}$. On retrouveroit par-là, dans ces formules, celles qui

____

(*) Je me fais un devoir et un plaisir de reconnoître ici que quelques-uns des moyens que j'ai employés pour y parvenir, m'ont été indiqués par M. Navarre, très-bon géomètre. Je lui dois le développement de l'art. 65, et celui de l'art. 68. Mais il n'avoit pas observé que ce premier développement étant réel, supposoit $fQ > 1$, et Q imaginaire; qu'ainsi Q se trouvoit imaginaire dans la valeur de $f(mQ)$ déduite de ce développement; et qu'on ne pouvoit pas légitimement appliquer cette valeur au cas de Q réel, à moins que de faire voir qu'elle pouvoit en effet s'y appliquer. Autrement il y avoit défaut de rigueur dans le procédé, et défaut de justesse dans la métaphysique.

nous ont conduits à la résolution des équations du troisième degré dans le cas irréductible.

On fait principalement usage de celles de ces formules qui supposent m entier, et qui, de plus, n'ont qu'un nombre fini de termes, et n'ont pas le facteur commun $f'Q$ ou fQ, au second membre, ni le facteur $\pm$ ou $\mp$ suivant que m est impair ou pair de telle ou telle sorte.

Ainsi, supposant m entier, les formules finies les plus simples pour $f(mQ)$ sont, (H) quel que soit l'entier m, et (S) si m est pair : et les formules finies les plus simples pour $f'(mQ)$ sont, (1) quel que soit l'entier m, et (R) si m est impair ; mais, dans le cas de m impair, $f(mQ)$ ne peut s'exprimer par une formule finie plus simple que (N), où se trouve le facteur commun $\pm$, ou que (EE), où se trouve le facteur commun fQ (*) : et, dans le cas de m pair, $f'(mQ)$ ne peut s'exprimer par une formule finie plus simple que (BB), où se trouve le facteur commun $\mp$, ou que (FF), où se trouve le facteur commun fQ (**).

82. A l'occasion des développemens précédens de $\left(p \pm \sqrt{p^2-1}\right)^m$, nous ferons quelques réflexions qui peuvent être utiles.

(*) A moins qu'on ne se serve de la formule (H), qui a lieu pour un entier quelconque.

(**) A moins qu'on ne se serve de la formule (I), qui a lieu pour un entier quelconque.

Ces développemens sont de deux sortes ; les uns suivant les puissances descendantes de p, et les autres suivant leurs puissances ascendantes. Les premiers ne sont vrais, que si p est > 1, et seroient fautifs si p étoit < 1, puisqu'il en résulteroit alors l'égalité absurde du réel à l'imaginaire. Les seconds ne sont vrais, au contraire, que si p est < 1, et seroient fautifs si p étoit > 1, puisqu'il en résulteroit encore alors l'égalité absurde de l'imaginaire au réel. Mais comment donc arrive-t-il que le calcul nous conduise ainsi à des résultats qui peuvent être fautifs ? Il y a nécessairement une raison pour cela ; et la métaphysique du calcul doit nous la faire trouver.

Soit d'abord $\left(p + \sqrt{p^2 - 1}\right)^m = Ap^m + Bp^{m-1} + Cp^{m-2} + \&c.$, série qui doit être infinie, puisque $\sqrt{p^2 - 1}$ est irrationnelle. Or un terme quelconque de cette série sera de la forme $K p^{m-n}$, et deviendra $K p^{-\varphi}$ ou $\dfrac{K}{p^{\varphi}}$, lorsque n sera $> m$, ce qui arrivera nécessairement à un certain terme. Donc 1°. si $p = 0$, ce terme et tous les suivans seront infinis, et l'on aura $\left(\sqrt{-1}\right)^m = \infty$, équation absurde ; ce qui nous fait voir que le développement posé ne peut avoir lieu dans la supposition $p = 0$. 2°. Au contraire, si $p = \infty$, ce terme et tous les suivans seront 0 : la série se réduira au seul premier terme $A p^m$, et l'on aura $\left(2p\right)^m = Ap^m$, ou $2^m = A$, équation qui n'offre point d'absurdité; ce qui nous fait voir que le développement posé a lieu dans la supposition $p = \infty$; 3°. si $p = 1$, on aura $1^m = A + B + C + $ &c. équation absurde; parce que $\left(p + \sqrt{p^2 - 1}\right)^m$ se réduisant alors à p^m ou 1^m, son développement doit se réduire à A, ce qui donneroit $A = 1$, et $B = 0$, $C = 0$, $D = 0$, &c.; d'où il résulteroit pour m des valeurs contradictoires.

Le développement posé ne pouvant avoir lieu si $p = 0$, ni si $p = 1$, ne pourra donc avoir lieu si p est entre 0 et 1, c'est-à-dire < 1. Et ce même développement ne pouvant avoir lieu si $p = 1$, mais ayant lieu si $p = \infty$, pourra donc avoir lieu si p est entre 1 et ∞, c'est-à-dire > 1.

Lors donc que le calcul conduit ici à une égalité absurde, c'est parce qu'on attribue au développement présupposé une signification trop étendue; et qu'on y fait une supposition que sa nature ne comporte pas, dans le cas présent.

Soit maintenant $\left(p + \sqrt{p^2 - 1}\right)^m = A + Bp + Cp^2 + $ &c. série qui doit être infinie, puisque $\sqrt{p^2 - 1}$ est irrationnelle. Donc 1°. si $p = 0$, on aura $\left(\sqrt{-1}\right)^m = A$, équation qui n'offre point d'absurdité; ce qui fait voir que le développement posé a lieu dans la supposition $p = 0$. 2°. Au contraire, si $p = \infty$, on aura $\left(2p\right)^m = kp^{\infty}$, ou $p^{\infty - m} = \dfrac{2^m}{K}$, c'est-à-dire $\infty = a$, équation absurde ; ce qui nous fait voir que le développement posé ne peut avoir lieu dans la supposition $p = \infty$.

3°. Si $p = 1$, on aura $1^m = A + B + C + \&c.$, équation absurde ; parce que $\left(p + \sqrt{p^2 - 1}\right)^m$ se réduisant alors à p^m ou 1^m, son développement doit se réduire à A, ce qui rendroit nuls les coëfficiens B, C, &c; d'où il résulteroit pour m des valeurs contradictoires.

Le développement posé ne pouvant avoir lieu si $p = 1$, ni si $p = \infty$, ne pourra donc avoir lieu si p est entre 1 et ∞, c'est-à-dire > 1. Et ce même développement ne pouvant avoir lieu si $p = 1$, mais ayant lieu si $p = 0$, pourra donc avoir lieu si p est entre 1 et 0, c'est-à-dire < 1.

Lors donc que le calcul conduit ici à une égalité absurde, c'est parce qu'on attribue au développement présupposé une signification trop étendue, et qu'on y fait une supposition que sa nature ne comporte pas, dans le cas présent.

83. Faisons $m\, Q = \pi$, dans les formules (N) et (O); elles deviendront :

$$0 = 1 - \frac{(m^2 - 1)}{2.3}\left(f'\frac{\pi}{m}\right)^2 + \frac{(m^2 - 1)(m^2 - 9)}{2.3.4.5}\left(f\frac{\pi}{m}\right)^4$$
$$- \frac{(m^2 - 1)(m^2 - 9)(m^2 - 25)}{2.3.4.5.6.7}\left(f'\frac{\pi}{m}\right)^6 + \&c.,$$

$$0 = 2 - \frac{m^2}{2.}\left(f'\frac{\pi}{m}\right)^2 + \frac{m^2(m^2 - 4)}{2.3.4}\left(f'\frac{\pi}{m}\right)^4$$
$$- \frac{m^2(m^2 - 4)(m^2 - 16)}{2.3.4.5.6}\left(f'\frac{\pi}{m}\right)^6 - \&c.;$$

dont l'une a lieu si m est impair, et l'autre si m est pair, ainsi qu'on l'a vu.

Si $m = 2$, on aura donc, $0 = 1 - \left(f' \frac{\pi}{2} \right)^2$; d'où $f' \frac{\pi}{2} = 1$, comme on le sait déjà.

Si $m = 3$, on aura, $0 = 3 - 4 \left(f' \frac{\pi}{3} \right)^2$; d'où $f' \frac{\pi}{3} = \frac{\sqrt{3}}{2}$.

Si $m = 4$, on aura, $0 = 1 - 2 \left(f' \frac{\pi}{4} \right)^2$; d'où $f' \frac{\pi}{4} = \sqrt{\frac{1}{2}}$.

Si $m = 5$, on aura, $0 = 5 - 20 \left(f' \frac{\pi}{5} \right)^2 + 16 \left(f' \frac{\pi}{5} \right)^4$; d'où $\left(f' \frac{\pi}{5} \right)^2 = \frac{5 \pm \sqrt{5}}{8}$, et $f' \frac{\pi}{5} = \frac{1}{2} \sqrt{\frac{5 \pm \sqrt{5}}{2}}$, ou plutôt $= \frac{1}{2} \sqrt{\frac{5 - \sqrt{5}}{2}}$, en se bornant au signe $-$, parce qu'en prenant le signe $+$, on auroit pour $f' \frac{\pi}{5}$ une quantité plus grande que $\frac{1}{2}$, ce qui ne peut être.

Rappelons-nous maintenant que $f' \left(\frac{1}{2} c \right) = \sqrt{\frac{1 - fc}{2}}$; où (parce que $(fc)^2 + (f'c)^2 = 1$,) $f' \left(\frac{1}{2} c \right) = \sqrt{\frac{1 - \sqrt{1 - (f'c)^2}}{2}}$. Nous trouverons donc, en partant des formules que nous venons de donner ;..............................

$$1^\circ. \quad f'\frac{\pi}{4} = \sqrt{\tfrac{1}{2}} \ldots f'\frac{\pi}{8} = \tfrac{1}{2}\sqrt{2-\sqrt{2}} \ldots$$

$$f'\frac{\pi}{16} = \tfrac{1}{2}\sqrt{2-\sqrt{2+\sqrt{2}}} \ldots\ldots f'\frac{\pi}{32} =$$

$$\tfrac{1}{2}\sqrt{2-\sqrt{2+\sqrt{2+\sqrt{2}}}} \ldots\ldots \&c.$$

$$2^\circ. \quad f'\frac{\pi}{6} = \tfrac{1}{2} \ldots f'\frac{\pi}{12} = \tfrac{1}{2}\sqrt{2-\sqrt{3}} \ldots$$

$$f'\frac{\pi}{24} = \tfrac{1}{2}\sqrt{2-\sqrt{2+\sqrt{3}}} \ldots\ldots f'\frac{\pi}{48} =$$

$$\tfrac{1}{2}\sqrt{2-\sqrt{2+\sqrt{2+\sqrt{3}}}} \ldots \&c.$$

$$3^\circ. \quad f'\frac{\pi}{10} = \tfrac{1}{2}\sqrt{2-\frac{\sqrt{3}+\sqrt{5}}{2}} =$$

$$\tfrac{1}{2}\sqrt{2-\tfrac{1}{2}(1+\sqrt{5})} = \tfrac{1}{2}\left(\pm\tfrac{1}{2}(1-\sqrt{5})\right)$$

$= \tfrac{1}{4}(-1+\sqrt{5})$, en se bornant au signe —, parce qu'en prenant le signe +, on auroit un résultat négatif, ce qui ne peut être ici........

$$f'\frac{\pi}{20} = \tfrac{1}{2}\sqrt{2-\tfrac{1}{2}\sqrt{10-2\sqrt{5}}} \ldots f'\frac{\pi}{40} =$$

$$\tfrac{1}{2}\sqrt{2-\sqrt{2-\tfrac{1}{2}\sqrt{10-2\sqrt{5}}}} \ldots \&c.$$

On peut encore trouver l'expression analytique de $f'\frac{\pi}{15}$. Car $\tfrac{1}{3} - \tfrac{1}{5} = \tfrac{2}{15}$: donc $\tfrac{1}{15} = \tfrac{1}{6} - \tfrac{1}{10}$. Par conséquent, on a, $f'\dfrac{\pi}{15} = f'\left(\dfrac{\pi}{6} - \dfrac{\pi}{10}\right) =$

$$\left(f'\frac{\pi}{6}\right)\left(f\frac{\pi}{10}\right) + \left(f'\frac{\pi}{10}\right)\left(f\frac{\pi}{6}\right) =$$

$$\left(f'\frac{\pi}{6}\right)\sqrt{1-\left(f'\frac{\pi}{10}\right)^2} + \left(f\frac{\pi}{10}\right)\sqrt{1-\left(f'\frac{\pi}{6}\right)^2}$$

$$= \tfrac{1}{2}\sqrt{1-\tfrac{1}{8}(3-\sqrt5)} + \tfrac{1}{4}(-1+\sqrt5)$$

$$\tfrac{1}{2}\sqrt3 = \tfrac{1}{4}\left(\sqrt{\frac{5+\sqrt5}{2}} + \tfrac{1}{2}\sqrt3(-1+\sqrt5)\right)$$

$$= \tfrac{1}{8}\left(-\sqrt3 + \sqrt{15} + \sqrt{10+2\sqrt5}\right).$$

Et à cause de $f'(\tfrac{1}{2}c) = \sqrt{\dfrac{1-\sqrt{1-(f'c)^2}}{2}}$,

nous trouverons..............................

$$\frac{\pi}{30} = \tfrac{1}{4}\sqrt{2-\tfrac{1}{2}\sqrt{\tfrac{1}{2}\left(18+\sqrt5-\sqrt{45}+(\sqrt{15}-\sqrt3)\sqrt{10+2\sqrt5}\right)}}\ldots$$

Et nous déterminerons de même $f'\dfrac{\pi}{60}, f'\dfrac{\pi}{120}$, &c.

Puisque $f'a = \sqrt{1-(fa)^2}$, on aura d'abord,

$$f\frac{\pi}{2} = 0,\ f\frac{\pi}{3} = \tfrac{1}{2},\ f\frac{\pi}{5} = \tfrac{1}{2}\sqrt{\frac{3+\sqrt5}{2}} =$$

$\tfrac{1}{4}(1+\sqrt5)$, etc.; et ensuite ....

$$1°\ldots f\frac{\pi}{4} = \sqrt{\tfrac{1}{2}}\ldots f\frac{\pi}{8} = \tfrac{1}{2}\sqrt{2+\sqrt2}\ldots$$

$$f\frac{\pi}{16} = \tfrac{1}{2}\sqrt{2+\sqrt{2+\sqrt2}}\ldots f\frac{\pi}{32} =$$

$$\tfrac{1}{2}\sqrt{2+\sqrt{2+\sqrt{2+\sqrt2}}}\ldots \&c.$$

$$2^{\circ}.\ldots f\frac{\pi}{6} = \frac{\sqrt{3}}{2} \ldots f\frac{\pi}{12} = \frac{1}{2}\sqrt{2+\sqrt{3}}\ldots$$

$$f\frac{\pi}{24} = \frac{1}{2}\sqrt{2+\sqrt{2+\sqrt{3}}} \ldots f\frac{\pi}{48} =$$

$$\frac{1}{2}\sqrt{2+\sqrt{2+\sqrt{2+\sqrt{2}}}}\ldots \&c.$$

$$3^{\circ}.\ldots f\frac{\pi}{10} = \frac{1}{2}\sqrt{\frac{5+\sqrt{5}}{2}} \ldots f\frac{\pi}{20} =$$

$$\frac{1}{2}\sqrt{2+\frac{1}{2}\sqrt{10-2\sqrt{5}}}\ldots \&c.$$

$$4^{\circ}.\ldots \&c.$$

Et puisque $f'''a = \dfrac{f'a}{fa} = \dfrac{f'a}{\sqrt{1-(fa)^2}}$, on

aura encore $f'''\dfrac{\pi}{2} = \dfrac{1}{0} = \infty$, $f'''\dfrac{\pi}{3} = \sqrt{3}$, $f'''\dfrac{\pi}{5} =$

$$\frac{\sqrt{5-\sqrt{5}}.\sqrt{2}}{1+\sqrt{5}}, \&c.\ ;\ \text{ensuite,}$$

$$1^{\circ}.\, f'''\frac{\pi}{4} = 1 \ldots f'''\frac{\pi}{8} = \frac{\sqrt{2-\sqrt{2}}}{\sqrt{2+\sqrt{2}}} \ldots$$

$$f'''\frac{\pi}{16} = \frac{\sqrt{2-\sqrt{2+\sqrt{2}}}}{\sqrt{2+\sqrt{2+\sqrt{2}}}} \ldots \&c.$$

$$2^{\circ}.\, f'''\frac{\pi}{6} = \frac{1}{\sqrt{3}} \ldots f'''\frac{\pi}{12} = \frac{\sqrt{2-\sqrt{3}}}{\sqrt{2+\sqrt{3}}} \ldots$$

$$f'''\frac{\pi}{24} = \frac{\sqrt{2-\sqrt{2+\sqrt{3}}}}{\sqrt{2+\sqrt{2+\sqrt{3}}}} \ldots \&c.$$

$$3^\circ.\ f''' \frac{\pi}{10} = \frac{-1+\sqrt{5}}{\sqrt{5+\sqrt{5}}.\sqrt{2}} \ldots\ldots f''' \frac{\pi}{20} =$$

$$\frac{\sqrt{2-\tfrac{1}{2}\sqrt{10-2\sqrt{5}}}}{\sqrt{2+\tfrac{1}{2}\sqrt{10-2\sqrt{5}}}}\ldots\ldots \&c.$$

$$4^\circ\ldots\ldots\&c.$$

On voit qu'on obtient ici f' avant f.

84. Nous avons vu précédemment que $x^2 -$ $2\left(f\dfrac{2k\pi}{m}\right) x + 1 = 0$ étoit le facteur général de $x^m - 1 = 0$; et $x^2 - 2\left(f\dfrac{(2k+1)\pi}{m}\right)x+1=0$, celui de $x^m + 1 = 0$. Mais connoissant $f\dfrac{\pi}{m}$, on connoît $f\dfrac{2k\pi}{m}$, et $f\dfrac{(2k+1)\pi}{m}$, quel que soit k. Donc si m est tel que l'on puisse avoir l'expression analytique de $f\dfrac{\pi}{m}$, sous une forme exacte et fi- nie, on aura aussi la résolution exacte de l'équa- tion $x^m \mp 1 = 0$. Et autrement, on ne l'aura qu'approchée.

Ainsi, par exemple, l'équation $x^5 - 1 = 0$ peut être résolue algébriquement. Car ses facteurs sont; $x - 1 = 0, x^2 - 2\left(f\dfrac{2\pi}{5}\right)x+1 = 0, x^2 -$ $2\left(f\dfrac{4\pi}{5}\right) x + 1 = 0.$ Or $f\dfrac{\pi}{5} = \tfrac{1}{4}(1 + \sqrt{5})$:

donc $f\dfrac{2\pi}{5} = 2\left(f\dfrac{\pi}{5}\right)^2 - 1 = \dfrac{-1+\sqrt{5}}{4}$; et

$f\dfrac{4\pi}{5} = 2\left(f\dfrac{2\pi}{5}\right)^2 - 1 = \dfrac{-1-\sqrt{5}}{4}$: ce qui

change les facteurs en $x-1=0$, $x^2 - \left(\dfrac{-1+\sqrt{5}}{2}\right)x$

$+1=0$, $x^2 - \left(\dfrac{-1-\sqrt{5}}{2}\right)x+1=0$; d'où l'on

tire, $x=1$, $x=\frac{1}{4}\left(-1+\sqrt{5}\pm\sqrt{10-2\sqrt{5}}.\sqrt{-1}\right)$,

$x=\frac{1}{4}\left(-1-\sqrt{5}\pm\sqrt{10+2\sqrt{5}}.\sqrt{-1}\right)$.

Il en est de même pour l'équation $x^5+1=0$.

On trouveroit par la même méthode la résolution exacte des équations , $x^3-1=0$, $x^3+1=0$; $x^4-1=0$, $x^4+1=0$; $x^6-1=0$, $x^6+1=0$; &c. Mais on ne trouveroit que par approximation la résolution des équations, $x^7-1=0$, $x^7+1=0$; $x^{11}-1=0$, $x^{11}+1=0$; &c.

Il est bon de remarquer que l'équation $x^9\mp1=0$, se résoud en faisant $x^3=z$ et $z^3\mp1=0$: décomposition qui aura lieu d'une manière semblable pour l'équation générale $x^m\mp1=0$, lorsque m sera le produit de deux ou un plus grand nombre de nombres premiers: en sorte qu'il suffit de considérer cette équation $x^m\mp1=0$ dans le cas où m est un nombre premier. Quant à l'équation $x^7\mp1=0$, sa résolution dépend d'une équation du troisième degré dans le cas irréductible. Et quant à l'équation $x'' \mp 1 = 0$, sa résolution dépend d'une équation du cinquième degré. M. Vandermonde en est pourtant venu à bout, par une méthode particulière et fort ingénieuse. *Voyez* son Mémoire sur les équations, dans ceux de l'Académie des Sciences, pour 1771.

83. Nous allons chercher l'expression d'une puissance entière quelconque de fz et de $f'z$, au moyen des formules $fz = \dfrac{e^{z\sqrt{-1}} + e^{-z\sqrt{-1}}}{2}$, et $f'z = \dfrac{e^{z\sqrt{-1}} - e^{-z\sqrt{-1}}}{2\sqrt{-1}}$. Mais l'inspection de ces formules fait connoître que l'on doit distinguer deux cas, celui où l'exposant de la puissance est pair, et celui où il est impair. Dans le premier cas, nous la représenterons par $2\,m$, et dans le second par $2\,m + 1$, m pouvant lui-même être pair ou impair, ce qui apporte encore quelque différence de signes (ainsi qu'on va le voir) dans quelques-unes des équations suivantes.

$$1^{\circ}. \ (fz)^{2m} = \left(\frac{e^{z\sqrt{-1}} + e^{-z\sqrt{-1}}}{2} \right)^{2m} =$$

$$\frac{1}{2^{2m}} \left(e^{2mz\sqrt{-1}} + 2m e^{(2m-2)z\sqrt{-1}} + \frac{2m(2m-1)}{2} e^{(2m-4)z\sqrt{-1}} \right.$$

$$+ \frac{2m(2m-1)(2m-2)}{2.3} e^{(2m-6)z\sqrt{-1}}$$

$$\ldots + \frac{2m(2m-1)(2m-2)\ldots\ldots(m+1)}{2.3\ldots\ldots m} \ldots\ldots$$

$$+ \frac{2m(2m-1)(2m-2)}{2.3} e^{-(2m-6)z\sqrt{-1}}$$

$$+ \frac{2m(2m-1)}{2} e^{-(2m-4)z\sqrt{-1}} + 2m\, e^{-(2m-2)z\sqrt{-1}} + e^{-2mz\sqrt{-1}}$$

$$= \frac{1}{2^{2m-1}} \Big(f(2mz) + 2m f\big((2m-2)z\big)$$

$$+ \frac{2m(2m-1)}{2} f\big((2m-4)z\big)$$

$$+ \frac{2m(2m-1)(2m-2)}{2.3} f\big((2m-6)z\big) \ldots \ldots$$

$$+ \tfrac{1}{2} \Big(\frac{2m(2m-1)(2m-2)\ldots(m+1)}{2.3\ldots.m} \Big) \Big) \ldots (GG).$$

$$2^{\circ}.\ (fz)^{2m+1} = \Big(\frac{e^{z\sqrt{-1}} + e^{-z\sqrt{-1}}}{2} \Big)^{2m+1} =$$

$$\frac{1}{2^{2m+1}} \Big(e^{(2m+1)z\sqrt{-1}} + (2m+1) e^{(2m-1)z\sqrt{-1}}$$

$$+ \frac{(2m+1)(2m)}{2} e^{(2m-3)z\sqrt{-1}}$$

$$+ \frac{(2m+1)(2m)(2m-1)}{2.3} e^{(2m-5)z\sqrt{-1}}$$

$$\ldots + \frac{(2m+1)(2m)(2m-1)\ldots(m+2)}{2.3\ldots m} e^{z\sqrt{-1}}$$

$$+ \frac{(2m+1)(2m)(2m-1)\ldots(m+2)}{2.3\ldots m} e^{-z\sqrt{-1}} \ldots$$

$$+ \frac{(2m+1)(2m)(2m-1)}{2.3} e^{-(2m-5)z\sqrt{-1}}$$

$$+ \frac{(2m+1)(2m)}{2} e^{-(2m-3)z\sqrt{-1}}$$

$$+ (2m+1) e^{-(2m-1)z\sqrt{-1}} + e^{-(2m+1)z\sqrt{-1}} \Big)$$

$$= \frac{1}{2^{2m}}\Big(f\big((2m+1)z\big) + (2m+1)f\big((2m-1)z\big)$$

$$+ \frac{(2m+1)(2m)}{2}f\big((2m-3)z\big)$$

$$+ \frac{(2m+1)(2m)(2m-1)}{2.3}f\big((2m-5)z\big)\dots$$

$$+ \frac{(2m+1)(2m)(2m-1)\dots(m+2)}{2.3\dots m}fz\Big)\dots\text{(HH)}$$

$$3°.\ (f'z)^{2m} = \left(\frac{e^{z\sqrt{-1}}-e^{-z\sqrt{-1}}}{2\sqrt{-1}}\right)^{2m} =$$

$$\frac{1}{2^{2m}}\Big(e^{2mz\sqrt{-1}}-2me^{(2m-2)z\sqrt{-1}}+\frac{2m(2m-1)}{2}e^{(2m-4)z\sqrt{-1}}$$

$$-\frac{2m(2m-1)(2m-2)}{2.3}e^{(2m-6)z\sqrt{-1}}$$

$$\dots\pm\frac{2m(2m-1)(2m-2)\dots(m+1)}{2.3\dots m}\dots$$

$$-\frac{2m(2m-1)(2m-2)}{2.3}e^{-(2m-6)z\sqrt{-1}}$$

$$\frac{2m(2m-1)}{2}e^{-(2m-4)z\sqrt{-1}}-2me^{-(2m-2)z\sqrt{-1}}+e^{-2mz\sqrt{-1}}\Big)$$

$$=\pm\frac{1}{2^{2m-1}}\Big(f(2mz)-2mf\big((2m-2)z\big)$$

$$+\frac{2m(2m-1)}{2}f\big((2m-4)z\big)$$

$$-\frac{2m(2m-1)(2m-2)}{2.3}f\big((2m-6z)\big)\dots$$

$$\pm\frac{1}{2}\left(\frac{2m(2m-1)(2m-2)\dots(m+1)}{2.3\dots m}\right)\Big),$$

le signe supérieur ayant lieu si m est pair, et l'inférieur s'il est impair . . . . (11).

$$4°. \; (f'z)^{2m+1} = \left(\frac{e^{z\sqrt{-1}} - e^{-z\sqrt{-1}}}{2\sqrt{-1}} \right)^{2m+1} =$$

$$\frac{\mp 1}{2^{m+1}.\sqrt{-1}} \left(e^{(2m+1)z\sqrt{-1}} - (2m+1)e^{(2m-1)z\sqrt{-1}} \right.$$

$$+ \frac{(2m+1)(2m)}{2} e^{(2m-3)z\sqrt{-1}}$$

$$- \frac{(2m+1)(2m)(2m-1)}{2.3} e^{(2m-5)z\sqrt{-1}}$$

$$\ldots \pm \frac{(2m+1)(2m)(2m-1)\ldots(m+2)}{2.3\ldots m} e^{z\sqrt{-1}}$$

$$\mp \frac{(2m+1)(2m)(2m-1)\ldots(m+2)}{2.3\ldots m} e^{-z\sqrt{-1}}$$

$$+ \frac{(2m+1)(2m)(2m-1)}{2.3} e^{-(2m-5)z\sqrt{-1}}$$

$$- \frac{(2m+1)(2m)}{2} e^{-(2m-3)z\sqrt{-1}}$$

$$+ (2m+1)e^{-(2m-1)z\sqrt{-1}} - e^{-(2m+1)z\sqrt{-1}} \left. \right)$$

$$= \pm \frac{1}{2^{2m}} \left(f'\big((2m+1)z\big) - (2m+1)f'\big((2m-1)z\big) \right.$$

$$+ \frac{(2m+1)(2m)}{2} f'\big((2m-3)z\big)$$

$$- \frac{(2m+1)(2m)(2m-1)}{2.3} f'\big((2m-5)z\big)\ldots$$

$$\pm \frac{(2m+1)(2m)(2m-1)\ldots(m+2)}{2.3\ldots\ldots m} f'z \left. \right),$$

le signe supérieur ayant lieu, si m est pair; et l'inférieur, s'il est impair . . . . (KK).

De ces quatre formules générales, on déduit les formules particulières qui suivent. . . . .

$$1^{\circ}\dots\ (fz)^2 = \tfrac{1}{2}\qquad + \tfrac{1}{2}f(2z)$$
$$(fz)^3 = \tfrac{3}{4}\,fz + \tfrac{1}{4}f(3z)$$
$$(fz)^4 = \tfrac{3}{8}\qquad + \tfrac{4}{8}f(2z) + \tfrac{1}{8}f(4z)$$
$$(fz)^5 = \tfrac{10}{16}fz + \tfrac{5}{16}f(3z) + \tfrac{1}{16}f(5z)$$
$$(fz)^6 = \tfrac{10}{32}\qquad + \tfrac{15}{32}f(2z) + \tfrac{6}{32}f(4z) + \tfrac{1}{32}f(6z).$$
&c.

$$2^{\circ}\dots\ (f'z)^2 = \tfrac{1}{2}\qquad - \tfrac{1}{2}f(2z)$$
$$(f'z)^3 = \tfrac{3}{4}\,f'z - \tfrac{1}{4}f'(3z)$$
$$(f'z)^4 = \tfrac{3}{8}\qquad - \tfrac{4}{8}f(2z) + \tfrac{1}{8}f(4z)$$
$$(f'z)^5 = \tfrac{10}{16}f'z - \tfrac{5}{16}f'(3z) + \tfrac{1}{16}f'(5z)$$
$$(f'z)^6 = \tfrac{10}{32}\qquad - \tfrac{15}{32}f(2z) + \tfrac{6}{32}f(4z) - \tfrac{1}{32}f(6z).$$
&c.

Les valeurs trouvées pour fz, $f'z$, et pour leurs puissances, peuvent servir à sommer des puissances entières quelconques de fonctions et de fonctions primes de quantités en progressions arithmétiques. Nous allons entrer, à cet égard, dans quelques détails.

86. I. Trouver la somme de la série $fa + f(a+b) + f(a+2b) + f(a+3b)\dots\dots\dots + f(a+(n-1)b)$.

Puisque $fz = \tfrac{1}{2}\left(e^{z\sqrt{-1}} + e^{-z\sqrt{-1}}\right)$, on aura, en nommant s la somme cherchée,

$$s = \frac{1}{2}\left(e^{a\sqrt{-1}} + e^{(a+b)\sqrt{-1}} + e^{(a+2b)\sqrt{-1}} \dots \dots \right.$$
$$+ e^{(a+(n-1)b)\sqrt{-1}}\right) + \frac{1}{2}\left(e^{-a\sqrt{-1}} + e^{-(a+b)\sqrt{-1}}\right.$$
$$+ e^{-(a+2b)\sqrt{-1}} \dots \dots \dots + e^{-(a+(n-1)b)\sqrt{-1}}\right);$$

ou , parce que les quantités exponentielles

$$e^{\pm a\sqrt{-1}}, e^{\pm(a+b)\sqrt{-1}}, e^{\pm(a+b)\sqrt{-1}} \dots e^{\pm(a+(n-1)b)\sqrt{-1}},$$

sont en progression géométrique ,

$$s = \frac{1}{2}\left(\frac{e^{(a+nb)\sqrt{-1}} - e^{a\sqrt{-1}}}{e^{b\sqrt{-1}} - 1} + \frac{e^{-(a+nb)\sqrt{-1}} - e^{-a\sqrt{-1}}}{e^{-b\sqrt{-1}} - 1}\right)$$

$$= \frac{1}{2}\left(\frac{1}{2 - (e^{b\sqrt{-1}} + e^{-b\sqrt{-1}})}\right)$$

$$\left(e^{(a+(n-1)b)\sqrt{-1}} - e^{(a+nb)\sqrt{-1}} - e^{(a-b)\sqrt{-1}} + e^{a\sqrt{-1}}\right.$$
$$\left.+ e^{-(a+(n-1)b)\sqrt{-1}} - e^{-(a+nb)\sqrt{-1}} - e^{-(a-b)\sqrt{-1}} + e^{-a\sqrt{-1}}\right)$$

$$= \frac{f(a+(n-1)b) - 2(1+nb) - f(a-b) + fa}{-fb)}.$$

Mais, $1 - fb = 2f'^2\left(\frac{1}{2}b\right)$; $f\left(a + (n-1)b\right)$ $- f(a + nb) = 2f'\left(a + nb - \frac{1}{2}b\right)f''\left(\frac{1}{2}b\right)$; et $f(a - b) - fa = 2f'\left(a - \frac{1}{2}b\right)f'\left(\frac{1}{2}b\right)$.

Donc $s = \dfrac{f'\left(a + nb - \frac{1}{2}b\right) - f'\left(a - \frac{1}{2}b\right)}{2f'\left(\frac{1}{2}b\right)}$

$$= \frac{f'\left(\frac{1}{2}nb\right)f\left(a + \frac{1}{2}(n-1)b\right)}{f'\left(\frac{1}{2}b\right)} \dots \dots (\text{LL})$$

Soit $a = b$. On aura la série , $fb + f(2b) + f(3b) \dots \dots \dots + f(nb)$; et sa somme $s =$

$$\frac{f'\left(\frac{1}{2}nb\right)f\left(\frac{1}{2}(n+1)b\right)}{f\left(\frac{1}{2}b\right)}.$$

Soit $a = 0$. On aura la série $fb + f(2b) + f(3b)\ldots\ldots + f((n-1)b)$, la même que la précédente, mais poussée à un terme de moins.

Soit $nb = \frac{1}{2}\pi$ dans l'avant-dernière formule. On aura, $fb + f(2b) + f(3b)\ldots\ldots + 0$;

et sa somme $= \dfrac{f'(\frac{1}{4}\pi)f(\frac{1}{4}\pi + \frac{1}{2}b)}{f'(\frac{1}{2}b)} =$

$$\dfrac{f(\frac{1}{2}b) - f'(\frac{1}{2}b)}{2f'(\frac{1}{2}b)} = \dfrac{f''(\frac{1}{2}b) - 1}{2}.$$

Soit $b = 0$. La série principale deviendra $fa + fa + fa\ldots\ldots + fa$; et la somme générale deviendra $s = \frac{0}{0}$. Cependant on doit avoir, en pareil cas, $s = nfa$. C'est aussi ce que l'on trouveroit, en différentiant séparément numérateur et dénominateur dans l'expression $\dfrac{f'(\frac{1}{2}nb)f(a + \frac{1}{2}(n-1)b)}{f'(\frac{1}{2}b)}$,

et regardant b comme variable. Car, (à cause que $d(f'z) = f'(z+dz) - f'z = (f'z)f(dz) + (f'dz)(fz) - f'z = f'z + dzfz - f'z = dzfz$, et que $d(fz) = -dzf'z$, comme on le trouveroit de la même manière,) on aura$\ldots\ldots\ldots\ldots\ldots\ldots\ldots\ldots\ldots\ldots\ldots$

$$\dfrac{nf(\frac{1}{2}nb)f(a + \frac{1}{2}(n-1)b) - \frac{1}{2}(n-1)f'(a + \frac{1}{2}(n-1)b)f'(\frac{1}{2}nb)}{\frac{1}{2}f(\frac{1}{2}b)} ;$$

qui, en faisant $b = 0$, se réduit, en effet, à nfa.

87. II. Trouver la somme de la série $f'a +$
$f'(a+b) + f'(a+2b) \ldots + f'(a+(n-1)b)$.

Un calcul semblable à celui qui a été fait pour
la série $fa + f(a+b) + f(a+2b) \ldots\ldots\ldots$
$+ f(a+(n-1)b)$, donnera, en nommant s'
la somme cherchée ,

$$s' = \frac{f'(\tfrac{1}{2}nb) f'(a + \tfrac{1}{2}(n-1)b)}{f'(\tfrac{1}{2}b)} \ldots (MM).$$

D'ailleurs, l'une des deux séries se change en
l'autre, en supposant que a devienne $\tfrac{1}{2}\pi - a$, et
que b devienne $-b$. Donc on trouvera la for-
mule (MM) en faisant les mêmes changemens
dans la formule (LL).

Soit $a = b$. On aura la série $f'b + f'(2b) +$
$f'(3b) \ldots + f'(nb)$, et la somme $s' =$
$$\frac{f'(\tfrac{1}{2}nb) f'(\tfrac{1}{2}(n+1)b)}{f'(\tfrac{1}{2}b)}.$$

Soit $a = 0$. On aura la série $f'b + f'(2b) +$
$f'(3b) \ldots + f'((n-1)b)$, la même que la
précédente, mais poussée à un terme de moins.

Soit $nb = \tfrac{1}{2}\pi$ dans l'avant-dernière formule. On
aura la série $f'b + f'(2b) + f'(3b) \ldots + 1$; et
sa somme $= \dfrac{f'(\tfrac{1}{2}\pi) f'(\tfrac{1}{2}\pi + \tfrac{1}{2}b)}{f'(\tfrac{1}{2}b)} =$

$$\frac{f(\tfrac{1}{2}b) + f'(\tfrac{1}{2}b)}{2 f'(\tfrac{1}{2}b)} = \frac{f''(\tfrac{1}{2}b) + 1}{2}.$$

Soit $b = 0$. La série principale deviendra, $f'a$

$+ f'a + f'a \ldots + f'a$; et la somme générale deviendra $s' = \frac{0}{0}$. Cependant on doit avoir, en pareil cas, $s = n f'a$. C'est aussi ce que l'on trouveroit, en différentiant séparément numérateur et dénominateur dans l'expression

$$\frac{f'(\frac{1}{2} n b) f'\left(a + \frac{1}{2}(n-1) b \right)}{f'(\frac{1}{2} b)}, \text{ et regardant } b$$

comme variable. Car, $\Big($ à cause que $d\,(f'z) =$

$dz\,fz$, comme on l'a trouvé ci-devant $\Big)$, on aura $\ldots$

$$\frac{n f(\frac{1}{2} n b) f'\left(a + \frac{1}{2}(n-1) b \right) + \frac{1}{2}(n-1) f\left(a + \frac{1}{2}(n-1) b \right) f'(\frac{1}{2} n b)}{\frac{1}{2} f(\frac{1}{2} b)};$$

qui, en faisant $b = 0$, se réduit, en effet, à $n f'a$.

88. III. Trouver la somme de la série $(fa)^{2m}$

$$+ \big(f(a+b) \big)^{2m} + \big(f(a + 2b) \big)^{2m}$$

$$+ \big(f(a + 3b) \big)^{2m} + \Big(f\big(a + (n - 1)b \big) \Big)^{2m}.$$

Puisque $(fz)^{2m} = \dfrac{1}{2^{2m-1}} \Bigg[f(2 m z)$

$$+ 2 m f\big((2m - 2) z \big) + \frac{2m(2m - 1)}{2} f\big((2m - 4)z \big)$$

$$+ \frac{2m(2m - 1)(2m - 2)}{2.3} f\big((2m - 6) z \big) \ldots$$

$$+ \frac{1}{2} \bigg(\frac{2m(2m - 1)(2m - 2) \ldots (m + 1)}{2.3 \ldots m} \bigg) \Bigg];$$

on aura, en nommant $s^{(2m)}$ le terme sommatoire,

$$s^{(2m)} = \frac{1}{2^{2m-1}}\Big[f(2ma) + f(2m(a+b)) $$
$$+ f(2m(a+2b)) + f(2m(a+3b))\dots,$$
$$+ f(2m(a+(n-1)b))$$
$$+ 2m\Big(f((2m-2)a) + f((2m-2)(a+b)) $$
$$+ f((2m-2)(a+2b)) + f((2m-2)(a+3b))\dots$$
$$+ f((2m-2)(a+(n-1)b))\Big)$$
$$+ \frac{2m(2m-1)}{2}\Big(f((2m-4)a) + f((2m-4)(a+b)) $$
$$+ f((2m-4)(a+2b)) + f((2m-4)(a+3b))\dots$$
$$+ f((2m-4)(a+(n-1)b))\Big)$$
$$+ \frac{2m(2m-1)(2m-2)}{2.3}\Big(f((2m-6)a) $$
$$+ f((2m-6)(a+b)) + f((2m-6)(a+2b)) $$
$$+ f((2m-6)(a+3b))\dots\dots\dots\dots\dots$$
$$+ f((2m-6)(a+(n-1)b))\Big)\dots\dots\dots$$
$$+ \frac{n}{2}\Big(\frac{2m(2m-1)(2m-2)\dots(m+1)}{2.3\dots m}\Big)\Big];$$

ou, parce que les suites particulières, dont celle-ci est composée, sont de la forme $fz + f(z+t)$ $+ f(z+2t)\dots + f(z+(n-1)t)$,

$$s^{(2m)} = \frac{1}{2^{2m-1}}\Big[\frac{f'(mnb)\, f(2m(a+(\frac{1}{2}n-1)b))}{f'mb}$$

$$+ 2m\frac{f'((m-1)nb))f((2m-2)(a+(\tfrac{1}{2}n-1)b))}{f'((m-1)b)}$$

$$+\frac{2m(2m-1)}{2}\frac{f'((m-2)nb)f((2m-4)(a+\tfrac{1}{2}(n-1)b))}{f'((m-2)b)}$$

$$+\frac{2m(2m-1)(2m-3)}{2.3}\frac{f'((m-3)nb)f((2m-6)(a+\tfrac{1}{2}(n-1)b))}{f'((m-3)b)}\ldots$$

$$+\frac{n}{2}\left(\frac{2m(2m-1)(2m-2)\ldots(m+1)}{2.3\ldots m}\right)\Big]\ldots\text{(NN)}$$

On trouvera donc . . . .

$$\text{si } m=1, s\ =\tfrac{1}{2}\left[n+\frac{f'(nb)f(2a+(n-1)b)}{f'b}\right]$$

$$\text{si } m=2, s^{[4]}=\tfrac{1}{8}\left[3n+\frac{f'(2nb)f(4a+2(n-1)b)}{f'(2b)}\right.$$

$$\left.+4\frac{f'(nb)f(2a+(n-1)b)}{f'b}\right];$$

&c.

De plus, si $a=b$, et si $nb=\tfrac{1}{2}\pi$, on aura,

$$s^{[2]}=\tfrac{1}{2}\left(n+\frac{f'(\tfrac{1}{2}\pi)f(\tfrac{1}{2}\pi+b)}{f'b}\right)=\tfrac{1}{2}(n-1);$$

$$s^{[4]}=\tfrac{1}{8}(3n-4);\ \&\text{c}.$$

89. IV. Trouver la somme de la série $(fa)^{2m+1}$ $+(f(a+b))^{2m+1}+(f(a+2b))^{2m+1}$ $+(f(a+3b))^{2m+1}\ldots+(f(a+(n-1))b)^{2m+1}$.

Puisque $(fz)^{2m+1}=\dfrac{1}{2^{2m}}\Big[f((2m+1)z)$

$$+ (2m+1)f((2m-1)z)$$

$$+ \frac{(2m+1)(2m)}{2}f((2m-3)z)$$

$$+ \frac{(2m+1)(2m)(2m-1)}{2.3}f((2m-5)z)\ldots$$

$$+ \frac{(2m+1)(2m)(2m-1)\ldots(m+2)}{2.3\ldots m}fz \Big];$$

on aura, en nommant $s^{[2m+1]}$ le terme sommatoire,

$$s^{[2m+1]} = \frac{1}{2^{2m}}\Big[f((2m+1)a)+f((2m+1)(a+b))$$

$$+ f((2m+1)(a+2b))+f((2m+1)(a+3b))\ldots$$

$$+ f((2m+1)(a+(n-1)b))$$

$$+ (2m+1)\Big(f((2m-1)a)+f((2m-1)(a+b))$$

$$+ f((2m-1)(a+2b))+f((2m-1)(a+3b))\ldots$$

$$+ f((2m-1)(a+(n-1)b))\Big)$$

$$+ \frac{(2m+1)(2m)}{2}\Big(f((2m-3)a)+f((2m-3)(a+b))$$

$$+ f((2m-3)(a+2b))+f((2m-3)(a+3b))\ldots$$

$$+ f((2m-3)(a+(n-1)b))\Big)$$

$$+ \frac{(2m+1)(2m)(2m-1)}{2.3}\Big(f((2m-5)a))$$

$$+ f((2m-5)(a+b))+f((m-5)(a+2b))$$

$$+ f((2m-5)(a+3b))\ldots\ldots\ldots\ldots$$

$$+ f((2m-5)(a+(n-1)b))\Big)\ldots\ldots$$

$$+ \frac{(2m+1)(2m)(2m-1)\ldots(m+2)}{2.3\ldots m}$$

$$\left(fa + f(a+b) + f(a+2b) \ldots + f(a+(n-1)b) \right);$$

ou, parce que les suites particulières, dont celle-ci est composée, sont de la forme $fz + f(z+t) + f(z+2t) \ldots\ldots + f(z+(n-1)t)$,

$$s^{[2m+1]} = \frac{1}{2^{2m}}\left[\frac{f'(\tfrac{1}{2}(2m+1)nb)f((2m+1)(a+\tfrac{1}{2}(n-1)b))}{f'(\tfrac{1}{2}(2m+1)b)} \right.$$

$$+ (2m+1)\frac{f'(\tfrac{1}{2}(2m-1)nb)f((2m-1)(a+\tfrac{1}{2}(n-1)b))}{f'(\tfrac{1}{2}(2m-1)b)}$$

$$+ \frac{(2m+1)(2m)}{2}\frac{f'(\tfrac{1}{2}(2m-3)nb)f((2m-3)(a+\tfrac{1}{2}(n-1)b))}{f'(\tfrac{1}{2}(2m-3)b)}$$

$$+ \frac{(2m+1)(2m)(2m-1)}{2.3}\frac{f'(\tfrac{1}{2}(2m-5)nb)f((2m-5)(a+\tfrac{1}{2}(n-1)b))}{f'(\tfrac{1}{2}(2m-5)b)} \ldots$$

$$+ \left. \frac{(2m+1)(2m)(2m-1)\ldots(m+2)}{2.3\ldots m}\frac{f'(\tfrac{1}{2}nb)f(a+\tfrac{1}{2}(n-1)b)}{f'(\tfrac{1}{2}b)} \right]\ldots(OO)$$

On trouvera donc . . . .

$$\text{si } m = 1,\ s^{[3]} = \frac{1}{4}\left[\frac{f'(\tfrac{1}{4}nb)f(3a+\tfrac{1}{2}(n-1)b)}{f'\tfrac{1}{4}b} \right.$$

$$\left. + 3\frac{f'(\tfrac{1}{2}nb)f(a+\tfrac{1}{2}(n-1)b)}{f'\tfrac{1}{2}b} \right]$$

si $m = 2,\ s^{[5]} = $ &c.

&c.

90. V. Trouver la somme de la série $(f'a)^{2m}$ $+ (f'(a+b))^{2m} + (f'(a+2b))^{2m}$ $+ (f'(a+3b))^{2m} \ldots + (f'(a+(n-1)b))^{2m}$.

Puisque $(f'z)^{2m} = \pm\dfrac{1}{2^{2m-1}}\Big[f(2mz)$

$-2mf((2m-2)z) + \dfrac{2m(2m-1)}{2}f((2m-4)z)$

$-\dfrac{2m(2m-1)(2m-2)}{2.3}f((2m-6)z)....$

$\pm\dfrac{1}{2}\Big(\dfrac{2m(2m-1)(2m-2)...(m+1)}{2.3...m}\Big)\Big];$

on aura, en nommant $s^{[2m]}$ le terme sommatoire,

$s^{[2m]} = \pm\dfrac{1}{2^{2m-1}}\Big[f(2ma)+f(2m(a+b))$

$+f(2m(a+2b))+f(2m(a+3b))....$

$+f(2m(a+(n-1)b))$

$-2m\Big(f((2m-2)a)+f((2m-2)(a+b))$

$+f((2m-2)(a+2b))+f((2m-2)(a+3b))...$

$+f((2m-2)(a+(n-1)b))\Big)$

$+\dfrac{2m(2m-1)}{2}\Big(f((2m-4)a)+f((2m-4)(a+b))$

$+f((2m-4)(a+2b))+f((2m-4)(a+3b))...$

$+f((2m-4)(a+(n-1)b))\Big)$

$-\dfrac{2m(2m-1)(2m-2)}{2.3}\Big(f((2m-6)a)$

$+f((2m-6)(a+b))+f((2m-6)(a+2b))$

$+f((2m-6)(a+3b)) ....$

$$+ f\left((2m-6)(a+(n-1)b))\right) \ldots \ldots$$

$$\pm \frac{n}{2}\left(\frac{2m(2m-1)(2m-2)\ldots(m+1)}{2.3\ldots m}\right)\Big];$$

ou, parce que les suites particulières, dont celle-ci est composée, sont de la forme $fz + f(z+t) + f(z+2t)\ldots + f(z+(n-1)t)$,

$$s^{[2m]} = \pm \frac{1}{2^{2m-1}}\left[\frac{f'(mnb)f'(2m(a+\frac{1}{2}(n-1)b))}{f'(mb)}\right.$$

$$- 2m\frac{f'((2m-1)nb)f((2m-2)(a+(\frac{1}{2}n-1)b))}{f'((m-1)b)}$$

$$+ \frac{2m(2m-1)}{2}\frac{f'((m-2)nb)f((2m-4)(a+\frac{1}{2}(n-1)b))}{f'((m-2b))}$$

$$- \frac{2m(2m-1)(m-2)}{2.3}\frac{f'((m3)nb)f((2m-6)(a+\frac{1}{2}(n-1)b))}{f'((m-3)b)} \ldots$$

$$\left.\pm \frac{n}{2}\left(\frac{2m(2m-1)(2m-2)\ldots(m+1)}{2.3\ldots m}\right)\right] \ldots (PP)$$

Le signe inférieur a lieu, si m est pair, et l'inférieur, s'il est impair.

On trouvera donc ....

si $m=1,\ldots s^{[2]} = \frac{1}{2}\left[n - \frac{(f'(nb)f(2a+(n-1)b)}{f'b}\right];$

si $m=2,\ldots s^{[4]} = \frac{1}{8}\left[3n + \frac{f'(nb)f(4a+2(n-1)b)}{f'(2b)}\right.$

$$\left.- 4\frac{f'(nb)f(2a+(n-1)b)}{f'b}\right];$$

&c.

De plus, si $a=b$, et si $nb = \frac{1}{2}\pi$, on aura,

$$s^{[3]} = \tfrac{1}{2}\left(n - \frac{f'(\tfrac{1}{2}\pi)\,f(\tfrac{1}{2}\pi + b)}{f'b} \right) = \tfrac{1}{2}(n+1);$$

$$s^{[4]} = \tfrac{1}{3}(3n+4);\ \&\text{c.}$$

91. VI. Trouver la somme de la série $(f'a)^{2m+1}$
$+ \big(f'(a+b)\big)^{2m+1} + \big(f'(a+2b)\big)^{2m+1}$
$+ \big(f'(a+3b)\big)^{2m+1} \ldots + \Big(f'(a+(n-1)b)\Big)^{2m+1}.$

Puisque $(f'z)^{2m+1} = \pm \dfrac{1}{2^{2m}}\Big[f'\big((m+1)z\big)$

$$- (2m+1)f'((2m-1)z)$$

$$+ \frac{(2m+1)(2m)}{2} f'\big((2m-3)z\big)$$

$$- \frac{(2m+1)(2m)(2m-1)}{2.3} f'((2m-5)z)\ldots$$

$$\pm \frac{(2m+1)(2m)(2m-1\ldots(m+2)}{2.3\ldots m} f'z \Big];$$

on aura, en nommant $s^{[2m+1]}$ le terme sommatoire,

$$s^{[2m+1]} = \pm \frac{1}{2^{2m}}\Big[f'((2m+1)a) + f'((2m+1)(a+b))$$

$$+ f'((2m+1)(a+2b)) + f'((2m+1)(a+3b))\ldots$$

$$+ f'((2m+1)(a(n-1)b))$$

$$- (2m+1)\Big(f'((2m-1)a) + f'((2m-1)(a+b))$$

$$+ f'((2m-1)(a+2b)) + f'((2m-1)(a+3b))$$

$$+ f'((2m-1)(a+(n-1)b)) \Big)$$

$$+ \frac{(2m+1)(2m)}{2}\Big(f'((2m-3)a) + f'((2m-3)(a+b))$$

$$+ f'((2m-3)(a+2b)) + f'((2m-3)(a+3b)) \ldots$$

$$+ f'((2m-3)(a+(n-1)b)) \Big)$$

$$- \frac{(2m+1)(2m)(2m-1)}{2.3} \Big(f'((2m-5)a)$$

$$+ f'((2m-5)(a+b)) + f'((2m-5)(a+2b))$$

$$+ f'((2m-5)(a+3b)) \ldots \ldots \ldots \ldots$$

$$+ f'((2m-5)(a+(n-1)b)) \Big) \ldots \ldots \ldots$$

$$\pm \frac{(2m+1)(2m)(2m-1)\ldots(m+2)}{2.3\ldots m}$$

$$\Big(f'a + f'(a+b) + f'(a+2b) \ldots + f'(a+(n-1)b) \Big) \Big] ;$$

ou, parce que les suites particulières, dont celle-ci est composée, sont de la forme $f'z + f'(z+t)$ $+ f'(z+2t) \ldots \ldots \ldots \ldots + f(z+(n-1)t)$,

$$s^{[2m+1]} = \pm \frac{1}{2^{2m}} \Bigg[\frac{f'(\tfrac{1}{2}(2m+1)nb) f'((2m+1)(a+\tfrac{1}{2}(n-1)b))}{f'(\tfrac{1}{2}(2m+1)b)}$$

$$- (2m+1) \frac{f'(\tfrac{1}{2}(2m-1)nb) f'((2m-1)(a+\tfrac{1}{2}(n-1)b))}{(f'\tfrac{1}{2}(2m-1)b)}$$

$$+ \frac{(2m+1)(2m)}{2} \frac{f'(\tfrac{1}{2}(2m-3)nb) f'((2m-3)(a+\tfrac{1}{2}(n-1)b))}{f'(\tfrac{1}{2}(2m-3)b)}$$

$$- \frac{(2m+1)(2m)(2m-1)}{2.3} \frac{f'(\tfrac{1}{2}(2m-5)nb) f'((2m-5)(a+\tfrac{1}{2}(n-1)b))}{f'(\tfrac{1}{2}(2m-5)b)} \ldots$$

$$\pm \frac{(2m+1)(2m)(2m-1)\ldots(m+2)}{2.3\ldots m} \frac{f'(\tfrac{1}{2}nb) f'(a+\tfrac{1}{2}(n-1)b)}{f'(\tfrac{1}{2}b)} \Bigg] \ldots (QQ)$$

Le signe supérieur a lieu, si m est pair, et l'inférieur, s'il est impair.

On trouvera donc . . . .

$$\text{si } m=1,\ s^{[3]} = \tfrac{1}{4}\left[\ -\ \frac{f'(\tfrac{1}{2}n\,b)f'(3a+\tfrac{1}{2}(n-1)b)}{f'(\tfrac{1}{2}b)} + 3\,\frac{f'(\tfrac{1}{2}nb)f'(a+\tfrac{1}{2}(n-1)b)}{f'(\tfrac{1}{2}b)}\right];$$

$$\text{si } m=2,\ s^{[5]} = \&c.$$

&c.

92. Dans les formules (NN), (OO), (PP), (QQ), on peut faire $a = b$, ce qui donnera les termes sommatoires des séries :

$$(fb)^{2m} + (f(2b))^{2m} + (f(3b))^{2m}\ldots + (f(nb))^{2m};$$
$$(fb)^{2m+1} + (f(2b))^{2m+1} + (f(3b))^{2m+1}\ldots + (f(nb))^{2m+1}$$
$$(f'b)^{2m} + (f'(2b))^{2m} + (f'(3b))^{2m}\ldots + (f'(nb))^{2m};$$
$$(f'b)^{2m+1} + (f'(2b))^{2m+1} + (f'(3b))^{2m+1} + (f'(nb))^{2m+1}$$

En faisant $a = 0$, on auroit les mêmes séries, mais poussées à un terme de moins.

On peut aussi faire $n\,b = \tfrac{1}{2}\pi$, ce qui rend le dernier terme des deux premières séries précédentes $= 0$, et le dernier terme des deux dernières, $= 1$.

En faisant $b = 0$, les séries générales deviendroient :

$$(fa)^{2m} + (fa)^{2m}\ldots + (fa)^{2m};$$
$$(fa)^{2m+1} + (fa)^{2m+1}\ldots + (fa)^{2m+1};$$
$$(f'a)^{2m} + (f'a)^{2m}\ldots + (f'a)^{2m};$$
$$(f'a)^{2m+1} + (f'a)^{2m+1}\ldots + (f'a)^{2m+1};$$

et leurs termes sommatoires deviendroient $\tfrac{0}{0}$. Cependant, ils doivent être, en pareil cas, $n(fa)^{2m}$, $n(fa)^{2m+1}$, $n(f'a)^{2m}$, $n(f'a)^{2m+1}$, respectivement. C'est aussi ce qu'on trouveroit en différentiant numérateur et dénominateur dans chacune des formules générales, et regardant b comme variable.

93. Voici quelques autres séries qui peuvent se sommer facilement.

D'abord on pourra sommer la série $(fa)(f'a)$ $+(f(a+b))(f'(a+b))+(f(a+2b))(f'(a+2b))$ $\dots\dots+\Big(f(a+(n-1)b)f(a+(n-1)b)\Big)$.

Car, puisque $(f'z)(fz)=\frac{1}{2}f'(2z)$, on trouvera facilement la somme

$$s=\frac{f'(nb)f'(2a(n-1)b)}{2f'b}.$$

On pourroit donc aussi sommer les deux séries suivantes $\dots\dots\dots\dots\dots\dots\dots\dots$

$$\big[(fa)(f'a)\big]^{2m}+\big[(f(a+b))(f'(a+b))\big]^{2m}$$
$$+\big[(f(a+2b))(f'(a+2b))\big]^{2m}\dots\dots\dots$$
$$+\big[(f(a+(n-1)b))(f'(a+(n-1)b))\big]^{2m},$$
$$\big[(fa)(f'a)\big]^{2m+1}+\big[(f(a+b))(f'(a+b))\big]^{2m+1}$$
$$+\big[(f(a+2b))(f'(a+2b))\big]^{2m+1}\dots\dots\dots$$
$$+\big[(f(a+(n-1)b))(f'(a+(n-1)))\big]^{2m+1}.$$

On trouveroit, par exemple, $(fa)^2(f'a)^2+(f(a+b))^2(f'(a+b))^2$ $+(f(a+2b))^2(f'(a+2b))^2\dots\dots\dots\dots$

$$+\big(f(a+(n-1)b)\big)^2\big(f'(a+(n-1)b)\big)^2$$

$$=\tfrac{1}{8}\left(n-\frac{f'(2nb)f(2a+(n-1)b)}{f'(2b)}\right);\;\ldots\ldots$$

et $(fa)^3(f'a)^3+(f(a+b))^3(f'(a+b))^3$

$+(f(a+2b))^3(f'(a+2b))^3\ldots\ldots\ldots$

$$+\big(f(a+(n-1)b)\big)^3\big(f'(a+(n-1)b)\big)^3$$

$$=\tfrac{1}{32}\left(-\frac{f'(3nb)f'(6a+3(n-1)b)}{f'(\tfrac{3}{2}b)}\right.$$

$$\left.+3\frac{f'(nb)f'(2a+(n-1)b)}{f'b}\right).$$

Voici encore quelques séries particulières qui peuvent se sommer facilement.

A cause de $(f'z)^3=(f'z)(1-(fz)^2)$, et de $f'(3z)=3(f'z)(fz)^2-(f'z)^3$, on a, $(f'z)(fz)^2=\tfrac{1}{4}(f'z+f'(3z))$. On trouvera donc,

$(f'a)(fa)^2+(f'(a+b))(f(a+b))^2$

$+(f'(a+2b))(f(a+2b))^2\ldots\ldots\ldots\ldots\ldots$

$$+\big(f'(a+(n-1)b)\big)\big(f(a+(n-1)b)\big)^2$$

$$=\tfrac{1}{4}\left(\frac{f'(\tfrac{3}{2}nb)f'(3a+\tfrac{3}{2}(n-1)b)}{f'(\tfrac{3}{2}b)}\right.$$

$$\left.+\frac{f'(\tfrac{1}{2}nb)f'(a+\tfrac{1}{2}(n-1)b)}{f'(\tfrac{1}{2}b)}\right).$$

Supposant que b devienne $-b$, et que a devienne $\tfrac{1}{2}\pi-a$, on trouvera,

$(f'a)^2(fa)+(f'(a+b))^2(f(a+b))$

$+f'(a+2b))^2(f(a+2b))\ldots\ldots\ldots\ldots\ldots$

$$+\big(f'(a+(n-1)b)\big)^2\big(f(a+(n-1)b)\big)$$

$$= \tfrac{1}{4}\left(\frac{f'(\tfrac{1}{2}nb)\,f(3a+\tfrac{1}{2}(n-1)b)}{f(\tfrac{1}{2}b)}\right.$$

$$\left.+\frac{f'(\tfrac{1}{2}nb)\,f(a+\tfrac{1}{2}(n-1)b)}{f(\tfrac{1}{2}b)}\right).$$

A cause de $(f'\gamma)(f\gamma)^3 = \tfrac{1}{2}(f'(2\gamma))(f\gamma)^2$, et de

$$(f\gamma)^2 = \frac{1+f(2\gamma)}{2}, \text{ on a} \dots\dots\dots\dots\dots$$

$(f'\gamma)(f\gamma)^3 = \tfrac{1}{4}f'(2\gamma)+\tfrac{1}{8}f'(4\gamma)$. On trouvera donc,

$$(f'a)(fa)^3 + (f'(a+b))(f(a+b))^3$$
$$+ (f'(a+2b))(f(a+2b))^3 \dots\dots\dots\dots$$
$$+ \Big(f'(a+(n-1)b)\Big)\Big(f(a+(n-1)b)\Big)^3$$
$$= \tfrac{1}{8}\left(\frac{f'(2nb)\,f'(4a+2(n-1)b)}{f'(2b)}\right.$$
$$\left.+\frac{f'(nb)\,f'(2a+(n-1)b)}{f'b}\right).$$

Supposant $b = -b$, et $a = \tfrac{1}{2}\pi - a$, on trou-
vera$\dots\dots\dots\dots\dots\dots\dots\dots\dots\dots\dots$

$$(f'a)^3(fa) + (f'(a+b))^3(f(a+b))$$
$$+ (f'(a+2b))^3(f(a+2b)) \dots\dots\dots\dots$$
$$+ \Big(f'(a+(n-1)b)\Big)^3\Big(f(a+(n-1)b)\Big)$$
$$= \tfrac{1}{8}\left(-\frac{f'(2nb)\,f'(4a+2(n-1)b)}{f'(2b)}\right.$$
$$\left.+\frac{f'(nb)\,f'(2a+(n-1)b)}{f'b}\right).$$

94. Nous avons donné l'expression de $(f\gamma)^n$
et $(f'\gamma)^n$, en supposant n un entier quelconque.
Supposons n fractionnaire ; nous trouverons en-

core pour $(f\zeta)^n$ et $(f'\zeta)^n$ des expressions ana-logues , au moyen des fonctions de multiples de z. Car

$$1^{\circ}.\ (fz)^n = \left(\frac{e^{z\sqrt{-1}} + e^{-z\sqrt{-1}}}{2}\right)^n$$

$$= \frac{1}{2^n}\left(e^{nz\sqrt{-1}} + ne^{(n-2)z\sqrt{-1}} + \frac{n(n-1)}{2}e^{(n-4)z\sqrt{-1}}\right.$$

$$\left. + \frac{n(n-1)(n-2)}{2.3}e^{(n-6)z\sqrt{-1}} + \&\text{c.}\right).$$

Et encore $(fz)^n = \left(\dfrac{e^{-z\sqrt{-1}} + e^{z\sqrt{-1}}}{2}\right)^n$

$$= \frac{1}{2^n}\left(e^{-nz\sqrt{-1}} + ne^{-(n-2)z\sqrt{-1}} + \frac{n(n-1)}{2}e^{-(n-4)z\sqrt{-1}}\right.$$

$$\left. + \frac{n(n-1)(n-2)}{2.3}e^{-(n-6)z\sqrt{-1}} + \&\text{c.}\right).$$

Ajoutant ces deux valeurs de $(fz)^n$, on trouve,

$$(fz)^n = \frac{1}{2^n}\left(f(nz) + nf((n-2)z) + \frac{n(n-1)}{2}\right.$$

$$f((n-4)z) + \frac{n(n-1)(\quad -2)}{2.3}\quad f((n-6)\zeta)$$

$$\left. + \&\text{c.}\right) \dots\dots\dots\dots\dots\dots\dots (RR),$$

formule dont un terme quelconque est

$$\frac{n(n-1)(n-2)\dots(n-(k-1))}{2.3\dots k}(f(n-2k)z).$$

Or, si n est $> 2k$, ce qui arrivera nécessairement à un certain terme, et à tous les suivans, on se souviendra que $fz = f(-z)$, et qu'ainsi,

$$f((n-2k)\zeta) = f((2k-n)z).$$

$$2^\circ.\; (f'z)^n = \left(\frac{e^{z\sqrt{-1}} - e^{-z\sqrt{-1}}}{2\sqrt{-1}} \right)^n$$

$$= \frac{1}{2^n(\sqrt{-1})^n}\left(e^{nz\sqrt{-1}} - n e^{(n-2)z\sqrt{-1}} + \frac{n(n-1)}{2}\right.$$

$$\left. e^{(n-4)z\sqrt{-1}} - \frac{n(n-1)(n-2)}{2.3} e^{(n-6)z\sqrt{-1}} + \&c. \right)$$

Et encore $(f'z)^n = (-1)^n \left(\frac{e^{-z\sqrt{-1}} - e^{z\sqrt{-1}}}{2\sqrt{-1}} \right)^n$

$$= \frac{1}{2^n(-\sqrt{-1})^n}\left(e^{-nz\sqrt{-1}} - n e^{-(n-2)z\sqrt{-1}} + \frac{n(n-1)}{2}\right.$$

$$\left. e^{-(n-4)z\sqrt{-1}} - \frac{n(n-1)(n-2)}{2.3} e^{-(n-6)z\sqrt{-1}} + \&c. \right).$$

Ajoutant ces deux valeurs, et observant que

$$\frac{1}{(\pm\sqrt{-1})^n} = (\mp\sqrt{-1})^n = f\left(\frac{n\pi}{2}\right) \mp \sqrt{-1}\, f'\left(\frac{n\pi}{2}\right),$$

on trouve, ...

$$z)^n = \frac{1}{2^n}\left[f\left(\frac{n\pi}{2}\right) \cdot \left(f(nz) - n\, f((n-2)z) \right. \right.$$

$$+ \frac{n(n-1)}{2} f((n-4)z)$$

$$\left. - \frac{n(n-1)(n-2)}{2.3} f((n-6)z) + \&c. \right)$$

$$- \sqrt{-1}\, f'\left(\frac{n\pi}{2}\right) \cdot \left(\sqrt{-1}\, f'(nz) - n\sqrt{-1}\, f'((n-2)z) \right.$$

$$- \frac{n(n-1)}{2} \sqrt{-1}\, f'((n-4)z)$$

$$\left. \left. - \frac{n(n-1)(n-2)}{2.3} \sqrt{-1}\, f'((n-6)z) + \&c. \right) \right]$$

$$= \frac{1}{2}\left[f\left(\frac{n\pi}{2}\right) \cdot \left(f(n\zeta) - nf((n-2)\zeta) + \frac{n(n-1)}{2} \right.\right.$$

$$f((n-4)\zeta) - \frac{n(n-1)(n-2)}{2.3} f((n-6)\zeta)$$

$$+ \&c. \Big)$$

$$+ f'\left(\frac{n\pi}{2}\right) \cdot \left(f'(n\zeta) - nf'((n-2)\zeta) + \frac{n(n-1)}{2} \right.$$

$$f'((n-4)\zeta) - \frac{n(n-1)(n-2)}{2.3} f'((n-6)\zeta)$$

$$+ \&c. \Big)\Big]$$

$$= \frac{1}{2^n}\left(f\left(\frac{n\pi}{2} - n\zeta\right) - nf\left(\frac{n\pi}{2} - (n-2)\zeta\right) \right.$$

$$+ \frac{n(n-1)}{2} f\left(\frac{n\pi}{2} - (n-4)\zeta\right)$$

$$- \frac{n(n-1)(n-2)}{2.3} f\left(\frac{n\pi}{2} - (n-6)\zeta\right)$$

$$+ \&c. \Big)$$

$$= \frac{1}{2^n}\left(f\left(n\left(\tfrac{1}{2}\pi - \zeta\right)\right) + nf\left((n-2)\left(\tfrac{1}{2}\pi - \zeta\right)\right) \right.$$

$$+ \frac{n(n-1)}{2} f\left((n-4)\left(\tfrac{1}{2}\pi - \zeta\right)\right)$$

$$+ \frac{n(n-1)(n-2)}{2.3} f\left((n-6)\left(\tfrac{1}{2}\pi - \zeta\right)\right)$$

$$+ \&c. \Big)\dots\dots\dots\dots\dots\dots\dots\dots\dots (SS).$$

$$\text{Car}, f\left(\frac{n\pi}{2} - (n-2\zeta)\right) = -f\left(\pi - \left(\frac{n\pi}{2}\right) - (n-2)\zeta\right)$$

$$= -f\left(\frac{n\pi}{2} - (n-2)z - \pi\right) = -f\left(\frac{n\pi}{2} - \pi - (n-2)z\right)$$

$$= -f\left((n-2)\left(\tfrac{1}{2}\pi - z\right)\right),$$

$$f\left(\frac{n\pi}{2} - (n-4)z\right) = f\left(2\pi - \left(\frac{2\pi}{2}\right) - (n-4)z\right)$$

$$= f\left(\frac{n\pi}{2} - (n-4)z - 2\pi\right) = f\left(\frac{n\pi}{2} - 2\pi - (n-4)z\right)$$

$$= f\left((n-4)\left(\tfrac{1}{2}\pi - z\right)\right),$$

&c. &c. Or, cette dernière valeur de $(f'\zeta)^n$ est la même que celle de $(f\zeta)^n$, excepté que $\tfrac{1}{2}\pi - \zeta$ se trouve par-tout à la place de ζ. Et en effet, en mettant pour ζ $\ \tfrac{1}{2}\pi - \zeta$, dans la formule (RR) on trouve la formule (SS), ce qui dispense du calcul précédent, un peu compliqué.

De ces valeurs de $(f'\zeta)^n$ et $(f'\zeta)^n$ dans la supposition de n fractionnaire, on pourroit déduire leurs valeurs dans la supposition de n entier, pair ou impair. Car ces valeurs générales, en se modifiant pour ces différens cas, deviendroient celles trouvées par les formules (GG), (HH), (II), (KK).

Au moyen des valeurs générales de $(f\zeta)^n$ et $(f'\zeta)^n$, on pourroit même sommer des puissances fractionnaires quelconques de fonctions et fonctions primes de quantités en progression arithmétique: ce qui donneroit d'autres formules générales dont les formules (NN), (OO), (PP), (QQ), ne seroient que des cas particuliers, lorsque n seroit entier, pair ou impair.

* 14

Passons maintenant à d'autres objets.

95. Soient six quantités, $A, B, C, a, b, c,$ telles que l'on ait;

1°. $f'A : f'B : f'C :: a : b : c$;

2°. $A + B + C = \pi$; ou, ce qui est la même chose,

$$f'(A+B) = f'C,$$
$$f'(A+C) = f'B,$$
$$f'(B+C) = f'A;$$

$A, B, C,$ étant chacune $< \pi$. On demande les différentes relations qu'ont entr'elles ces six quantités.

1°. $f'A = \dfrac{af'C}{c} = \dfrac{af'B}{b}.$

Et on a des valeurs analogues pour $f'B$ et $f'C$.

2°. $a = \dfrac{cf'A}{f'C} = \dfrac{bf'A}{f'B}.$

Et on a des valeurs analogues pour b et c.

3°. $\dfrac{b+a}{b-a} = \dfrac{f'B + f'A}{f'B - f'A} = \dfrac{f'''\frac{1}{2}(B+A)}{f'''\frac{1}{2}(B-A)}$

$= \dfrac{f''\frac{1}{2}C}{f'''\frac{1}{2}(B-A)}$, d'où $f'''\frac{1}{2}(B-A) = \dfrac{b-a}{b+a} f''\frac{1}{2}C.$

Et on trouveroit des valeurs analogues pour $f'''\frac{1}{2}(C-A)$ et $f'''\frac{1}{2}(B-C)$.

4°. $c = \dfrac{(b+a)f'C}{f'B + f'A} = \dfrac{(b+a)f'C}{2f'\frac{1}{2}(B+A)f\frac{1}{2}(B-A)}$

$= \dfrac{(b+a)f'C}{2f(\frac{1}{2}C)f\frac{1}{2}(B-A)} = \dfrac{(b+a)f'\frac{1}{2}C}{f\frac{1}{2}(B-A)}.$

Et on trouveroit des valeurs analogues pour a et b.

$$5^\circ.\ c = \frac{(b-a)f'C}{f'B-f'A} = \frac{(b-a)f'C}{2f'\frac{1}{2}(B-A)f'\frac{1}{2}(B+A)}$$

$$= \frac{(b-a)f'C}{2f'\frac{1}{2}(B-A)f'\frac{1}{2}C} = \frac{(b-a)f'\frac{1}{2}C}{f'\frac{1}{2}(B-A)}.$$

Et on trouveroit des valeurs analogues pour a et b.

$$6^\circ.\ f'A = \frac{af'(A+B)}{c}\ ;\ \text{donc},$$

$$cf'A = af'A.fB + af'B.fA;\ \text{d'où}\ f''A = \frac{c-afB}{af'B}.$$

De même, $f'A = \dfrac{af'(A+C)}{b}$; d'où $f''A = \dfrac{b-afC}{af'C}.$

Ainsi $f'A = \dfrac{b-afC}{af'C} = \dfrac{c-afB}{af'B}.$

Et on trouveroit des valeurs analogues pour $f''B$ et $f''C$.

$$7^\circ.\ \text{De}\ f''A = \frac{b-afC}{af'C} = \frac{c-afB}{af'B},\ \text{on dé-}$$

duit $f'''A = \dfrac{af'C}{b-afC} = \dfrac{af'B}{c-afB}.$

Et on trouveroit des valeurs analogues pour $f'''B$ et $f'''C$.

$$8^\circ.\ f'A = \frac{af'(A+B)}{c}\ ;\ \text{donc}$$

$cf'A = af'A.fB + af'B.fA.$ Mais $f'A = \dfrac{af'B}{b}$,

et partant $fA = \pm \sqrt{1 - \dfrac{a^2 f'^2 B}{b^2}}$

$$= \dfrac{\pm \sqrt{b^2 - a^2 f'^2 B}}{b}. \text{ Donc } c = af B \pm \sqrt{b^2 - a^2 f'^2 B}.$$

De même, $f'B = \dfrac{b f'(A+B)}{c}$: d'où $c = bfA$

$\pm \sqrt{a^2 - b^2 f'^2 A}$. Ainsi ,

$$c = bfA \pm \sqrt{a^2 - b^2 f'^2 A}$$
$$= afB \pm \sqrt{b^2 - a^2 f'^2 B}.$$

Et on trouveroit des valeurs analogues pour b et a.

$9°.\ a = cfB \pm \sqrt{b^2 - c^2 f'^2 B}$
$$= bfC \pm \sqrt{c^2 - b^2 f'^2 C}.$$

Mais $a = \dfrac{b f'A}{f'B} = \dfrac{c f'A}{f'C}$. Donc ,

$$f'A = \dfrac{f'B}{b} \left(cfB \pm \sqrt{b^2 - c^2 f'^2 B} \right)$$
$$= \dfrac{f'C}{b} \left(bfC \pm \sqrt{c^2 - b^2 f'^2 C} \right).$$

Et on trouveroit des valeurs analogues pour $f'B$ et $f'C$.

$10°.$ A cause de $f_\zeta = \sqrt{1 - f'^2 \zeta}$, les formules du numéro précédent deviendront,

$$fA = \dfrac{c f'^2 B \mp fB . \sqrt{b^2 - c^2 f'^2 B}}{b}$$
$$= \dfrac{b f'^2 C \mp fC \sqrt{c^2 - b^2 f'^2 C}}{c}.$$

Et on trouveroit des valeurs analogues pour $f\mathrm{B}$ et $f\mathrm{C}$.

11°. $c = af'\mathrm{B} \pm \sqrt{b^2 - a^2 f'^2\mathrm{B}}$: donc,
$(c - af\mathrm{B})^2 = b^2 - a^2 f'^2\mathrm{B}$, $c^2 - 2acf\mathrm{B} = b^2 - a^2$,
et $b = \sqrt{a^2 + c^2 - 2acf\mathrm{B}}$.

Et on trouveroit des valeurs analogues pour a et c.

12°. De $c^2 - 2acf\mathrm{B} = b^2 - a^2$, on tire encore,
$$f\mathrm{B} = \frac{a^2 + c^2 - b^2}{2ac}.$$

Et on trouveroit des valeurs analogues pour $f\mathrm{A}$ et $f\mathrm{C}$.

13°. De $cf'\mathrm{A} = af\mathrm{B} \cdot f'\mathrm{A} + af'\mathrm{B} \cdot f\mathrm{A}$, on déduit, à cause de $af'\mathrm{B} = bf'\mathrm{A}$, $c = af\mathrm{B} + bf\mathrm{A}$. Et on trouveroit des valeurs analogues pour b et a.

En ajoutant les deux formules,
$a^2 = b^2 + c^2 - 2bcf\mathrm{A}$,
et $b^2 = a^2 + c^2 - 2acf\mathrm{B}$,
on obtiendroit également $c = af\mathrm{B} + bf\mathrm{A}$. Et ainsi pour les deux autres.

14°. En retranchant l'une de l'autre les deux formules,
$a^2 = b^2 + c^2 - 2bcf\mathrm{A}$,
et $b^2 = a^2 + c^2 - 2acf\mathrm{B}$,
on obtiendroit $c = \dfrac{a^2 - b^2}{af\mathrm{B} - bf\mathrm{A}}$.

Et on trouveroit des valeurs analogues pour b et a.

15°. $f\mathrm{A} = \dfrac{c^2 + b^2 - a^2}{2bc}$. Donc,

$$f'A = \frac{\sqrt{4b^2c^2 - (c^2 + b^2 - a^2)^2}}{2bc}$$

$$= \frac{\sqrt{(2bc + c^2 + b^2 - a^2)(2bc - c^2 - b^2 + a^2)}}{2bc}$$

$$= \frac{\sqrt{((b+c)^2 - a^2)(a^2 - (b-c)^2)}}{2bc}$$

$$= \frac{\sqrt{(b+c+a)(b+c-a)(a+b-c)(a-b+c)}}{2bc}$$

ou, en faisant $a + b + c = q$,

$$f'A = \frac{2\sqrt{q(q-a)(q-b)(q-c)}}{bc}.$$

Et on trouveroit des valeurs analogues pour $f'B$ et $f'C$.

16°. $fA = \dfrac{c^2 + b^2 - a^2}{2bc}$. Donc,

$$2f'^2(\tfrac{1}{2}A) = \frac{2bc - c^2 - b^2 + a^2}{2bc} = \frac{a^2 - (b-c)^2}{2bc}$$

$$= \frac{(a+b-c)(a-b+c)}{2bc} = \frac{2(q-b)(q-c)}{bc},$$

et $f'(\tfrac{1}{2}A) = \sqrt{\dfrac{(q-b)(q-c)}{bc}}.$

Et on trouveroit des valeurs analogues pour $f'(\tfrac{1}{2}B)$ et $f'(\tfrac{1}{2}C)$.

17°. $fA = \dfrac{c^2 + b^2 - a^2}{2bc}$. Donc,

$$2f^2(\tfrac{1}{2}A) = \frac{2bc + c^2 + b^2 - a^2}{2bc} = \frac{(b+c)^2 - a^2}{2bc}$$

$$= \frac{(b+c+a)(b+c-a)}{2bc} = \frac{2q(q-a)}{bc},$$

$$\text{et } f(\tfrac{1}{2}A) = \sqrt{\frac{q(q-a)}{bc}}.$$

Et on trouveroit des valeurs analogues pour $f(\tfrac{1}{2}B)$ et $f(\tfrac{1}{2}C)$.

$$18°. \; f'''A = \frac{\sqrt{4b^2c^2 - (c^2+b^2-a^2)^2}}{c^2+b^2-a^2}$$

$$= \frac{2\sqrt{q(q-a)(q-b)(q-c)}}{c^2+b^2-a^2}.$$

Et on trouveroit des valeurs analogues pour $f'''B$ et $f'''C$.

$$19°. \; f'''(\tfrac{1}{2}A) = \sqrt{\frac{(q-b)(q-c)}{q(q-a)}}.$$

Et on trouveroit des valeurs analogues pour $f'''(\tfrac{1}{2}B)$ et $f'''(\tfrac{1}{2}C)$.

96. On pourroit multiplier davantage ces formules ; mais en voilà assez sur cette matière.

Dans les formules où il entre un radical de la forme $\sqrt{a^2 - b^2 f'^2 A}$, affecté de $\pm$ ou $\mp$; ce radical doit être pris avec le signe supérieur ou inférieur, suivant que celle des trois quantités A, B, C, au moyen de laquelle on peut exprimer chacune de ces formules, est $<$ ou $> \tfrac{1}{2}\pi$.

Car $\pm\sqrt{a^2 - b^2 f'^2 A}$

$$= \pm a\sqrt{1 - \frac{b^2 f'^2 A}{a^2}} = \pm a\sqrt{1 - f'^2 B}$$

$$= a f \mathrm{B}, \text{ et} \mp \sqrt{a^2 - b^2 f'^2 \mathrm{A}} = - a f \mathrm{B}.$$ Or, $f\mathrm{B}$ est positif ou négatif, suivant qu'il est $<$ ou $> \frac{1}{2}\pi$.

Connoissant les quantités A, B, C, on ne peut trouver aucune des quantités a, b, c. Car, $\mathrm{A} + \mathrm{B} + \mathrm{C} = \pi$, quels que soient a, b, c : d'où il suit que les quantités A, B, et C sont indépendantes de a, b, c, et qu'ainsi aucune de celle-ci ne peut se déduire des premières. Car, au lieu de a, b, c, substituons des quantités proportionnelles a', b', c'. Puisqu'on a $f'\mathrm{A} : f'\mathrm{B} : f'\mathrm{C} :: a : b : c$, on aura aussi $f'\mathrm{A} : f'\mathrm{B} : f'\mathrm{C} :: a' : b' : c'$. D'où l'on voit que A, B, C, restans les mêmes, a, b, c peuvent avoir chacun une infinité de valeurs différentes.

Aussi ne pourra-t-on jamais, en combinant les formules précédentes, arriver à une formule qui donne la quantité a, ou b, ou c, par le moyen des seules quantités A, B, C. Mais connoissant A, B, C, on a seulement les rapports qui sont entre a, b, c ; puisque $f'\mathrm{A} : f'\mathrm{B} : f'\mathrm{C} :: a : b : c$.

Connoissant deux des trois quantités a, b, c, et celle des trois quantités A, B, C, qui correspond à l'une de ces deux-là ; si l'on demande : soit celle des quantités A, B, C, qui correspond à l'autre de ces deux-là ; soit celle des quantités A, B, C, qui ne correspond à aucune de ces deux-là ; soit celle des quantités a, b, c, qui n'est pas connue ; chacun de ces trois problêmes aura, en général, deux solutions, à moins qu'on ne sache si celle des trois quantités A, B, C, qui est inconnue, mais correspondante à l'une des deux quantités connues entre les trois a, b, c, est $<$ ou $> \frac{1}{2}\pi$.

Car, supposons qu'on connoisse a, b, A; et qu'on demande successivement, B, C, c.

1°. On ne peut avoir B que par la formule $f'B = \dfrac{bf'A}{a}$; ce qui donne en général pour B deux valeurs différentes, l'une $\mathcal{C} < \dfrac{\pi}{2}$, et l'autre $\pi - \mathcal{C} > \dfrac{\pi}{2}$. Il y aura, en général, deux solutions, à moins qu'on ne sache si B doit être $<$ ou $> \dfrac{\pi}{2}$. (On le saura, par exemple, si A est $< \dfrac{\pi}{2}$; car alors, B sera nécessairement $< \dfrac{\pi}{2}$.)

2°. Ayant B, on aura, $C = \pi - (A + B)$. Mais B ayant, en général, deux valeurs, C en aura deux aussi, en général.

3°. Ayant B et C, on aura c par la formule $c = \dfrac{bf'(A + B)}{f'B}$; mais B ayant, en général, deux valeurs, et C deux valeurs correspondantes, c en aura deux aussi, en général.

Ces quatre cas exceptés, on pourra toujours résoudre, d'une manière déterminée, tous les cas de ce problême général : Des six quantités A, B, C, a, b, c, trois quelconques étant données, trouver chacune des trois autres.

97. Ce problême n'en renferme que douze essentiellement différens, y compris les quatre indéterminés, dont le premier a une infinité de solutions, et chacun des trois autres deux solutions.

I. Connoissant A, B, b, trouver a............

$$a = \frac{b f'A}{f'B}.$$

II. Connoissant A, B, b, trouver c...........

$$c = \frac{b f'(A+B)}{f'b}.$$

III. Connoissant A, B, b, trouver C.........

$$C = \pi - (A+B).$$

IV. Connoissant A, B, c, trouver b..........

$$b = \frac{c f'B}{f'(A+B)}.$$

V. Connoissant A, B, c, trouver C...........

$$C = \pi - (A+B).$$

VI. Connoissant A, B, C, trouver a.........

Il y a un nombre infini de solutions, en prenant b ou c arbitrairement.

VII. Connoissant a, b, B, trouver A.........

$$f'A = \frac{a f'B}{b}.$$ Ce qui donne deux solutions.

VIII. Connoissant a, b, B, trouver C......
On déterminera A par le problême précédent ; et
ensuite on aura, $C = \pi - (A + B)$. Ce qui donne
deux solutions.... autrement,

$$f'C = \frac{f'A}{a} \left(b f A \pm \sqrt{a^2 - b^2 f'^2 A} \right).$$

Il semble que cette formule, donnant deux valeurs de $f'C$, doit, pour chacune de ces valeurs,
donner deux valeurs de C, l'une $<$ et l'autre $> \frac{\pi}{2}$:
mais, 1°. si B est $< \frac{\pi}{2}$, on aura seulement,

$$f'C = \frac{f'A}{a} \left(b f A + \sqrt{a^2 - b^2 f'^2 A} \right). \text{ Or, quoi-}$$

qu'il en résulte deux valeurs de C, l'une $<$ et
l'autre $< \frac{\pi}{2}$, il n'y en a cependant qu'une qui soit
admissible, savoir, celle qui s'accorde avec la valeur tirée de la formule $C = \pi - (A + B)$. 2°. Si
B est $> \frac{\pi}{2}$, on aura seulement,

$$f'C = \frac{f'A}{a} \left(b f A - \sqrt{a^2 - b^2 f'^2 A} \right). \text{ Or, quoi-}$$

qu'il en résulte deux valeurs de C, il n'y en a
cependant qu'une d'admissible, savoir celle qui
s'accorde avec la valeur tirée de la formule
$C = \pi - (A + B)$. D'où il suit qu'il vaut mieux
faire usage de cette seconde formule que de la
première, pour résoudre le problême dont il s'agit.

*

IX. Connoissant a, b, B, trouver c . . . . . .
On déterminera A et C par le problême précédent ; et ensuite on aura $c = \dfrac{b f'(A+B)}{f'B}$. Ce qui donne deux solutions . . . . Autrement,
$$c = b f A \pm \sqrt{a^2 - b^2 f'^2 A}.$$

X. Connoissant a, b, C, trouver B . . . .
On a $B + A = \pi - C$; et on aura $B - A$ par la formule $f''' \frac{1}{2}(B - A) = \dfrac{b - a}{b + a} f''(\frac{1}{2}C)$. Connoissant $B + A$ et $B - A$, on aura B . . . Autrement,
$$f''' B = \dfrac{b f C}{a - b f' C}.$$

XI. Connoissant a, b, C, trouver c . . . .
On déterminera A par le problême précédent ; et ensuite on aura c par la formule $c = \dfrac{a f' C}{f' A}$ . . . . . .
Autrement, $c = \sqrt{a^2 + b^2 - 2 a b f C}.$

XII. Connoissant a, b, c, trouver A . . . . . .
$$f'(\tfrac{1}{2}A) = \sqrt{\dfrac{(q - b)(q - c)}{b c}}.$$

Il semble que cette formule doit donner deux valeurs de A, l'une $<$ et l'autre $> \dfrac{\pi}{2}$. Mais quoiqu'elle en donne deux en effet, cependant il n'y en a qu'une d'admissible, savoir, celle qui s'accorde avec la valeur tirée de la formule $f(\frac{1}{2}A) =$

$\sqrt{\dfrac{q(q-a)}{bc}}$. D'où il suit qu'il vaut mieux faire usage de cette seconde formule que de la première, pour résoudre le problême dont il s'agit.

Plusieurs de ces problêmes peuvent encore être résolus par d'autres formules, que nous avons fait connoître ci-devant.

98. Soient maintenant six quantités A, B, C, a, b, c, telles que l'on ait ;

1°. $f'A : f'B : f'C :: f'a : f'b : f'c$;

2°. $f'(A+B) = \left(\dfrac{fa+fb}{1+fc}\right) f'C$,

$f'(A+C) = \left(\dfrac{fa+fc}{1+fb}\right) f'B$,

$f'(B+C) = \left(\dfrac{fb+fc}{1+fa}\right) f'A$;

A, B, C, étant chacune $< \pi$, et a, b, c, aussi chacune $< \pi$. On demande les différentes relations qu'ont entr'elles ces six quantités.

1°. $f'A = \dfrac{f'a . f'C}{f'c} = \dfrac{f'a\, f'B}{f'b}$.

Et on a des valeurs analogues pour $f'B$ et $f'C$.

2°. $f'a = \dfrac{f'c . f'A}{f'C} = \dfrac{f'b . f'A}{f'B}$.

Et on a des valeurs analogues pour $f'B$ et $f'C$.

3°. $\dfrac{f'b+f'a}{f'b-f'a} = \dfrac{f'B+f'A}{f'B-f'A} = \dfrac{f'''\frac{1}{2}(b+a)}{f'''\frac{1}{2}(b-a)}$

$$= \frac{f'''\tfrac{1}{2}(B+A)}{f'''\tfrac{1}{2}(B-A)}. \text{ D'où}$$

$$f'''\tfrac{1}{2}(B-A) = \frac{f'''\tfrac{1}{2}(b-a)}{f'''\tfrac{1}{2}(b+a)}\, f'''\tfrac{1}{2}(B+A).$$

Valeurs analogues pour $f'''\tfrac{1}{2}(C-A)$ et $f'''\tfrac{1}{2}(B-C)$.

$$4°.\ f'c = \frac{(f'b+f'a)f'C}{f'B+f'A}.$$

Valeurs analogues pour $f'a$ et $f'b$.

$$5°.\ f'c = \frac{(f'b-f'a)fC}{f'B-f'A}.$$

Valeurs analogues pour $f'a$ et $f'b$.

$$6°.\ \mathrm{De}\ f'(B+A) = \left(\frac{fb+fa}{1+fc}\right)f'C,$$

on tire $1+fc = \dfrac{(fb+fa)f'C}{f'(B+A)}$, et $\dfrac{1+fc}{f'c}$ ou

$$f''(\tfrac{1}{2}c) = \frac{(fb+fa)f'C}{f'(B+A)f'c}$$

$$= \frac{fb+fa}{f'a.fB+f'b.fA}.$$

Valeurs analogues pour $f''(\tfrac{1}{2}b)$ et $f''(\tfrac{1}{2}a)$.

7°. De la formule précédente, on déduit,

$$f'''(\tfrac{1}{2}c) = \frac{f'(B+A)f'c}{(fb+fa)f'C} = \frac{f'a.fB+f'b.fA}{fb+fa}.$$

Valeurs analogues pour $f'''(\tfrac{1}{2}b)$ et $f'''(\tfrac{1}{2}a)$.

$$8°.\ \mathrm{On\ a}\ f'b = \frac{f'B.f'a}{f'A},\ \mathrm{et}\ f'a = \frac{f'A.f'b}{f'B};$$

par conséquent, $fb = \dfrac{\pm\sqrt{f'^2A - f'^2B.f'^2a}}{f'A}$,

$$\text{et } fa = \frac{\pm\sqrt{f'^2B - f'^2A \cdot f'^2b}}{f'B}.$$

D'ailleurs, $\dfrac{f'C}{f'c} = \dfrac{f'A}{f'a} = \dfrac{f'B}{f'b}$.

Substituant successivement les deux valeurs de fb et fa , avec l'une ou l'autre des deux valeurs de $\dfrac{f'C}{f'c}$, dans la formule du n°. 6,

$$f''(\tfrac{1}{2}c) = \frac{(fb + fa)f'C}{f'(B+A)f'c},$$

on aura,

$$f''(\tfrac{1}{2}c) = \frac{f'A \cdot fa \pm \sqrt{f'^2A - f'^2B \cdot f'^2a}}{f'(B+A) \cdot f'a}$$

$$= \frac{f'B \cdot fb \pm \sqrt{f'^2B - f'^2A \cdot f'^2b}}{f'(B+A) \cdot f'b}.$$

Valeurs analogues pour $f''(\tfrac{1}{2}b)$ et $f''(\tfrac{1}{2}a)$.

9°. On a $f'B = \dfrac{f'b \cdot f'A}{f'a}$, et $f'A = \dfrac{f'a \cdot f'B}{f'b}$;

par conséquent, $fB = \dfrac{\pm\sqrt{f'^2a - f'^2b \cdot f'^2A}}{f'a}$,

$$\text{et } fA = \frac{\pm\sqrt{f'^2b - f'^2a \cdot f'^2B}}{f'b}.$$

Substituant successivement ces deux valeurs dans la formule du n°. 7,

$$f'''(\tfrac{1}{2}c) = \frac{f'a \cdot fB + f'b \cdot fA}{fb + fa},$$

on aura,

$$f'''(\tfrac{1}{2}c) = \frac{f'b \cdot fA \pm \sqrt{f'^2a - f'^2b \cdot f'^2A}}{fb + fa}$$

$$= \frac{f'a \cdot fB \pm \sqrt{f'^2 b - f'^2 a \cdot f'^2 B}}{fb + fa}.$$

Valeurs analogues pour $f'''(\tfrac{1}{2} b)$ et $f'''(\tfrac{1}{2} a)$.

10°. D'après la formule du n°. 9, on a,

$$\left(f'''(\tfrac{1}{2}c)(fb + fa) - f'b\, fA \right)^2$$

$$= f'^2 a - f'^2 b\, f'^2 A\, ; \text{ d'où l'on tire,}$$

$$f'''^2(\tfrac{1}{2}c)(fb + fa)^2 - 2f'''(\tfrac{1}{2}c)(fb + fa)f'b \cdot fA$$

$$= f'^2 a - f'^2 b = f'^2 b - f'^2 a,$$

$$\text{et } fA = \frac{f'''^2(\tfrac{1}{2}c)(fb + fa) - (fb - fa)}{2f'''(\tfrac{1}{2}c)f'b},$$

ou, en mettant pour $f'''(\tfrac{1}{2}c)$ sa valeur $\dfrac{1 - fc}{f'c}$,

et réduisant,

$$fA = \frac{fb \cdot f'^2 c - fb \cdot fc + fa - fa \cdot fc}{f'b \cdot f'c\,(1 - fc)}$$

$$= \frac{fa - fb \cdot fc}{f'b \cdot f'c}.$$

Valeurs analogues pour fb et fc.

11°. De-là on déduit $fa = fA \cdot f'b \cdot f'c - fb \cdot fc$.

Valeurs analogues pour fb et fc.

12°. Il est aisé de voir que

$$\frac{fb + fa}{f'a \cdot fB + f'b \cdot fA} \cdot \frac{fb - fa}{f'a \cdot fB - f'b \cdot fA}$$

$$= \frac{f'^2 a - f'^2 b}{f'^2 a \cdot f'^2 B - f'^2 b \cdot f'^2 A}$$

$$= \frac{f'^2 a - f'^2 b}{f'^2 a - f'^2 b - f'^2 a \cdot f'^2 B + f'^2 b \cdot f'^2 A} = 1.$$

Mais nous avons trouvé,

$$f''\left(\tfrac{1}{2}c\right) = \frac{fb + fa}{f'a.f\mathrm{B} + f'b.f\mathrm{A}}$$

$$= \frac{(fb + fa)f'\mathrm{C}}{f'(\mathrm{B}+\mathrm{A})f'c}.$$

Donc, $f'''\left(\tfrac{1}{2}c\right) = \dfrac{fb - fa}{f'a.f\mathrm{B} - f'b.f\mathrm{A}}$

$$= \frac{(fa - fb)f'\mathrm{C}}{f'(\mathrm{B} - \mathrm{A})f'c}.$$

Valeurs analogues pour $f'''\left(\tfrac{1}{2}b\right)$ et $f'''\left(\tfrac{1}{2}a\right)$.

13°. De la formule précédente on déduit,

$$f''\left(\tfrac{1}{2}c\right) = \frac{f'a.f\mathrm{B} - f'b.f\mathrm{A}}{fb - fa}.$$

$$= \frac{f'(\mathrm{B} - \mathrm{A})f'c}{(fa - fb)f'\mathrm{C}}.$$

Valeurs analogues pour $f''\left(\tfrac{1}{4}b\right)$ et $f''\left(\tfrac{1}{2}a\right)$.

14°. De $f'''\left(\tfrac{1}{2}c\right) = \dfrac{(fa - fb f'\mathrm{C}}{f'(\mathrm{B} - \mathrm{A})f'c}$, on tire,

à cause de $f'''\left(\tfrac{1}{2}c\right) = \dfrac{1 - fc}{fc}$,

$$f'(\mathrm{B} - \mathrm{A}) = \left(\frac{fa - fb}{1 - fc}\right)f'\mathrm{C}.$$

Valeurs analogues pour $f'(\mathrm{B} - \mathrm{C})$ et $f'(\mathrm{A} - \mathrm{C})$.

15.° Substituant, dans la formule du n°. 12,

$$f'''\left(\tfrac{1}{2}c\right) = \frac{(fa - fb)f'\mathrm{C}}{f'(\mathrm{B} - \mathrm{A})f'c},$$

successivement pour fb et fa, leurs valeurs

$$\frac{\pm \sqrt{f'^2\mathrm{A} - f'^2\mathrm{B}.f'^2a}}{f'\mathrm{A}},$$

$$\text{et} \quad \frac{\pm \sqrt{f''^2 B - f''^2 A \cdot f''^2 b}}{f'B},$$

et pour $\dfrac{f'c}{f'c}$ sa valeur $\dfrac{f'A}{f'a}$ ou $\dfrac{f'B}{f'b}$, on aura,

$$f'''(\tfrac{1}{2}c) = \frac{-f'A \cdot fa \pm \sqrt{f'^2 A - f'B \cdot f'^2 a}}{f'(B - A)f'a}$$

$$= \frac{f'B \cdot f'b \mp \sqrt{f'^2 B - f'^2 A \cdot f'^2 b}}{f'(B - A)f b}.$$

Valeurs analogues pour $f'''(\tfrac{1}{2}b)$ et $f'''(\tfrac{1}{2}a)$.

16°. Substituant, dans la formule du n°. 15,

$$f''(\tfrac{1}{2}c) = \frac{f'a \cdot fB - f'b \cdot fA}{fb - fa},$$

successivement pour fB et fA, leurs valeurs,

$$\frac{\pm \sqrt{f'^2 a - f'^2 b \cdot f'^2 A}}{f'a},$$

$$\text{et} \quad \frac{\pm \sqrt{f'^2 b - f'^2 a \cdot f'^2 B}}{f'b},$$

on aura,

$$f''(\tfrac{1}{2}c) = \frac{-f'b \cdot fA \pm \sqrt{f'^2 a - f'^2 b \cdot f'^2 A}}{fb - fa}$$

$$= \frac{f'a \cdot fB \mp \sqrt{f'^2 b - f'^2 a \cdot f'^2 B}}{fb - fa}.$$

Valeurs analogues pour $f''(\tfrac{1}{2}b)$ et $f''(\tfrac{1}{2}a)$.

Nota. De la formule du n°. 16, on déduiroit celle du n°. 10, comme on l'a déduite de celle du n°. 9.

17°. On a, par le n°. 7,

$$f'''(\tfrac{1}{2}c) = \frac{f'(B + A)f'c}{(fb + fa)f'C}$$

$$= \frac{f'(B + A)(f'b + f'a)}{(fb + fa)(f'B + f'A)}.$$

Mais $\dfrac{f'b + f'a}{fb + fa} = f'''\left(\dfrac{b + a}{2}\right),$

et $\dfrac{f'(B + A)}{f'B + f'A} = \dfrac{f\left(\dfrac{B + A}{2}\right)}{f\left(\dfrac{B - A}{2}\right)}.$ Donc

$$f'''(\tfrac{1}{2}c) = \frac{f'''\left(\dfrac{b + a}{2}\right)f\left(\dfrac{B + A}{2}\right)}{f\left(\dfrac{B - A}{2}\right)}.$$

Valeurs analogues pour $f'''(\tfrac{1}{2}b)$ et $f'''(\tfrac{1}{2}a)$.

On a aussi par le n°. 13,

$$f''(\tfrac{1}{2}c) = \frac{f'(B - A)f'c}{(fa - fb)f'C}$$

$$= \frac{f'(B - A)(f'b - f'a)}{(fa - fb)(f'B - f'A)}.$$

Mais $\dfrac{f'b - f'a}{fa - fb} = f''\left(\dfrac{b + a}{2}\right),$

et $\dfrac{f'(B - A)}{f'B - f'A} = \dfrac{f\left(\dfrac{B - A}{2}\right)}{f\left(\dfrac{B + A}{2}\right)}.$ Donc

$$f''\left(\tfrac{1}{2}c\right)=\frac{f''\left(\dfrac{b+a}{2}\right)f\left(\dfrac{B-A}{2}\right)}{f\left(\dfrac{B+A}{2}\right)}.$$

Formule qui revient à la précédente.

18°. On a encore par le n°. 7,

$$f'''\left(\tfrac{1}{2}c\right)=\frac{f'(B+A)f'c}{(fb+fa)f'C}$$

$$=\frac{f'(B+A)(f'b-f'a)}{(fb+fa)(f'B-f'A)}.$$

Mais $\dfrac{f'b-f'a}{fb+fa}=f'''\left(\dfrac{b-a}{2}\right)$,

et $\quad\dfrac{f'(B+A)}{f'b-f'a}=\dfrac{f'\left(\dfrac{B+A}{2}\right)}{f\left(\dfrac{B-A}{2}\right)}.$ Donc

$$f'''\left(\tfrac{1}{2}c\right)=\frac{f'''\left(\dfrac{b-a}{2}\right)f'\left(\dfrac{B+A}{2}\right)}{f'\left(\dfrac{B-A}{2}\right)}.$$

Valeurs analogues pour $f'\left(\tfrac{1}{2}b\right)$ et $f'\left(\tfrac{1}{2}a\right)$.

On a aussi par le n°. 13,

$$f''\left(\tfrac{1}{2}c\right)=\frac{f'(B-A)f'c}{(fa-fb)f'C}$$

$$=\frac{f'(B-A)(f'b+f'a)}{(fa-fb)(f'B+f'A)}.$$

Mais $\dfrac{f'b+f'a}{fa-fb}=f''\left(\dfrac{b-a}{2}\right)$

$$\text{et } \frac{f'(B-A)}{f'B+f'A} = -\frac{f'\left(\dfrac{B-A}{2}\right)}{f'\left(\dfrac{B+A}{2}\right)}. \text{ Donc}$$

$$f''(\tfrac{1}{2}c) = \frac{f''\left(\dfrac{b-a}{2}\right)f'\left(\dfrac{B-A}{2}\right)}{f'\left(\dfrac{B+A}{2}\right)}.$$

Formule qui revient à la précédente.

19°. La formule $f'(B+A) = \left(\dfrac{fa+fb}{1+fc}\right)fC$

peut être mise sous la forme

$$f'(B+A) = \left(\frac{f\left(\dfrac{b+a}{2}\right)f\left(\dfrac{b-a}{2}\right)}{f^2(\tfrac{1}{2}c)}\right)f'C.$$

Valeurs analogues pour $f'(A+C)$ et $f'(B+C)$.

20°. La formule $f'(B-A) = \left(\dfrac{fa-fb}{1-fc}\right)f'C$

peut être mise sous la forme

$$f'(B-A) = \left(\frac{f'\left(\dfrac{b+a}{2}\right)f'\left(\dfrac{b-a}{2}\right)}{f'^2(\tfrac{1}{2}c)}\right)f'C.$$

Valeurs analogues pour $f'(A-C)$ et $f'(B-C)$.

21°. Eliminant fa dans les deux premières des formules $fa = fA . f'b . f'c + fb . fc,$
$$fb = fB . f'a . f'c + fa . fc,$$
$$fc = fC . f'a . f'b + fa . fb,$$
et fc dans les deux dernières, il vient :

$$f\,B = \frac{fb\,.\,f'c - fA\,.\,f'b\,.\,fc}{f'a}$$

$$= \frac{fb\,.\,f'a - fC\,.\,f'b\,.\,fa}{f'c}.$$

Valeurs analogues pour $f\,A$ et $f\,C$.

22°. A cause de $f'B = \dfrac{f'b\,.\,fA}{f'a} = \dfrac{f'b\,.\,f'C}{f'c}$,

et de la formule du n°. précédent, on aura,

$$f''B = \frac{fb\,.\,f'c - fA\,.\,f'b\,.\,fc}{f'b\,.\,f'A}$$

$$= \frac{f'b\,.\,f'a - fC\,.\,f'b\,.\,fa}{f'b\,.\,f'C},$$

ou $f''B = \dfrac{f'c\,.\,f''b}{f'A} - fc\,.\,f''A$

$$= \frac{f'a\,.\,f''b}{f'C} - fa\,.\,f''C.$$

Valeurs analogues pour $f''A$ et $f''C$.

23°. De même,

$$f'''B = \frac{f'b\,.\,f'A}{fb\,.\,f'c - fA\,.\,f'b\,.\,fc}$$

$$= \frac{f'b\,.\,f'C}{fb\,.\,f'a - fC\,.\,f'b\,.\,fa}$$

ou $f'''B = \dfrac{f'A}{f'c\,.\,f''b - fc\,.\,fA}$

$$= \frac{f'C}{f'a\,.\,f''b - fa\,.\,fC}.$$

Valeurs analogues pour $f'''A$ et $f'''C$.

24°. Éliminant $f\,c$ dans les deux formules,

$$fa = fA \cdot f'b \cdot f'c + fb \cdot fc,$$
$$fb = fB \cdot f'a \cdot f'c + fa \cdot fc,$$

on trouve,

$$f'c = \frac{f^2b - f^2a}{f'a \cdot fb \cdot fB - f'b \cdot fa \cdot fA}$$
$$= \frac{f'a \cdot fb \cdot fB + f'b \cdot fa fA}{1 - f'^2a \cdot f'^2B}$$
$$= \frac{f'b \cdot fa \cdot fA + f'a \cdot fb \cdot fB}{1 - f'^2b \cdot f'^2A}.$$

Valeurs analogues pour $f'b$ et $f'a$.

25°. Eliminant $f'c$ dans les deux mêmes formules, on trouve,

$$fc = \frac{f'a \cdot fa \cdot fB - f'b \cdot fb \cdot fA}{f'a \cdot fb \cdot fB - f'b \cdot fa \cdot fA}.$$

Valeurs analogues pour fb et fa.

26°. Divisant les formules des deux numéros précédens, on obtient,

$$f'''c = \frac{f^2b - f^2a}{f'a \cdot fa \cdot fB - f'b \cdot fb \cdot fA}$$
$$= \frac{2f^2b - f^2a}{f'(2a)fB - f'(2b)fA}.$$

Valeurs analogues pour $f'''b$ et $f'''a$.

27°. Du n°. 24, on déduit,

$$f'c = \frac{f'b \cdot fa \cdot fA \pm fb\sqrt{f'^2a - f'^2b \cdot f'^2A}}{f'^2b \cdot f^2A + f^2b}$$
$$= \frac{f'a \cdot fb \cdot fB \pm fa\sqrt{f'^2b - f'^2a \cdot f'^2B}}{f'^2a \cdot f^2B + f^2a}.$$

Valeurs analogues pour $f'b$ et $f'a$.

28°. Du même n°. on déduit encore,

$$f'c = \frac{f'a\left(f'\mathrm{B}.f\mathrm{A}.fa \pm f\mathrm{B}\sqrt{f'^2\mathrm{A}-f'^2\mathrm{B}.f'^2a}\right)}{f'\mathrm{A}\left(f'^2a.f'\mathrm{B}+f'^2a\right)}$$

$$= \frac{f'b\left(f'\mathrm{A}.f\mathrm{B}.fb \pm f\mathrm{A}\sqrt{f'^2\mathrm{B}-f'^2\mathrm{A}.f'^2b}\right)}{f'\mathrm{B}\left(f'^2\mathrm{B}.f'^2\mathrm{A}+f'^2b\right)}.$$

Valeurs analogues pour $f'b$ et $f'a$.

Nota. Du n°. 25, on déduiroit des résultats de même genre, mais plus compliqués. — Du n°. 26, on déduiroit aussi des résultats de même genre.

29°. D'après le n°. 11, on a,
$$fa = f\mathrm{A}.f'b.f'c + fb.fc. \text{ Mais } fb = 1 - 2f'^2(\tfrac{1}{2}b),$$
et $fc = 1 - 2f'^2(\tfrac{1}{2}c)$. Partant,
$$fb.fc = 1 - 2f'^2(\tfrac{1}{2}b).f^2(\tfrac{1}{2}c) - 2f'^2(\tfrac{1}{2}c).f^2(\tfrac{1}{2}b).$$
D'ailleurs, $fa = 1 - 2f'^2(\tfrac{1}{2}a)$. Donc,
$$f'(\tfrac{1}{2}a) = \sqrt{f^2(\tfrac{1}{2}b)f^2(\tfrac{1}{2}c) + f'^2(\tfrac{1}{2}c)f^2(\tfrac{1}{2}b) - \tfrac{1}{2}f'b.f'c.f}$$
Valeurs analogues pour $f'(\tfrac{1}{2}b)$ et $f'(\tfrac{1}{2}c)$.

30°. D'après le n°. 10, on a,
$$f\mathrm{A} = \frac{fa - fb.fc}{f'b.f'c}. \text{ Donc}$$

$$f'\mathrm{A} = \frac{\sqrt{f'^2b.f'^2c - (fa - fb.fc)^2}}{f'b.f'c}$$

$$= \frac{\sqrt{(f(b+c)+fa)(f(b-c)-fa)}}{f'b.f'c}$$

$$= \frac{\sqrt{4f'\left(\frac{b+c+a}{2}\right)f'\left(\frac{b+c-a}{2}\right)f'\left(\frac{a+b-c}{2}\right)f'\left(\frac{a+c-b}{2}\right)}}{f'b.f'c}$$

$$\text{ou } f'A = \frac{2\sqrt{f'q \cdot f'(q-a)\, f'(q-b)\, f'(q-c)}}{f'b \cdot f'c},$$

en nommant q la demi-somme des trois quantités a, b, c. Valeurs analogues pour $f'B$ et $f'C$.

31°. $fA = \dfrac{fa - fb \cdot fc}{f'b \cdot f'c}$. Donc $1 - fA$, ou

$$2 f'^2(\tfrac{1}{2}A) = \frac{f(b-c) - fa}{f'b \cdot f'c}$$

$$= \frac{2 f'\left(\dfrac{a+b-c}{2}\right) f'\left(\dfrac{a+c-b}{2}\right)}{f'b \cdot f'c};$$

$$\text{et } f'(\tfrac{1}{2}A) = \sqrt{\frac{f'(q-b)\, f'(q-c)}{f'b \cdot f'c}}.$$

Valeurs analogues pour $f'(\tfrac{1}{2}B)$ et $f'(\tfrac{1}{2}C)$.

32°. $f'A = \dfrac{fa - fb \cdot fc}{f'b \cdot f'c}$. Donc $1 + fA$, ou

$$2 f^2(\tfrac{1}{2}A) = \frac{-f(b+c) + fa}{f'b \cdot f'c}$$

$$= \frac{2 f'\left(\dfrac{b+c+a}{2}\right) f'\left(\dfrac{b+c-a}{2}\right)}{f'b \cdot f'c};$$

$$\text{et } f(\tfrac{1}{2}A) = \sqrt{\frac{f'q \cdot f'(q-a)}{f'b \cdot f'c}}.$$

Valeurs analogues pour $f(\tfrac{1}{2}B)$ et $f(\tfrac{1}{2}C)$.

33°. D'après les n°. 10 et 30, on trouvera,

$$f'''A = 2 \frac{\sqrt{f'q \cdot f'(q-a)\, f'(q-b)\, f'(q-c)}}{fa - fb \cdot fc}.$$

Valeurs analogues pour $f'''B$ et $f'''C$.

34°. D'après les n°. 31 et 32, on trouvera,

$$f'''(\tfrac{1}{2}A) = \sqrt{\frac{f'(q-b)\,f'(q-c)}{f'q \cdot f'(q-a)}}.$$

Valeurs analogues pour $f'''(\tfrac{1}{2}B)$ et $f'''(\tfrac{1}{2})C$.

99. Voilà déjà bien des formules : mais on peut en trouver encore autant d'autres, qui toutes se déduiront des précédentes, par de simples substitutions de lettres et de signes, au moyen de l'observation suivante :

D'après le n°. 21, on a,

$$fB \cdot f'a = fb \cdot f'c - fA \cdot f'b \cdot fc,$$
$$\text{et } fC \cdot f'a = fc \cdot f'b - fA \cdot f'c \cdot fb.$$

Et si l'on élimine fc, on aura,

$$fb = \frac{fB + fA \cdot fC}{f'A \cdot f'C}.$$

Valeurs analogues pour fa et fc. Or, ces valeurs sont les mêmes que celles du n°. 10, à l'exception que les quantités A, B, C, sont changées en a, b, c, et réciproquement ; et de plus que les quantités affectées de f sont prises avec un signe contraire. Mais c'est-là ce qui arriveroit, en prenant pour a, b et c, $\pi - A$, $\pi - B$, et $\pi - C$, et pour A, B et C, $\pi - a$, $\pi - b$, et $\pi - c$. Donc par ce moyen, toutes les formules que nous avons obtenues dans l'article précédent, en donneront de correspondantes, que voici.

100. D'abord les deux hypothèses donnent,

$1°. f'a : f'b : f'c :: f'A : f'B : f'C;$

ce qui est la première condition elle-même;

$$2°. f'(a+b) = \left(\frac{fA+fB}{1-fC}\right)f'c,$$

$$f'(a+c) = \left(\frac{fA+fC}{1-fB}\right)f'b,$$

$$f'(b+c) = \left(\frac{fB+fC}{1-fA}\right)f'a;$$

proposition analogue à celle qui est donnée par la seconde condition.

Maintenant les résultats trouvés dans l'avant-dernier article, fourniront les résultats suivans :

1°. Mêmes résultats que dans le n°. 2 de l'avant-dernier article.

2°. Mêmes résultats que dans le n°. 1 de l'avant-dernier article.

3°. Mêmes résultats que dans le n°. 3 de l'avant-dernier article, en mettant a, b, c, pour A, B, C, et réciproquemeut ; ce qui ne donne rien de nouveau.

4°. Mêmes résultats que n°. 4, en mettant, &c.

5°. Mêmes résultats que n°. 5, en mettant, &c.

$$6°. f'''(\tfrac{1}{2}C) = \frac{(fB+fA)f'C}{f'(b+a)f'c}$$
$$= \frac{fB+fA}{f'A.fb+f'B.fa}.$$

Valeurs analogues pour $f'''(\tfrac{1}{2}B)$ et $f'''(\tfrac{1}{2}A)$.

$$7^\circ.\ f''(\tfrac{1}{2}\mathrm{C}) = \frac{f'(b+a)f'c}{(f\mathrm{B}+f\mathrm{A})f'\mathrm{C}}$$

$$= \frac{f'\mathrm{A}.fb + f'\mathrm{B}.fa}{f\mathrm{B}+f\mathrm{A}}.$$

Valeurs analogues pour $f''(\tfrac{1}{2}\mathrm{B})$ et $f''(\tfrac{1}{2}\mathrm{A})$.

$$8^\circ.\ f'''(\tfrac{1}{2}\mathrm{C}) = \frac{-f'a.f\mathrm{A} \mp \sqrt{f'^2a - f'^2b}.f'^2\mathrm{A}}{f'(b+a)f'\mathrm{A}}$$

$$= \frac{-f'b.f\mathrm{B} \mp \sqrt{f'^2b - f'^2a}.f'^2\mathrm{B}}{f'(b+a)f\mathrm{B}}.$$

Valeurs analogues pour $f'''(\tfrac{1}{2}\mathrm{B})$ et $f'''(\tfrac{1}{2}\mathrm{A})$.

$$9^\circ.\ f''(\tfrac{1}{2}\mathrm{C}) = \frac{f'\mathrm{B}.fa \pm \sqrt{f'^2\mathrm{A} - f'^2\mathrm{B}}.f'^2a}{f\mathrm{B}+f\mathrm{A}}$$

$$= \frac{f'\mathrm{A}.fb \pm \sqrt{f'^2\mathrm{B} - f'^2\mathrm{A}}.f'^2b}{f\mathrm{B}+f\mathrm{A}}.$$

Valeurs analogues pour $f''(\tfrac{1}{2}\mathrm{B})$ et $f''(\tfrac{1}{2}\mathrm{A})$.

$$10^\circ.\ fa = \frac{f\mathrm{A} + f\mathrm{B}.f\mathrm{C}}{f'\mathrm{B}.f'\mathrm{C}}.$$

Valeurs analogues pour fb et fc.

$$11^\circ.\ f\mathrm{A} = fa.f'\mathrm{B}.f'\mathrm{C} + f\mathrm{B}.f\mathrm{C}.$$

Valeurs analogues pour $f\mathrm{B}$ et $f\mathrm{C}$.

$$12^\circ.\ f''(\tfrac{1}{2}\mathrm{C}) = \frac{f\mathrm{B} - f\mathrm{A}}{f'\mathrm{A}.fb - f'\mathrm{B}.fa}$$

$$= \frac{(f\mathrm{A} - f\mathrm{B})f'c}{f'(\mathrm{B} - \mathrm{A})f'\mathrm{C}}.$$

Valeurs analogues pour $f''(\tfrac{1}{2}\mathrm{B})$ et $f''(\tfrac{1}{2}\mathrm{A})$.

$$13^{\circ}.\ f'''\left(\tfrac{1}{2}C\right) = \frac{f'A \cdot fb - f'B \cdot fa}{fB - fA}$$

$$= \frac{f'(b-a)f'C}{(fA-fB)f'c}.$$

Valeurs analogues pour $f'''\left(\tfrac{1}{2}B\right)$ et $f'''\left(\tfrac{1}{2}A\right)$.

$$14^{\circ}.\ f'(b-a) = \left(\frac{fA-fB}{1+fC}\right)f'c.$$

Valeurs analogues pour $f'(b-c)$ et $f'(a-c)$.

$$15^{\circ}.\ f''\left(\tfrac{1}{2}C\right) = \frac{-f'a \cdot fA \pm \sqrt{f'^2a - f'^2b \cdot f'^2A}}{f'(b-a)f'A}$$

$$= \frac{f'b \cdot fB \mp \sqrt{f'^2b - f'^2a \cdot f'^2B}}{f'(b-a)f'B}.$$

Valeurs analogues pour $f'\left(\tfrac{1}{2}B\right)$ et $f'\left(\tfrac{1}{2}A\right)$.

$$16^{\circ}.\ f'''\left(\tfrac{1}{2}C\right) = \frac{-f'B \cdot fa \pm \sqrt{f'^2A - f'^2B \cdot f'^2a}}{fB - fA}$$

$$= \frac{f'A \cdot fb \mp \sqrt{f'^2B - f'^2A \cdot f'^2b}}{fB - fA}.$$

Valeurs analogues pour $f'''\left(\tfrac{1}{2}B\right)$ et $f'''\left(\tfrac{1}{2}A\right)$.

$$17^{\circ}.\ f''\left(\tfrac{1}{2}C\right) = \frac{f'''\left(\dfrac{B+A}{2}\right)f\left(\dfrac{b+a}{2}\right)}{f\left(\dfrac{b-a}{2}\right)}.$$

Valeurs analogues pour $f''\left(\tfrac{1}{2}B\right)$ et $f''\left(\tfrac{1}{2}A\right)$.

$$18^{\circ}.\ f''\left(\tfrac{1}{2}C\right) = \frac{f'''\left(\dfrac{B-A}{2}\right)f'\left(\dfrac{b+a}{2}\right)}{f'\left(\dfrac{b-a}{2}\right)}.$$

Valeurs analogues pour $f''(\frac{1}{2}B)$ et $f''(\frac{1}{2}A)$.

$$19^\circ.\ f'(b+a)=\left(\frac{f\left(\frac{B+A}{2}\right)f\left(\frac{B-A}{2}\right)}{f'^2(\frac{1}{2}C)}\right)f'c.$$

Valeurs analogues pour $f'(a+c)$ et $f'(b+c)$.

$$20^\circ.\ f'(b-a)=\left(\frac{f'\left(\frac{B+A}{2}\right)f'\left(\frac{B-A}{2}\right)}{f^2(\frac{1}{2}C)}\right)f'c.$$

Valeurs analogues pour $f'(a-c)$ et $f'(b-c)$.

$$21^\circ.\ fb=\frac{fB.f'C+fa.f'B.fC}{f'A}$$
$$=\frac{fB.f'A+fc.f'B.fA}{f'C}.$$

Valeurs analogues pour fa et fc.

$$22^\circ.\ f''b=\frac{fB.f'C+fa.f'B.fC}{f'B.f'a}$$
$$=\frac{fB.f'A+fc.f'B.fA}{f'B.f'c},$$
$$\text{ou}\ f''b=\frac{f'C.f''B}{f'a}+fC.f'a$$
$$=\frac{fA.f''B}{f'c}+fA.f''c.$$

Valeurs analogues pour $f''a$ et $f''c$.

$$23^\circ.\ f'''b=\frac{fB.fa}{fB.f'C+fa.f'B.fC}$$
$$=\frac{f'B.f'c}{fB.f'A+fc.f'B.fA},$$

$$\text{ou } f'''b = \frac{f'a}{f'C.f''B + fC.fa}$$

$$= \frac{f'c}{f'A.f''B - fA.fc}.$$

Valeurs analogues pour $f'''a$ et $f'''c$.

$$24°.\ f'C = \frac{f^2B - f^2A}{f'A.fB.fb - f'B.fA.fa}$$

$$= \frac{f'A.fB.fb + f'B.fA.fa}{1 - f'^2A.f'^2b}$$

$$= \frac{f'B.fA.fa + f'A.fB.fb}{1 - f'^2B.f'^2a}.$$

Valeurs analogues pour $f'B$ et $f'A$.

$$25°.\ fC = \frac{f'B.fB.fa - f'A.fA.fb}{f'A.fB.fb - f'B.fA.fa}.$$

Valeurs analogues pour fB et fA.

$$26°.\ f''C = \frac{f^2B - f^2A}{f'A.fA.fb - f'B.fB.fa}$$

$$= \frac{2f^2B - 2f^2A}{f'(2B)fa - f'(2A)fb}.$$

Valeurs analogues pour $f'''B$ et $f'''A$.

$$27°.\ f'C = \frac{f'B.fA.fa \pm fB\sqrt{f'^2A - f'^2B.f'^2a}}{f'^2B.f^2a + f^2B}$$

$$= \frac{f'A.fB.fb \pm fA\sqrt{f'^2B - f'^2A.f'^2b}}{f'^2A.f^2b + f^2A}.$$

Valeurs analogues pour $f'B$ et $f'A$.

$$28°.\ f'C = \frac{f'A(f'b.f'a.fA \pm fb\sqrt{f'^2a - f'^2b.f'^2A})}{f'a(f'^2A.f^2b + f^2A)}$$

$$= \frac{f'B\left(f'a.fb.fB \pm fa\sqrt{f'^2b - f'^2a.f'^2B}\right)}{f'b\left(f'^2B.f^2a + f'^2B\right)}.$$

Valeurs analogues pour $f'B$ et $f'A$.

$29^\circ.\ f'(\tfrac{1}{2}A) = \sqrt{f'^2(\tfrac{1}{2}B)f^2(\tfrac{1}{2}C) + f'^2(\tfrac{1}{2}C)f^2(\tfrac{1}{2}B)} + \tfrac{1}{2}f'B.f'C.$

Valeurs analogues pour $f(\tfrac{1}{2}B)$ et $f(\tfrac{1}{2}C)$.

$$30^\circ.\ f'a = \frac{2\sqrt{-fQ.f(Q-A)f(Q-B)f(Q-C)}}{f'B.f'C};$$

en nommant Q la demi-somme des trois quantités
A, B, C. Valeurs analogues pour $f'b$ et $f'c$.

$$31^\circ.\ f(\tfrac{1}{2}a) = \sqrt{\frac{f(Q-B)f(Q-C)}{f'B.f'C}}.$$

Valeurs analogues pour $f(\tfrac{1}{2}b)$ et $f(\tfrac{1}{2}c)$.

$$32^\circ.\ f'(\tfrac{1}{2}a) = \sqrt{\frac{-fQ.f(Q-A)}{f'B.f'C}}.$$

Valeurs analogues pour $f'(\tfrac{1}{2}b)$ et $f'(\tfrac{1}{2}c)$.

$$33^\circ.\ f'''a = \frac{2\sqrt{-fQ.f(Q-A)f(Q-B)f(Q-C)}}{fA + fB.fC}.$$

Valeurs analogues pour $f'''b$ et $f'''c$.

$$34^\circ.\ f''(\tfrac{1}{2}a) = \sqrt{\frac{f(Q-B)f(Q-C)}{-fQ\,f(Q-A)}}.$$

Valeurs analogues pour $f''(\tfrac{1}{2}b)$ et $f''(\tfrac{1}{2}c)$.

101. On pourroit multiplier encore ces formules. Mais en voilà assez sur cette matière.

Dans les formules où il entre un radical de la
forme $\sqrt{f'^2a - f'^2b.f'^2A}$, ou bien de la forme
$\sqrt{f'^2A - f'^2B.f'^2a}$, affecté de $\pm$ ou $\mp$; ce ra-

dical doit être pris avec le signe supérieur ou inférieur, suivant que celle des trois quantités A, B, C, ou a, b, c, au moyen de laquelle ou peut exprimer chacune de ces formules, est $<$ ou $> \frac{1}{2} \pi$. Car $\pm \sqrt{f'^2 a - f'^2 b \cdot f'^2 A} = f'a \cdot fB$, et $\mp \sqrt{f'^2 a - f'^2 b \cdot f'^2 A} = -f'a \cdot fB$: de même $\pm \sqrt{f'^2 A - f'^2 B \cdot f'^2 a} = f'A \cdot fb$, et $\mp \sqrt{f'^2 A - f'^2 B \cdot f'^2 a} = -f'A \cdot fb$. Or, fB ou fb est positif ou négatif, suivant qu'il est $<$ ou $> \frac{1}{2} \pi$.

Connoissant deux des trois quantités a, b, c, et celle des trois quantités A, B, C, qui correspond à l'une de ces deux-là ; si l'on demande ; soit celle des quantités A, B, C, qui correspond à l'autre de ces deux-là ; soit celle des quantités A, B, C, qui ne correspond à aucune de ces deux-là ; soit celle des quantités a, b, c, qui n'est pas connue ; chacun de ces trois problêmes aura, en général, deux solutions ; à moins qu'on ne sache si celle des trois quantités A, B, C, qui est inconnue, mais correspondante à l'une des deux quantités connues, entre les trois, a, b, c, est $<$ ou $> \frac{\pi}{2}$. Car, supposons qu'on connoisse a, b, A ; et qu'on demande successivement, B, C, c.

1°. On ne peut avoir B, que par la formule $f'B = \dfrac{f'b \cdot f'A}{f'a}$; ce qui donne, en général, pour

B deux valeurs différentes, l'une $\zeta < \frac{\pi}{2}$, et l'autre $\pi - \zeta > \frac{\pi}{2}$. Il y aura donc, en général, deux solutions, à moins qu'on ne sache si B doit être $< $ ou $> \frac{\pi}{2}$.

2°. Ayant B, on aura C, par la formule

$$f''(\tfrac{1}{2}C) = \frac{f'''\left(\frac{B-A}{2}\right) f'\left(\frac{b+a}{2}\right)}{f\left(\frac{b-a}{2}\right)} \text{, ou}$$

$$f''(\tfrac{1}{2}C) = \frac{f'''\left(\frac{B+A}{2}\right) f\left(\frac{b+a}{2}\right)}{f\left(\frac{b-a}{2}\right)}.$$

Mais B ayant, en général, deux valeurs, C en aura deux aussi, en général.

3°. Ayant B et C, on aura c, par la formule

$$f'''(\tfrac{1}{2}c) = \frac{f''\left(\frac{b-a}{2}\right) f'\left(\frac{B+A}{2}\right)}{f'\left(\frac{B-A}{2}\right)} \text{, ou}$$

$$f'''(\tfrac{1}{2}c) = \frac{f'''\left(\frac{b+a}{2}\right) f\left(\frac{B+A}{2}\right)}{f\left(\frac{B-A}{2}\right)}.$$

Mais B ayant, en général, deux valeurs, et C,

deux valeurs correspondantes , c en aura deux aussi, en général.

De même, connoissant deux des trois quantités A , B, C, et celle des trois quantités $a, b, c,$ qui correspond à l'une de ces deux-là ; si l'on demande ; soit celle des quantités $a, b, c,$ qui correspond à l'autre de ces deux-là ; soit celle des quantités $a, b, c,$ qui ne correspond à aucune de ces deux-là ; soit celle des quantités A, B, C, qui n'est pas connue ; chacun de ces trois problêmes aura, en général, deux solutions ; à moins qu'on ne sache si celle des trois quantités $a, b, c,$ qui est inconnue , mais correspondante à l'une des deux quantités connues entre les trois A , B, C, est $<$ ou $> \dfrac{\pi}{2}$. Car , supposons qu'on connoisse A, B, a; et qu'on demande successivement $b, c,$ C.

$1°$. On ne peut avoir $b,$ que par la formule

$$f'b = \frac{f'\mathrm{B}.f'a}{f''\mathrm{A}} ;$$ ce qui donne, en général , pour b deux valeurs différentes , l'une $b < \dfrac{\pi}{2},$ l'autre $\pi - b > \dfrac{\pi}{2}$. Il y aura donc , en général, deux solutions, à moins qu'on ne sache si b doit être $<$ ou $> \dfrac{\pi}{2}$.

2°. Ayant b, on aura c, par la formule

$$f'''(\tfrac{1}{2}c) = \frac{f'''\left(\dfrac{b-a}{2}\right)f'\left(\dfrac{B+A}{2}\right)}{f'\left(\dfrac{B-A}{2}\right)}, \text{ ou}$$

$$f''(\tfrac{1}{2}c) = \frac{f''\left(\dfrac{b+a}{2}\right)f\left(\dfrac{B+A}{2}\right)}{f\left(\dfrac{B-A}{2}\right)}.$$

Mais b ayant, en général, deux valeurs, c en aura deux aussi, en général.

3°. Ayant b et c, on aura C, par la formule

$$f''(\tfrac{1}{2}C) = \frac{f'''\left(\dfrac{B-A}{2}\right)f'\left(\dfrac{b+a}{2}\right)}{f'\left(\dfrac{b-a}{2}\right)}, \text{ ou}$$

$$f''(\tfrac{1}{2}C) = \frac{f'''\left(\dfrac{B+A}{2}\right)f\left(\dfrac{b+a}{2}\right)}{f\left(\dfrac{b-a}{2}\right)}.$$

Mais b ayant, en général, deux valeurs, et c deux valeurs correspondantes, C en aura deux aussi, en général.

Ces six cas exceptés, on pourra toujours résoudre, d'une manière déterminée, tous les cas de ce problême général ; des six quantités A, B, C, a, b, c, trois quelconques étant données, trouver chacune des trois autres.

102. Ce problême n'en renferme que douze essentiellement différens, y compris les six indéterminés, dont chacun a deux solutions.

I. Connoissant A, B, b, trouver a . . . .

$$f'a = \frac{f'b \cdot f'A}{f'B}.$$

Ce qui donne deux solutions.

II. Connoissant A, B, b, trouver c . . . .

On aura a, par le problême précédent ; et ensuite

c, par la formule $f'''(\tfrac{1}{2}c) = \dfrac{f''\left(\dfrac{b-a}{2}\right) f'\left(\dfrac{B+A}{2}\right)}{f'\left(\dfrac{B-A}{2}\right)}.$

Ce qui donne deux solutions. . . . . Autrement,

$$fc = \frac{f'b}{f'B}\left(\frac{f'A \cdot fB \cdot fb \pm fA\sqrt{f'^2B - f'^2A \cdot f'^2b}}{f'^2A \cdot f^2b + f'^2A}\right).$$

Il semble que cette formule, donnant deux valeurs de $f'c$, doit, pour chacune, donner deux valeurs de c, l'une $<$ et l'autre $> \dfrac{\pi}{2}$. Mais il est aisé de voir qu'à chaque valeur de $f'c$, on ne doit prendre qu'une seule valeur de c, savoir celle qui s'accorde avec la valeur tirée de la formule

$$f'''(\tfrac{1}{2}c) = \frac{f'''\left(\dfrac{b-a}{2}\right) f'\left(\dfrac{B+A}{2}\right)}{f'\left(\dfrac{B-A}{2}\right)}.$$

D'où il suit qu'il vaut mieux faire usage de cette

seconde formule que de la première, pour résoudre le problême dont il s'agit.

III. Connoissant A, B, b, trouver C . . . . . .

On aura a par le premier problême, et ensuite C, par la formule

$$f''(\tfrac{1}{2}C) = \frac{f'''\left(\dfrac{B-A}{2}\right)f'\left(\dfrac{b+a}{2}\right)}{f'\left(\dfrac{b-a}{2}\right)}.$$

Ce qui donne deux solutions . . . . . Autrement,

$$f'C = \frac{f'A.f'B.f'b \pm fA\sqrt{f'^2B - f'^2A.f'^2b}}{f'^2A.f'^2b + f'^2A}.$$

Il semble que cette formule, donnant deux valeurs de $f'C$, doit, pour chacune, donner deux valeurs de C. Mais il est aisé de voir qu'à chaque valeur de $f'C$, on ne doit prendre qu'une seule valeur de C, savoir celle qui s'accorde avec la valeur tirée de la formule

$$f''(\tfrac{1}{2}C) = \frac{f'''\left(\dfrac{B-A}{2}\right)f'\left(\dfrac{b+a}{2}\right)}{f'\left(\dfrac{b-a}{2}\right)}.$$

D'où il suit qu'il vaut mieux faire usage de cette seconde formule que de la première, pour résoudre le problême dont il s'agit.

IV. Connoissant A, B, c, trouver b . . . .
La formule

$$f'''(\tfrac{1}{2}c) = \frac{f'''\left(\dfrac{b+a}{2}\right) f\left(\dfrac{B+A}{2}\right)}{f\left(\dfrac{B-A}{2}\right)}$$

fera connoître $b + a$; et la formule

$$f'''(\tfrac{1}{2}c) = \frac{f'''\left(\dfrac{b-a}{2}\right) f'\left(\dfrac{B+A}{2}\right)}{f'\left(\dfrac{B-A}{2}\right)}$$

fera connoître $b - a$. Connoissant $b + a$ et $b - a$, on aura b . . . . Autrement,

$$f'''b = \frac{fc \cdot fB}{f'A \cdot fB + fc \cdot f'B \cdot fA}.$$

V. Connoissant A, B, c, trouver C . . . . On aura b, par le problême précédent; et en-

suite C, par la formule $f'C = \dfrac{f'c \cdot f'B}{f'b}$. Il sem-

ble que cette formule, donnant deux valeurs de $f'C$, doit, pour chacune, donner deux valeurs de C. Mais il n'y en a qu'une qui soit admissible, savoir, celle qui s'accorde avec la valeur tirée de la formule

$fC = fc \cdot f'A \cdot f'B - fA \cdot fB$. D'où il suit qu'il vaut mieux faire usage de cette formule dans le cas présent. . . . . Autrement,

$$f(\tfrac{1}{2}C) = \sqrt{f^2(\tfrac{1}{2}A) f'^2(\tfrac{1}{2}B) + f'^2(\tfrac{1}{2}B) f'^2(\tfrac{1}{2}A) + \tfrac{1}{2} f'A \cdot f'B \cdot fc}.$$

VI. Connoissant A, B, C, trouver a . . . . . .

$$f\left(\tfrac{1}{2}a\right) = \sqrt{\sqrt{\frac{f(Q-B)f(Q-C)}{f'B.f'C}}}.$$

VII. Connoissant a, b, B, trouver A . . . . . .

$$f'A = \frac{f'a.f'B}{f'b}. \quad \text{Ce qui donne deux solutions.}$$

VIII. Connoissant a, b, B, trouver C . . . . .
On aura A, par le problême précédent; et ensuite
C, par la formule,

$$f''\left(\tfrac{1}{2}C\right) = \frac{f'''\left(\frac{B-A}{2}\right)f\left(\frac{b+a}{2}\right)}{f\left(\frac{b-a}{2}\right)}.$$

Ce qui donne deux solutions . . . . . . Autrement,

$$f'C = \frac{f'B}{f'b}\left(\frac{f'a.fb.fB \pm fa\sqrt{f'^2b - f'^2a.f'^2B}}{f'^2a.f'^2B + f'^2a}\right).$$

On ne doit prendre, à chaque valeur de $f'C$,
qu'une seule valeur de C, celle qui s'accorde avec
la valeur tirée de la formule

$$f''\left(\tfrac{1}{2}C\right) = \frac{f'''\left(\frac{B-A}{2}\right)f\left(\frac{b+a}{2}\right)}{f\left(\frac{b-a}{2}\right)}.$$

IX. Connoissant a, b, B, trouver c . . . .
On aura A, par le problême; et ensuite c par la
formule,

$$f'''(\tfrac{1}{2}c) = \frac{f'''\left(\dfrac{b-a}{2}\right) f'\left(\dfrac{B+A}{2}\right)}{f'\left(\dfrac{B-A}{2}\right)}.$$

Ce qui donne deux solutions . . . . . Autrement,

$$f'c = \frac{f'a \cdot fb \cdot fB \pm fa\sqrt{f'^2b - f'^2a \cdot f'^2B}}{f'^2a \cdot f'^2B + f'^2a}.$$

On ne doit prendre, à chaque valeur de $f'c$, qu'une seule valeur de c, celle qui s'accorde avec la valeur tirée de la formule

$$f'''(\tfrac{1}{2}c) = \frac{f'''\left(\dfrac{b-a}{2}\right) f'\left(\dfrac{B+A}{2}\right)}{f'\left(\dfrac{B-A}{2}\right)}.$$

X. Connoissant a, b, C, trouver B . . . .
La formule

$$f''(\tfrac{1}{2}C) = \frac{f'''\left(\dfrac{B+A}{2}\right) f\left(\dfrac{b+a}{2}\right)}{f'\left(\dfrac{b-a}{2}\right)}$$

fera connoître $B + A$; et la formule

$$f''(\tfrac{1}{2}C) = \frac{f'''\left(\dfrac{B-A}{2}\right) f\left(\dfrac{b+a}{2}\right)}{f'\left(\dfrac{b-a}{2}\right)}$$

fera connoître $B - A$. Connoissant $B + A$ et $B - A$, on aura B . . . . Autrement,

$$f'''B = \frac{f'b \cdot f'C}{f'a \cdot fb - fC \cdot f'b \cdot fa}.$$

XI. Connoissant a, b, C, trouver c . . . . . .

On aura B, par le problême précédent; et ensuite c, par la formule $f'c = \dfrac{f'C \cdot f'b}{f'B}$, en ne prenant qu'une seule valeur de c, savoir celle qui s'accorde avec la valeur tirée de la formule,

$$fc = fC \cdot f'a \cdot f'b + fa \cdot fb \ldots \ldots \text{Autrement,}$$

$$f'(\tfrac{1}{2}c) = \sqrt{f'^2(\tfrac{1}{2}a)f^2(\tfrac{1}{2}b) + f'^2(\tfrac{1}{2}b)f^2(\tfrac{1}{2}a) - \tfrac{1}{2}f'a \cdot f'b \cdot fC},$$

en ne prenant qu'une seule valeur de c; et on sait laquelle.

XII. Connoissant a, b, c, trouver A . . . .

$$f'(\tfrac{1}{2}A) = \sqrt{\frac{f'(q-b)f'(q-c)}{f'b \cdot f'c}}.$$

Il semble que cette formule doit donner deux valeurs de A. Elle en donne deux en effet, mais une seule est admissible, savoir, celle qui s'accorde avec la valeur tirée de la formule

$$f(\tfrac{1}{2}A) = \sqrt{\frac{f'q \cdot f'(q-a)}{f'b \cdot f'c}}.$$

D'où il suit que cette dernière est préférable à l'autre dans le cas présent.

Plusieurs de ces problêmes peuvent encore être résolus par d'autres formules que nous avons fait connoître ci-devant.

Ces douze problêmes peuvent se réduire à six;

car les solutions des six derniers reviennent aux solutions des six premiers, en prenant pour $a, b, c,$ A, B, C, leurs supplémens à π.

103. Rassemblons les formules analytiques que nous avons données pour la résolution des douze problêmes de l'art. précédent. Nous aurons donc :

$$f'a = \frac{f'b.f'A}{f'a}$$

$$f'c = \frac{f'b}{f'B}\left(\frac{f'A.fB.fb \pm fA\sqrt{f'^2B - f'^2A.f'^2a}}{f'^2A.f^2b + f^2A}\right)$$

$$f'C = \frac{f'A.fB.fb \pm fA\sqrt{f'^2B - f'^2A.f'^2A}}{f'^2A.f^2b + f^2A}$$

$$f'''b = \frac{f'c.f'B}{f'A.fB + fc.f'B.fA}$$

$$f(\tfrac{1}{2}C) = \sqrt{f'^2(\tfrac{1}{2}A)f'^2(\tfrac{1}{2}B) + f^2(\tfrac{1}{2}B)f'^2(\tfrac{1}{2}A) + \tfrac{1}{2}f'A.fB.fc}$$

$$f(\tfrac{1}{2}a) = \sqrt{\frac{f(Q-B)f(Q-C)}{f'B.f'C}}$$

$$f'A = \frac{f'B.f'a}{f'A}$$

$$f'C = \frac{f'B}{f'b}\left(\frac{f'a.f'b.fB \pm fa\sqrt{f'^2b - f'^2a.f'^2B}}{f'^2a.f^2B + f^2a}\right)$$

$$f'c = \frac{f'a.fb.fB \pm fa\sqrt{f'^2b - f'^2a.f'^2B}}{f'^2a.f^2B + f^2a}$$

$$f'''B = \frac{f'b.f'C}{f'a.fb - fC.f'b\ fa}$$

$$f'(\tfrac{1}{2}c) = \sqrt{f'^2(\tfrac{1}{2}a)f^2(\tfrac{1}{2}b) + f'^2(\tfrac{1}{2}b)f^2(\tfrac{1}{2}a) - \tfrac{1}{2}f\,a.f'^2b.fC}$$

$$f'(\tfrac{1}{2}A) = \sqrt{\frac{f'(q-b)f'(q-c)}{f'b.f'c}}.$$

Or, supposons, dans ces formules, $f'a = a,$ $f'b = b, f'c = c$; ce qui arrive si, ces fonctions étant finies, l'échelle prise pour unité est infinie, ou si $1 = \infty$. Il en résultera, $fa = 1, fb = 1, fc = 1$. Et les douze formules ci-dessus deviendront :

$$z = \frac{b f'A}{f'B}$$

$$c = \frac{b f'(A+B)}{f'B}$$

$$f'C = f'(A+B), \text{ ou } C = \pi - (A+B)$$

$$b = \frac{c f'B}{f'(A+B)}$$

$$f(\tfrac{1}{2}C) = \sqrt{f'^2(\tfrac{1}{2}A)f'^2(\tfrac{1}{2}B) + f'(\tfrac{1}{2}B)f'^2(\tfrac{1}{2}A) + 2f'(\tfrac{1}{2}A)f(\tfrac{1}{2}A)f'(\tfrac{1}{2}B)}$$
$$= f(\tfrac{1}{2}A)f'(\tfrac{1}{2}B) + f(\tfrac{1}{2}B)f'(\tfrac{1}{2}A) = f'(\tfrac{1}{2}B + \tfrac{1}{2}A),$$
$$\text{ou } C = \pi - (A+B).$$

$$1 = \sqrt{\frac{f(\tfrac{1}{2}\pi - B)\, f(\tfrac{1}{2}\pi - C)}{f'B \cdot f'C}} = \sqrt{\frac{f'B \cdot f'C}{f'B \cdot f'C}} = 1 ,$$

ce qui n'apprend rien.

$$f'A = \frac{a f'B}{b}$$

$$f'C = \frac{f'B}{b}\left(a f B \pm \sqrt{b^2 - a^2 f'^2 B}\right)$$

$$c = a f B \pm \sqrt{b^2 - a^2 f'^2 B}$$

$$f''B = \frac{b f'C}{a - b f C}$$

$$\tfrac{1}{2}c = \sqrt{\tfrac{1}{4}a^2 + \tfrac{1}{4}b^2 - \tfrac{1}{2}a b f C}, \text{ ou } c = \sqrt{a^2 + b^2 - 2 a b f C}.$$

$$f'(\tfrac{1}{2}A) = \sqrt{\frac{(q-b)(q-c)}{b c}}.$$

Ce sont-là précisément les formules analytiques que nous avons données pour la résolution des douze problêmes de l'art. 97.

104. Et en général, en faisant

$f'a = a, f'b = b, f'c = c$, et $fa = fb = fc = 1$, dans les formules des art. 98, 99, 100, on retombera sur les formules de l'art. 95, ou sur des formules identiques, ou sur des expressions indéterminées de la forme $\frac{0}{0}$, ou sur l'égalité absurde d'une quantité effective à 0; ce dont on sentira aisément la raison par quelques exemples.

La formule $f'(A + B) = \left(\dfrac{fa + fb}{1 + fc} \right) f'C$

deviendra, $f'(A + B) = fC$, ou $A + B = \pi - C$, ou $A + B + C = \pi$.

La formule $f'(A - B) = \left(\dfrac{fb - fa}{1 - fc} \right) f'C$

deviendra, $f'(A - B) = \frac{0}{0} . f'C$, ou $0 = 0$.

La formule $fC = fc . f'A . f'B - fA . fB$ deviendra, $fC = f(A + B)$, ou $C = \pi - (A + B)$.

La formule $fc = fC . f'a . f'b + fa . fb$ deviendra, $1 = ab fC + 1$, ou $1 = 1$; car le second membre se réduit à 1, à cause que 1 est infini.

La formule $fC = \dfrac{fc - fa . fb}{f'a . f'b}$ deviendra

$fC = \dfrac{0}{f'a . f'b} = 0$; équation illusoire, parce qu'elle vient de l'équation $1 = ab fC + 1$, laquelle, se réduisant à $1 = 1$, ne peut servir à donner la valeur de fC. L'algèbre, en conduisant à une égalité fausse, avertit donc qu'on ne pouvoit pas opérer sur l'équation dont cette fausse égalité a été tirée, parce que la quantité qu'on a dégagée devoit disparoître dans l'équation.

105. Après avoir considéré, dans ce Mémoire, les quantités $f\zeta, f'\zeta, f''\zeta, f'''\zeta, f^{IV}\zeta, f^{V}\zeta$, nous allons considérer les quantités $f(\zeta\sqrt{-1})$, $f'(\zeta\sqrt{-1}), f''(\zeta\sqrt{-1}), f'''(\zeta\sqrt{-1}), f^{IV}\zeta\sqrt{-1})$, $f^{V}(\zeta\sqrt{-1})$, qui nous conduiront à d'autres fonctions.

Puisque $f\zeta = 1 - \dfrac{\zeta^2}{2} + \dfrac{\zeta^4}{2.3.4} - \&c.$,

et $f'\zeta = \zeta - \dfrac{\zeta^3}{2.3} + \dfrac{\zeta^5}{2.3.4.5} - \&c.$,

on aura, $f(\zeta\sqrt{-1}) = 1 + \dfrac{\zeta^2}{2} + \dfrac{\zeta^4}{2.3.4} + \&c.$,

et $f'(\zeta\sqrt{-1}) = \left(\zeta + \dfrac{\zeta^3}{2.3} + \dfrac{\zeta^5}{2.3.4.5} + \&c.\right)\sqrt{-1}$

(ce que nous avions déjà observé dans une note).

Soit maintenant, $1 + \dfrac{z^2}{2} + \dfrac{z^4}{2.3.4} + \&c. = f_{\iota}\zeta$,

et $\zeta + \dfrac{\zeta^3}{2.3} + \dfrac{\zeta^5}{2.3.4.5} + \&c. = f_{\iota}'\zeta$.

On aura, $f(\zeta\sqrt{-1}) = f_{\iota}\zeta$, et $f'(\zeta\sqrt{-1}) = (f_{\iota}'\zeta)\sqrt{-1}$.

Soit encore, $\dfrac{f_{\iota}\zeta}{f_{\iota}'\zeta} = f_{\iota}''\zeta, \dfrac{f_{\iota}'\zeta}{f_{\iota}\zeta} = f_{\iota}'''\zeta, \dfrac{1}{f_{\iota}\zeta} = f_{\iota}^{IV}\zeta,$

$\dfrac{1}{f_{\iota}'\zeta} = f_{\iota}^{V}\zeta$. On aura,

$$f''(\zeta\sqrt{-1}) = \frac{f(\zeta\sqrt{-1})}{f'(\zeta\sqrt{-1})} = \frac{f_{\iota}\zeta}{(f_{\iota}'\zeta)\sqrt{-1}} = \frac{f_{\iota}''\zeta}{\sqrt{-1}}$$

$$= -(f_{\iota}''\zeta)\sqrt{-1},$$

$$f'''(\zeta\sqrt{-1}) = \frac{f'(\zeta\sqrt{-1})}{f(\zeta\sqrt{-1})} = \frac{(f_i'\zeta)\sqrt{-1}}{f_i\zeta}$$
$$= (f_i'''\zeta)\sqrt{-1},$$

$$f^{iv}(\zeta\sqrt{-1}) = \frac{1}{f(\zeta\sqrt{-1})} = \frac{1}{f_i\zeta} = f_i^{iv}\zeta,$$

$$f^{v}(\zeta\sqrt{-1}) = \frac{1}{f'(\zeta\sqrt{-1})} = \frac{1}{(f_i'\zeta)\sqrt{-1}} = \frac{f_i^{v}\zeta}{\sqrt{-1}}$$
$$= -(f_i'\zeta)\sqrt{-1}.$$

Or on connoît, par tout ce qui a été dit dans ce Mémoire, les principales propriétés analytiques des quantités $f\zeta, f'\zeta, f''\zeta, f'''\zeta, f^{iv}\zeta, f^{v}\zeta$, et par conséquent celles des quantités $f(\zeta\sqrt{-1}), f'(\zeta\sqrt{-1}), f''(\zeta\sqrt{-1}), f'''(\zeta\sqrt{-1}), f^{iv}(\zeta\sqrt{-1}), f^{v}(\zeta\sqrt{-1})$. On connoîtra donc aussi les propriétés analogues des quantités $f_i\zeta, f_i''\zeta, f_i'''\zeta, f_i^{iv}\zeta, f_i^{v}\zeta$, puisque $f(\zeta\sqrt{-1}) = f_i z, f'(\zeta\sqrt{-1}) = (f_i'\zeta)\sqrt{-1}$, $f''(z\sqrt{-1}) = -(f_i''\zeta)\sqrt{-1}, f'''(\zeta\sqrt{-1}) = (f_i'''\zeta)\sqrt{-1}, f^{iv}(\zeta\sqrt{-1}) = f_i^{iv}\zeta$, et $f^{v}(\zeta\sqrt{-1}) = -(f_i^{v}\zeta)\sqrt{-1}$.

Ainsi, de $f^2(\zeta\sqrt{-1}) + f'^2(\zeta\sqrt{-1}) = 1$, on déduira, $(f_i\zeta)^2 - (f_i'\zeta)^2 = 1$.

De $f(x\sqrt{-1} \pm y\sqrt{-1}) = f'(x\sqrt{-1})f(y\sqrt{-1}) \mp f'(x\sqrt{-1})f'(y\sqrt{-1})$, on déduira, $f_i(x \pm y) = f_i x f_i y \pm f_i' x f_i' y$.

De $f'(x\sqrt{-1} \pm y\sqrt{-1}) = f'(x\sqrt{-1})f(y\sqrt{-1}) \pm f'(y\sqrt{-1})f(x\sqrt{-1})$, on déduira, $f_i'(x \pm y) = (f_i' x f_i y \pm f_i' y f_i x)\sqrt{-1}$.

De $e^{\mp s} = f(\zeta\sqrt{-1}) \pm (f'(\zeta\sqrt{-1}))\sqrt{-1}$,

on déduira, $e^{\mp z} = f_1 \zeta \mp f_1' \zeta$, $e^{\mp nz} = (f\zeta \mp f_1'\zeta)^n$
$= f_1(n\zeta) \mp f_1'(n\zeta)$.
&c. &c.

106. Puisque $(f_1\zeta)^2 - (f_1'\zeta)^2 = 1$, on aura aussi $(f_1\zeta')^2 - (f_1'\zeta')^2 = 1$. Mais on a, $(f\zeta)^2 + (f'\zeta)^2 = 1$. Donc, $(f_1\zeta')^2 - (f_1'\zeta')^2 = (f\zeta)^2 + (f'\zeta)^2 = 1$. Or, 1°. on peut supposer $f_1'\zeta' = f'\zeta = u$.

Car il en résulte, $u = \zeta - \dfrac{\zeta^3}{2.3} + \dfrac{\zeta^5}{2.3.4.5} - $ &c.

$$= \zeta' + \frac{\zeta'^3}{2.3} + \frac{\zeta'^5}{2.3.4.5} + \text{&c.}$$

$$= \frac{1}{\sqrt{-1}}\left(\zeta'\sqrt{-1} - \frac{(\zeta'\sqrt{-1})^3}{2.3} + \frac{(\zeta'\sqrt{-1})^5}{2.3.4.5} - \text{&c.}\right),$$

$$\text{et } u\sqrt{-1} = \zeta'\sqrt{-1} - \frac{(\zeta'\sqrt{-1})^3}{2.3} + \frac{(\zeta'\sqrt{-1})^5}{2.3.4.5} - \text{&c.};$$

$$\text{d'où } \zeta'\sqrt{-1} = u\sqrt{-1} + \frac{1}{2.3}(u\sqrt{-1})^3 +$$

$$\frac{3}{2.4.5}(u\sqrt{-1})^5 + \text{&c.}$$

$$= \left(u - \frac{1}{2.3}u^3 + \frac{3}{2.4.5}u^5 - \text{&c.}\right)\sqrt{-1},$$

$$\text{et } \zeta' = u - \frac{1}{2.3}u^3 + \frac{3}{2.4.5}u^5 - \text{&c.}:$$

$$\text{mais } \zeta' = u + \frac{1}{2.3}u^3 + \frac{3}{2.4.5}u^5 + \text{&c.}: \text{ donc,}$$

$$\zeta - \zeta' = 2\left(\frac{1}{2.3}u^3 + \frac{3.5}{2.4.6.7}u^7 + \frac{3.5.7.9}{2.4.6.8.10.11}u^{11} + \text{&c.}\right)$$

$$\text{et } \zeta' = \zeta - \left(\frac{1}{3}u^3 + \frac{3.5}{4.9.7}u^7 + \frac{3.5.7.9}{4.6.8.10.11}u^{11} + \text{&c.}\right)$$

+ &c. 2°. On ne peut pas supposer $f_i\zeta' = f\zeta = v$.

Car, il en résulteroit, $v = 1 - \dfrac{\zeta^2}{2} + \dfrac{\zeta^4}{2.3.4} - $ &c.

$= 1 + \dfrac{\zeta'^2}{2} + \dfrac{\zeta'^4}{2.3.4} + $ &c.

$= 1 - \dfrac{(\zeta'\sqrt{-1})^2}{2} + \dfrac{(\zeta'\sqrt{-1})^4}{2.3.4} - $ &c. ,

d'où $\zeta'\sqrt{-1} = $ une fonction réelle de v, c'est-à-dire, une quantité imaginaire $=$ une quantité réelle, ce qui est absurde.

Faisons $f_i'\zeta' = f'\zeta$, ce qui est permis. Nous aurons, $(f_i\zeta')^2 - (f'\zeta)^2 = 1$, ou $(f'\zeta)^2 = (f_i\zeta')^2 - 1$. Mais d'ailleurs $(f_i'\zeta)^2 = 1 - (f\zeta)^2$. Donc, $(f_i\zeta)^2 - 1 = 1 - (f\zeta)^2$, ou $(f_i\zeta')^2 + (f'\zeta)^2 = 2$.

107. Les quantités $fz, f'z, f''z, f'''z, f^{iv}z, f^{v}z$, peuvent se nommer *fonctions circulaires*, parce qu'on fait voir en géométrie qu'elles se rapportent au cercle; et les quantités $f_i z, f_i'z, f_i''z, f_i'''z, f_i^{iv}z, f_i^{v}z$, peuvent se nommer *fonctions hyperboliques-équilatérales*, parce qu'on fait voir en géométrie qu'elles se rapportent à l'hyperbole équilatère.

108. Si z est une quantité imaginaire, on prouvera aisément que les quantités $fz, f'z, f''z$, &c. , sont de la forme $A + B\sqrt{-1}$, A pouvant être o. Car
$$f(a + b\sqrt{-1}) = fa\,f(b\sqrt{-1}) - f'a\,f'(b\sqrt{-1})$$
$$= fa\,f_ib - (f'a\,f_i'b)\sqrt{-1};$$
$$f'(a + b\sqrt{-1}) = f'a\,f(b\sqrt{-1}) + f'(b\sqrt{-1})\,fa$$

$$= f'a f_{,}b + (f_{,}'b\, fa)\, \sqrt{-1};$$

$$f''(a + b\sqrt{-1}) = \frac{fa f_{,}b - (f'a f_{,}'b)\sqrt{-1}}{f'a f_{,}b + (f_{,}'b\, fa)\sqrt{-1}},$$

quantité qui se ramène à la forme $A + B\sqrt{-1}$, en multipliant haut et bas par $f'a f_{,}b - (f_{,}'b\, fa)\sqrt{-1}$. Et ainsi des autres fonctions.

On prouveroit la même chose pour les quantités $f_{,}z, f_{,}'z, f_{,}''z,$ &c.

Il est donc démontré que les fonctions algébriques, exponentielles, logarithmiques, circulaires, et hyperboliques-équilatérales, de quantités imaginaires, sont réductibles à la forme $A + B\sqrt{-1}$. On doit être porté à croire qu'il en est de même des autres fonctions transcendantes de quantités imaginaires.

109. Nous avons trouvé, log. $(x \pm s\sqrt{-1})$
$$= \tfrac{1}{2}\log.\,(x^2 + s^2) \pm q\sqrt{-1}\,; \quad q \text{ étant}$$
$$= u + \frac{1}{2.3}u^3 + \frac{3}{2.4.5}u^5 + \&c.\,; \text{ et } u \text{ étant}$$
$$= \frac{s}{\sqrt{x^2 + s^2}}.$$ Or, si s devient $s\sqrt{-1}$, u deviendra $u'\sqrt{-1}$, et q deviendra $q'\sqrt{-1}$. On aura donc,
$$\log.\,(x \mp s) = \tfrac{1}{2}\log.\,(x^2 - s^2) \mp q'\,; \quad q'\sqrt{-1} \text{ étant}$$
$$= u'\sqrt{-1} + \frac{1}{2.3}(u'\sqrt{-1})^3 + \frac{3}{2.4.5}(u'\sqrt{-1})^5$$
$$+ \&c. = \left(u' - \frac{1}{2.3}u'^3 + \frac{3}{2.4.5}u'^5 - \&c. \right)\sqrt{-1},$$

c'est-à-dire q' étant $= u' - \dfrac{1}{2.3}u'^3 + \dfrac{3}{2.4.5}u'^5 - \&c.$

et $u'\sqrt{-1}$ étant $= \dfrac{s\sqrt{-1}}{\sqrt{x^2-s^2}}$, c'est-à-dire,

u' étant $= \dfrac{s}{\sqrt{x^2-s^2}}$.

Cette équation $\log.(x\mp s) = \frac{1}{2}\log.(x^2-s^2)$ $\mp q'$ se réduit à $\log.\left(\dfrac{x\mp s}{\sqrt{x^2-s^2}}\right)$

$= \log.\sqrt{\dfrac{x\mp s}{x\pm}} = \pm q'$, d'où, en se bornant aux signes inférieurs, $\log.\left(\dfrac{x+s}{x-s}\right) = 2q'$, formule qui suppose $x > s$. Si x étoit $< s$, on auroit une formule semblable, en changeant x en s et s en x.

Observons que $u = f'q$, et que $u' = f_i'q'$. Ainsi, l'expression du log. d'une quantité imaginaire dépend de $f'z$; et l'expression du log. d'une quantité réelle dépend de $f_i'z'$.

En retranchant les deux équations,
$$\log.(x-s) = \tfrac{1}{2}\log.(x^2-s^2) - q',$$
$$\text{et } \log.(x+s) = \tfrac{1}{2}\log.(x^2-s^2) + q',$$
on trouve aussi, $\log.\left(\dfrac{x+s}{x-s}\right) = 2q'$;

de même, qu'en retranchant les deux équations,
$$\log.(x+s\sqrt{-1}) = \tfrac{1}{2}\log.(x^2+s^2) + q\sqrt{-1}$$
$$\text{et } \log.(x-s\sqrt{-1}) = \tfrac{1}{2}\log.(x^2+s^2) - q\sqrt{-1},$$
on trouve, $\log.\left(\dfrac{x+s\sqrt{-1}}{x-s\sqrt{-1}}\right) = 2q\sqrt{-1}.$

On voit, par tout cet article, que la formule qui donne le log. d'une quantité imaginaire, donne aussi celui d'une quantité réelle, en supposant que s devienne $s\sqrt{-1}$.

110. Nous avons encore trouvé,

$$\log.\ (x \pm s\sqrt{-1}) = \tfrac{1}{2}\log.\ (x^2 + s^2) \pm q\sqrt{-1},$$

q étant $= \dfrac{s}{x} - \tfrac{1}{3}\dfrac{s^3}{x^3} + \tfrac{1}{5}\dfrac{s^5}{x^5} - \tfrac{1}{7}\dfrac{s^7}{x^7} + \&\text{c.}$ Donc,

si s devient $s\sqrt{-1}$, nous aurons,

$$\log.\ (x \mp s) = \tfrac{1}{2}\log.\ (x^2 - s^2) \mp q',$$

q' étant $= \dfrac{s}{x} + \tfrac{1}{3}\dfrac{s^3}{x^3} + \tfrac{1}{5}\dfrac{s^5}{x^5} + \&\text{c.},$

$$\text{ou } \log.\ \left(\frac{x \mp s}{\sqrt{x^2 - s^2}} \right) = \log.\ \sqrt{\frac{x \mp s}{x \mp s}} = \mp q',$$

$$\text{ou } \log.\ \left(\frac{x + s}{x - s} \right) = 2\,q'$$

$$= 2\left(\frac{s}{x} + \tfrac{1}{3}\frac{s^3}{x^3} + \tfrac{1}{5}\frac{s^5}{x^5} + \&\text{c.} \right);$$

formule connue pour les logarithmes des quantités réelles et positives.

111. De la formule,

$$\log.(-x \pm s\sqrt{-1}) = \tfrac{1}{2}\log.\ (x^2 + s^2) \mp q\sqrt{-1} \pm \log.(-1),$$

on déduira, en mettant $s\sqrt{-1}$ pour s,

$$\log.\ (-x \mp s) = \tfrac{1}{2}\log.\ (x^2 - s^2) \pm q' \pm \log.\ (-1),$$

$$\text{ou } \log.\ \left(\frac{-(x \pm s)}{\sqrt{x^2 - s^2}} \right) = \log.\ \sqrt{\frac{x \pm s}{x \mp s}}$$

$$= \pm q' \pm \log.\ (-1),$$

$$\text{ou enfin } \log.\ \left(\frac{x + s}{x - s} \right) = 2\,q' \pm 2\log.\ (-1)$$

$= 2\,q' \pm \log.\ \text{im.}\ 1$; expression qui comprend toutes les valeurs imaginaires, et même la valeur réelle , du logarithme d'une quantité réelle et positive.

Et de la même formule,

$$\log.(-x \pm s\sqrt{-1}) = \tfrac{1}{2}\log.(x^2 + s^2) \mp q\sqrt{-1} \pm \log.(-1),$$

on déduira, en mettant $x\sqrt{-1}$ pour x ,

$$\log.((-x\pm s)\sqrt{-1}) = \tfrac{1}{2}\log.(-x^2 + s^2) \mp q' \pm \log.(-1),$$

ou $\log.(-x\pm s) = \tfrac{1}{2}\log.(-x^2 + s^2) \mp q' \pm \tfrac{1}{2}\log.(-1),$

$$\text{ou } \log.\left(\frac{-x\pm s}{\sqrt{-x^2 + s^2}}\right) = \log.\sqrt{\frac{\mp x + s}{s \pm x}}$$

$$= \log.\sqrt{-\left(\frac{x \mp s}{x \pm s}\right)} = \mp q' \pm \tfrac{1}{2}\log.(-1),$$

ou enfin en se bornant aux signes inférieurs ,

$$\log.\left(-\frac{x + s}{x - s}\right) = 2\,q' \pm \log.(-1),\ \text{formule}$$

dans laquelle x doit être $> s$; sans quoi ,
$\log.(-x\sqrt{-1} \pm s\sqrt{-1})$, qui est $= \log.(x \mp s)$
$\pm \tfrac{1}{2}\log.(-1)$, ne seroit pas $= \tfrac{1}{2}\log.(x^2 - s^2) \pm q'$
$\pm \tfrac{1}{2}\log.(-1)$; ni par conséquent ,

$$\log.\sqrt{\frac{x \mp s}{x \pm s}} = \mp q',\ \text{comme on le suppose dans}$$

le calcul du n°. précédent. Ainsi, cette expression,

$$\log.\left(-\frac{x + s}{x - s}\right) = 2\,q' \pm \log.(-1)\ \text{comprend}$$

toutes les valeurs du logarithme d'une quantité réelle et négative, valeurs qui sont imaginaires.

Tous ces résultats confirment la vérité des formules qui donnent les logarithmes des quantités imaginaires.

112. On peut démontrer que la plupart des fonctions que nous avons considérées dans co Mémoire sont, en général, incommensurables.

Soit d'abord $a + b\sqrt{-1}$ une quantité imaginaire. Nous aurons,

$$1°.\ \frac{1}{\sqrt{-1}}\log.\left(\frac{a+b\sqrt{-1}}{\sqrt{a^2+b^2}}\right) = \frac{b}{a} - \frac{1}{3}\cdot\frac{b^3}{a^3} + \frac{1}{5}\cdot\frac{b^5}{a^5} - \&c.$$

$$= \left(-\frac{1}{3}+\frac{1}{5}-\&c.\right) - \left(\frac{a}{b} - \frac{1}{3}\cdot\frac{a^3}{b^3} + \frac{1}{5}\cdot\frac{a^5}{b^5} - \&c.\right)$$

$$= \frac{b}{(a^2+b^2)^{\frac{1}{2}}} + \frac{1}{2.5}\cdot\frac{b^3}{(a^2+b^2)^{\frac{1}{2}}} + \frac{3}{2.4.5}\cdot\frac{b^5}{(a^2+b^2)^{\frac{1}{2}}} + \&c.$$

$$= q\,;$$

d'où l'on ne peut conclure que q soit ni ne soit pas incommensurable.

$$2°.\ \frac{a}{\sqrt{a^2+b^2}} = 1 - \frac{q^2}{2} + \frac{q^4}{2.3.4} - \&c. = fq\,,$$

$$\text{et } \frac{b}{\sqrt{a^2+b^2}} = q - \frac{q^3}{2.3} + \frac{q^5}{2.3.4.5} - \&c. = f'q\,;$$

d'où il suit que fq et $f'q$ sont, en général, incommensurables, quand même a et b ne le seroient pas.

$$3^{\circ}. \ \frac{a}{b} = \frac{fq}{f'q} = f''q,$$

$$\text{et } \frac{b}{a} = \frac{f'q}{fq} = f'''q ;$$

d'où il suit que $f''q$ et $f'''q$ sont, en général, incommensurables, à moins que a et b ne le soient pas.

$$4^{\circ}. \ \frac{\sqrt{a^2+b^2}}{b} = \frac{1}{fq} = f^{\mathrm{iv}}q,$$

$$\text{et } \frac{\sqrt{a^2+b^2}}{b} = \frac{1}{f'q} = f^{\mathrm{v}}q ;$$

d'où il suit que $f^{\mathrm{iv}}q$ et $f^{\mathrm{v}}q$ sont, en général, incommensurables, quand même a et b ne le seroient pas.

Soit maintenant $a + b$ une quantité réelle. Nous aurons, en supposant $a > b$,

$$1^{\circ}. \ \log. \left(\frac{a+b}{\sqrt{a^2-b^2}} \right) = \frac{b}{a} + \frac{1}{3}\frac{b^3}{a^3} + \frac{1}{5}\frac{b^5}{a^5} + \&c.$$

$$= \frac{b}{(a^2-b^2)^{\frac{1}{2}}} - \frac{1}{2.3}\frac{b^3}{(a^2-b^2)^{\frac{3}{2}}} + \frac{3}{2.4.5}\frac{b^5}{(a^2-b^2)^{\frac{5}{2}}} - \&c.$$

$$= q ;$$

(si a étoit $< b$, on auroit une formule semblable, en changeant a en b et b en a.)
d'où l'on ne peut conclure que q soit ni ne soit pas incommensurable.

$$2^{\circ}. \ \frac{a}{\sqrt{a^2-b^2}} = 1 + \frac{q^2}{2} + \frac{q^4}{2.3.4} + \&c. = f_{,}q,$$

et $\dfrac{b}{\sqrt{a^2-b^2}}=q+\dfrac{q^3}{2.3}+\dfrac{q^5}{2.3.4.5}+\&\mathrm{c}.=f_i'q;$

d'où il suit que $f_i q$ et $f_i'q$ sont, en général, incommensurables.

$$3^\circ.\ \frac{a}{b}=\frac{f_i'q}{f_i'q}=f_i''q,$$

$$\text{et}\ \frac{a}{b}=\frac{f_i'q}{f_i q}=f_i'''q;$$

d'où il suit que $f_i''q$ et $f_i'''q$ sont, en général, incommensurables.

$$4^\circ.\ \frac{\sqrt{a^2-b^2}}{a}=\frac{1}{f_i q}=f_i^{iv}q,$$

$$\text{et}\ \frac{\sqrt{a^2-b^2}}{b}=\frac{1}{f_i'q}=f_i^v q;$$

d'où il suit que $f_i^{iv}q$ et $f_i^v q$ sont, en général, incommensurables.

113. Quant au nombre π, dont nous avons souvent fait usage dans ce Mémoire, on peut s'assurer de la manière suivante qu'il est incommensurable.

$$\text{On a } f'''z=\frac{f'z}{fz}=\frac{z-\dfrac{z^3}{2.3}+\dfrac{z^5}{2.3.4.5}-\&\mathrm{c}.}{1-\dfrac{z^2}{2}+\dfrac{z^4}{2.3.4}-\&\mathrm{c}.}.$$

Or, cette dernière expression peut se transformer en la fraction continue

$$\cfrac{z}{1-\cfrac{z^2}{5-\cfrac{z^2}{5-\cfrac{z^2}{7-\&\mathrm{c}.}}}},$$

qui va à l'infini, et dont les fractions composantes, à partir d'un certain terme, deviennent nécessairement plus petites que l'unité. (La manière d'opérer cette transformation nous meneroit trop loin.) Mais une fraction de ce genre ne peut avoir qu'une valeur irrationnelle, si les fractions composantes sont rationnelles. (Ce principe est démontré, mais la démonstration nous meneroit trop loin.) Donc si z est rationnel, $f'''z$ sera irrationnel. Soit $z = \frac{1}{2}\pi$; il sera encore vrai que si $\frac{1}{2}\pi$ est rationnel, $f'''(\frac{1}{2}\pi)$ sera irrationnel. Mais $f'''(\frac{1}{2}\pi)$ $= 1$ quantité qui n'est pas irrationnelle. Donc il n'est pas vrai que $\frac{1}{2}\pi$ soit rationnel. On a donc $\frac{1}{2}\pi$, et par conséquent π, incommensurable.

Les objets renfermés dans ce Mémoire forment une des branches les plus importantes de l'algèbre proprement dite, quoiqu'on ne les y trouve pas ; et ils peuvent servir de base à une géométrie entièrement analytique, dans laquelle on découvriroit, d'une manière très-élégante, toute la théorie du cercle, et toutes les formules des sinus, &c., sans même savoir ce que c'est qu'un triangle ; et on en déduiroit, au contraire, toute la théorie des triangles, soit rectilignes, soit sphériques, et les deux trigonométries, avec la plus parfaite uniformité. Une pareille application seroit une preuve, entre beaucoup d'autres, de l'avantage qu'on peut retirer des spéculations abstraites, si dédaignées par le vulgaire, et trop souvent négligées comme inutiles, tandis qu'elles sont le germe des plus belles découvertes.

ADDITIONS

A LA THÉORIE

DES

QUANTITÉS IMAGINAIRES.

AVIS.

PENDANT l'impression de ce Mémoire, j'y ai fait des augmentations assez considérables, et qui n'ont pu être indiquées dans l'Avertissement, parce qu'il étoit déjà imprimé. Tout ce qui suit la page 209, jusqu'à la fin, a été ajouté. D'autres morceaux ont été répandus dans différens endroits de l'Ouvrage. Enfin voici encore quelques additions, dont les unes n'ont pu y être insérées, et dont les autres m'ont paru devoir être présentées à part dans un appendice. On y trouvera quelque peu de Géométrie ; ce que le titre de l'Ouvrage, et le plan auquel je me suis astreint, n'eussent pas comporté. J'aurois pu rendre ces additions plus considérables, y faire voir, par exemple, que les fonctions algébriques que j'ai considérées, se rapportoient au cercle ou à l'hyperbole-équilatère, et pourroient aisément en fournir d'autres qui se rapportassent à l'ellipse ou à l'hyperbole. Mais ceux qui m'auront lu, et qui posséderont la Géométrie, découvriront facilement ces choses.

ADDITIONS.

1. J e vais, d'après l'avis que m'a donné un géomètre de mes amis, reprendre le commencement des deux premiers articles de ce Mémoire, en développant davantage le raisonnement, et présentant le calcul d'une manière un peu plus simple.

1°. Soit une quantité réelle x, dont le log. est imaginaire. Pour exprimer que log. x est imaginaire, il faut faire log. $x = y \pm z \sqrt{-1}$; (On met $\pm$, parce que tout radical quarré se prend, en général, en plus et en moins). On aura donc,
$$x = e^{y \pm z\sqrt{-1}} = e^y \cdot e^{\pm z\sqrt{-1}} = e^y(fz \pm \sqrt{-1} f'z).$$
Et pour exprimer que x est réel, il faut faire
$e^y f'z = 0$. On aura donc $x = e^y fz$. Or, pour déterminer y, je multiplie les deux équations,
$x = e^{y+z\sqrt{-1}}$, et $x = e^{y-z\sqrt{-1}}$; ce qui donne,
$x^2 = e^{2y}$, et $x = e^y$; d'où $y = $ log. réel. x. Et pour déterminer z, j'observe que les deux équations,
$e^y f'z = 0$, et $x = e^y fz$, se réduisent à $f'z = 0$
et $fz = 1$. Donc toute valeur de z, commune à ces deux équations, satisfera à l'équation
log. im. $x = $ log. réel. $x \pm z \sqrt{-1}$. (Le reste s'achève comme dans le n°. 1.)

Nota. En multipliant les deux équations,
$$x = e^{y+z\sqrt{-1}} = e^y(fz + \sqrt{-1}\,f'z),$$
$$x = e^{y-z\sqrt{-1}} = e^y(fz - \sqrt{-1}\,f'z),$$
on trouve $x^2 = e^{2y}(f^2z + f'^2z)$; d'où $x = e^y$, et $1 = f^2z + f'^2z$. En les divisant, au contraire, on trouve $1 = e^{\pm 2z\sqrt{-1}} = \dfrac{fz \pm \sqrt{-1}\,f'z}{fz \mp \sqrt{-1}\,f'z}$; d'où $1 = e^{\pm z\sqrt{-1}}$, et $f'z = 0$.

2°. Soit une quantité réelle $-x$, dont le log. est imaginaire, on aura de même,
log. $(-x) = y \pm z\sqrt{-1}$, et $x = e^y(fz \pm \sqrt{-1}\,f'z)$; puis, $e^y f'z = 0$, et $-x = e^y fz$; ensuite $x = e^y$, et $y = $ log. réel. x; enfin $f'z = 0$, et $fz = -1$. Donc toute valeur de z, commune à ces deux équations, satisfera à l'équation log. im. $(-x) = $ log. réel. $x \pm z\sqrt{-1}$. (Le reste s'achève comme dans le n°. 2.)

Nota. En multipliant les équations
$$-x = e^{y+z\sqrt{-1}} = e^y(f\zeta + \sqrt{-1}\,f'\zeta),$$
$$-x = e^{y-z\sqrt{-1}} = e^y(f\zeta - \sqrt{-1}\,f'\zeta),$$
on trouve $x^2 = e^{2y} = e^{2y}(f^2\zeta + f'^2\zeta)$; d'où $x = e^y$, et $1 = f^2\zeta + f_1^2\zeta$. En les divisant, au contraire, on trouve $1 = e^{\pm 2z\sqrt{-1}} = \dfrac{fz \pm \sqrt{-1}\,f'z}{fz \mp \sqrt{-1}\,f'z}$; d'où $1 = e^{\pm z\sqrt{-1}}$, et $f'z = 0$.

2. J'ai négligé, dans ce Mémoire, de faire voir que les propriétés générales des logarithmes ima-

ginaires des quantités réelles, soit positives, soit
négatives, sont les mêmes, (excepté pour deux cas
de la division), que celles des logarithmes réels des
quantités réelles positives ; parce qu'il est aisé de
le démontrer, au moyen des principes qui ont été
établis. Mais je vais le prouver ici, en faveur des
commençans, et parce que je déduirai de-là quelques conséquences utiles.

1°. Soient $e^{m \pm 2k\pi\sqrt{-1}} = a$,

et $e^{n \pm 2k\pi\sqrt{-1}} = b$.

On aura donc, $m \pm 2 k \pi \sqrt{-1} = $ log. im. a,

et $n \pm 2 k \pi \sqrt{-1} = $ log. im. b.

Multipliant les deux équations exponentielles,
et ajoutant les deux équations logarithmiques,
on trouvera,

log. im. $(a \times b) = $ log. im. $a + $ log. im. b.

Divisant les deux équations exponentielles, et
retranchant les deux équations logarithmiques ,
on trouvera,

log. réel $\left(\dfrac{a}{b}\right) = $ log. im. $a - $ log. im. b,

d'où, log. im. $\left(\dfrac{a}{b}\right) = $ log. im. $a - $ log. im. b

$+$ log. im. 1.

Elevant chaque membre de la première équation exponentielle à la puissance p, et multipliant
chaque membre de la première équation logarith-

mique par m, on trouvera,

$$\text{log. im. } a^p = p \text{ log. im. } a.$$

Extrayant de chaque membre de la première équation exponentielle la racine p, et divisant chaque membre de la première équation logarithmique par p, on trouvera,

$$\text{log. im.} \sqrt[p]{a} = \frac{\text{log. im. } a}{p}.$$

2°. Soient $e^{m \pm (2k+1)\pi\sqrt{-1}} = -a$,
et $e^{n \pm (2k+1)\pi\sqrt{-1}} = -b.$

On aura donc, $m \pm (2k+1)\pi\sqrt{-1} = \text{log.}(-a)$,
et $n \pm (2k+1)\pi\sqrt{-1} = \text{log.}(-b).$

Traitant de la même manière ces équations, on trouvera,

$$\text{log. im. } (-a \times -b) = \text{log. } (-a) + \text{log. } (-b)$$

$$\text{log. im. } \left(\frac{-a}{-b}\right) = \text{log.}(-a) - \text{log.}(-b) + \text{log.im. } 1.$$

$$\text{log. im. } (-a)^p = p \text{ log. } (-a)$$

$$\text{log. } \left(\sqrt[p]{-a}\right) = \frac{\text{log. } (-a)}{p}.$$

3°. Soient $e^{m \pm (2k+1)\pi\sqrt{-1}} = -a$,
et $e^{n \pm 2k\pi\sqrt{-1}} = b.$

On aura donc, $m \pm (2k+1)\pi\sqrt{-1} = \text{log.}(-a)$,
et $n \pm 2k\pi\sqrt{-1} = \text{log. im. } b.$

Traitant de la même manière ces équations, on trouvera,

$$\text{log. } (-a \times b) = \text{log.}(-a) + \text{log. im. } b$$

$$\text{log. } \left(\frac{-a}{b}\right) = \text{log.}(-a) - \text{log. im. } b.$$

4°. Soient $e^{m\pm 2k\pi\sqrt{-1}} = a$,

et $e^{n\pm(2k+1)\pi\sqrt{-1}} = -b$.

On aura donc, $m \pm 2k\pi\sqrt{-1} = \log.\ \text{im.}\ a$,

et $n \pm (2k+1)\pi\sqrt{-1} = \log.\ (-b)$.

Traitant de la même manière ces équations, on trouvera,

$$\log.\ (a \times -b) = \log.\ \text{im.}\ a + \log.\ (-b),$$

$$\log.\left(\frac{a}{-b}\right) = \log.\ \text{im.}\ a - \log.\ (-b).$$

5. D'après ce qui précède, il est facile de s'assurer qu'on ne peut avoir,

$$\log.\ (-a) + \log.\ (-b) = \log.\ \text{im.}\ a + \log.\ \text{im.}\ b.$$

ni $\log.\ (-a) - \log.\ \text{im.}\ b = \log.\ \text{im.}\ a - \log.\ (-b)$.

Mais cela n'empêche pas que l'on ne puisse avoir;

$$\log.\ (-a \times -b) = \log.\ \text{im.}\ (a \times b),$$

et $\log.\left(\frac{-a}{b}\right) = \log.\left(\frac{a}{-b}\right)$.

En effet, $\log.\ \text{im.}\ (-a \times -b)$ n'est pas seulement

$= \log.\ (-a) + \log.\ (-b)$,

ni $\log.\ \text{im.}\ (a \times b)$ seulement $= \log.\ \text{im.}\ a + \log.\ \text{im.}\ b$,

ni $\log.\left(\frac{-a}{b}\right)$ seulement $= \log.\ (-a) - \log.\ \text{im.}\ b$,

ni $\log.\left(\frac{a}{-b}\right)$ seulement $= \log.\ \text{im.}\ a - \log.\ (-b)$:

mais, $\log.\ \text{im.}\ (-a \times -b)$ est encore

$= \log.\ (-a) + \log.\ (-b) \pm i\log.\ \text{im.}\ 1$,

$\log.\ \text{im.}\ (a \times b)$ encore $= \log.\ \text{im.}\ a + \log.\ \text{im.}\ b$

$$\pm\, i \log.\ \text{im. } 1\,,$$

$$\log.\left(\frac{-a}{b}\right) \text{encore} = \log.\,(-a) - \log.\ \text{im. } b$$

$$\pm\, i \log.\ \text{im. } 1\,,$$

$$\text{et}\quad \log.\left(\frac{a}{-b}\right) \text{encore} = \log.\ \text{im. } a - \log.\,(-b)$$

$$\pm\, i \log.\ \text{im. } 1\,; \quad i \ \text{désignant un nombre entier.}$$

Or, par exemple,

$$\text{Log.}(-a) + \log.(-b) = \log.\ \text{réel } a + \log.\ \text{réel } b \pm 2\log.\,(-1)$$
$$= \log.\ \text{réel } a + \log.\ \text{réel } b \pm \log.\ \text{im. } 1$$
$$= \log.\ \text{im. } a + \log.\ \text{im. } b \mp \log.\ \text{im. } 1.$$

Donc, en supposant log. im. $(-a \times -b)$
$= \log.\,(-a) + \log.\,(-b)$, et log. im. $(a \times b)$
$= \log.\ \text{im. } a + \log.\ \text{im. } b \mp \log.\ \text{im. } 1$, on aura,
log. im. $(-a \times -b) = \log.\ \text{im. } (a \times b)$.

De même, on ne peut avoir $2\,i\log.\,(-a)$
$= 2\,i\log.\ \text{im. } a$. Mais cela n'empêche pas que l'on
ne puisse avoir, $\log.\,(-a)^{2i} = \log.\ \text{im. } a^{2i}$.

On ne peut avoir encore,

$$\log.\,(-a) + \log.(-b) = \log.\ \text{réel.} a + \log.\ \text{réel.} b$$

ni log. $(-a) - \log.\ \text{réel } b = \log.\ \text{réel.} a - \log.\,(-b)$.
Mais cela n'empêche pas que l'on ne puisse avoir,

$$\log.\ \text{réel } (-a \times -b) = \log.\ \text{réel } (a \times b),$$

$$\text{et}\quad \log.\left(\frac{-a}{b}\right) = \log.\left(\frac{a}{-b}\right). \ \text{Par exemple,}$$

$$\log.\,(-a) + \log.\,(-b) \mp \log.\ \text{im. } 1 = \log.\ \text{réel } a$$
$+ \log.\ \text{réel } b$. Et comme on peut supposer
$\log.\ \text{réel.}\,(-a \times -b) = \log.\,(-a) + \log.\,(-b)$

$\mp$ log. im. 1, on aura, en ce sens,

$$\text{log. réel } (-a \times -b) = \text{log. réel } (a \times b).$$

De même, on ne peut avoir $2\,i$ log. $(-a) = 2\,i$ log. réel a. Mais cela n'empêche pas que l'on ne puisse avoir, log. réel $(-a)^{2i} = $ log. réel. a^{2i}.

En général, on peut toujours avoir (*)
$$\text{log. } (-a \times -b) = \text{log. } (a \times b) \text{; mais jamais}$$
on n'a log. $(-a) + $ log. $(-b) = $ log. $a + $ log. b.
Pareillement, on peut toujours avoir,

$$\text{log. } \left(\frac{-a}{b} \right) = \left(\frac{a}{-b} \right); \text{ mais jamais on n'a,}$$

$$\text{log. } (-a) - \text{log. } b = \text{log. } a - \text{log. } (-b).$$

Après avoir remarqué que l'on ne peut avoir,

$$\text{log. } (-a) + \text{log. } (-b) = \text{log. } \begin{Bmatrix} \text{im.} \\ \text{réel} \end{Bmatrix} a + \text{log. } \begin{Bmatrix} \text{im.} \\ \text{réel} \end{Bmatrix} l$$

$$\text{ni log. } (-a) - \text{log. } \begin{Bmatrix} \text{im.} \\ \text{réel} \end{Bmatrix} b = \text{log. } \begin{Bmatrix} \text{im.} \\ \text{réel} \end{Bmatrix} a - \text{log. } (-b),$$

(*) Je ne dis pas , *on a toujours*. Et en effet , quoique $-a \times -b$ soit la même quantité que $a \times b$, il ne s'ensuit pas nécessairement que log. $(-a \times -b)$ soit la même quantité que log. $(a \times b)$; parce que ces deux logarithmes ayant chacun plusieurs valeurs différentes , l'égalité de ces logarithmes ne peut dépendre que des valeurs que l'on prend pour chacun. Euler, en niant que l'on eût 2 log. $(-a) = 2$ log. a, a donc eu tort d'accorder que *l'on avoit* cependant log. $(-a)^2 = $ log. a^2. Il devoit se borner à dire que *l'on pouvoit avoir* log. $(-a)^2 = $ log. a^2. Le citoyen Lacroix, dans son calcul intégral, a commis la même erreur, d'après Euler.

2

nous devons remarquer qu'au contraire on a toujours,

$$\log.(-a) - \log.(-b) = \log. \left\{ \begin{array}{c} \text{im.} \\ \text{réel} \end{array} \right\} a - \log. \left\{ \begin{array}{c} \text{im.} \\ \text{réel} \end{array} \right\} l$$

et $\log.(-a) + \log. \left\{ \begin{array}{c} \text{im.} \\ \text{réel} \end{array} \right\} b = \log. \left\{ \begin{array}{c} \text{im.} \\ \text{réel} \end{array} \right\} a + \log.(-b)$

4. Comme un nombre impair ne peut jamais
être égal à un nombre pair, on voit que log. (-1)
ne peut jamais être égal à log. im. 1 , ni par conséquent log. $(-a)$ être égal à log. im. a (*); ni le
double de log. $(-a)$ être égal au double de log.
im. a. Mais comme la somme de deux nombres
impairs peut être égale à la somme de deux nombres pairs , ou la somme de deux nombres impairs être égale au double d'un nombre pair , ou
la somme de deux nombres pairs être égale au
double d'un nombre impair , et tout cela d'une

(*) Le citoyen Garnier s'est donc trompé dans ses notes
sur l'Algèbre de Bezout, en disant qu'Euler a fait voir que
le logarithme d'un nombre négatif étoit toujours l'un des
logarithmes imaginaires du même nombre pris positivement. Car Euler a démontré tout le contraire. Le citoyen
Garnier s'est trompé encore, en disant qu'Euler par là mit
fin à la dispute. Car d'Alembert attaqua les résultats d'Euler,
et s'est occupé le dernier de la question des logarithmes
des quantités négatives. Cette double méprise n'est sans
doute qu'une inadvertance du citoyen Garnier ; et je ne la
relève qu'en faveur des commençans , pour qui ses notes
sont destinées.

infinité de manières ; il s'ensuit que la somme de
deux différens logarithmes $(-a)$ peut être égale
à la somme de deux différens logarithmes imaginaires a, ou la somme de deux différens logarithmes $(-a)$ être égale au double d'un logarithme imaginaire a, ou la somme de deux différens logarithmes imaginaires a être égale au double d'un logarithme $(-a)$, et tout cela d'une
infinité de manières : résultats si faciles à trouver,
que je m'étois contenté de les énoncer dans ce
Mémoire.

Comme $(-1)^{-1} = \dfrac{1}{-1} = -1$, d'où $-\log.(-1)$
$= \log. (-1)$; on pourroit croire que deux log.
$(-1) = 0$; ce qui donneroit log. $(-1) = \log.$
réel. $1 = 0$. Je réponds que, pour que cette équation $-\log.(-1) = \log. (-1)$ soit exacte, il faut
que log. (-1) n'ait pas la même valeur dans les
deux membres, mais que le log. (-1) du premier membre étant log. (-1), celui du second
soit log. $(-1) - \log.$ im. 1 : et alors, on aura,
$-\log.(-1) = \log. (-1) - \log.$ im. 1, ou,
$2 \log.(-1) = \log.$ im. 1. (Ceci peut servir de réponse à l'objection qu'on tireroit de la note
pag. 42 de ce Mémoire.)

De même, comme $(\sqrt{-1})^{-1} = \dfrac{1}{\sqrt{-1}} = -\sqrt{-1}$,
d'où $-\log. (\sqrt{-1}) = \log. (-\sqrt{-1}) = \log.$
$(\sqrt{-1}) + \log. (-1)$, on pourroit croire que

log. $(-1) = -2$ log. $(\sqrt{-1}) = -$ log (-1);
ce qui donneroit log. $(-1) = 0$. Je réponds que,
pour que cette équation $-$ log. $(\sqrt{-1}) =$
log. $(\sqrt{-1}) +$ log. (-1), ou ce qui revient au
même, $-\frac{1}{2}$ log. $(-1) = \frac{1}{2}$ log. $(-1) +$ log. (-1),
soit exacte, il faut que log. (-1) n'ait pas la même
valeur dans les deux membres, mais que, le log.
(-1) du premier membre étant log. (-1), celui
du second soit log. $(-1) -$ log. im. 1 : et alors,
on aura, $-\frac{1}{2}$ log. $(-1) = \frac{1}{2}$ log. $(-1) - 2$ log. im. 1,
ou 2 log. $(-1) =$ log. im. 1. (Ceci peut servir de
réponse à l'objection qu'on tireroit contre ce que
j'ai établi, pag. 42 et 43, touchant l'équation
log. $(-\sqrt{-1}) = -$ log. $(\sqrt{-1})$.)

Plusieurs de ces explications sont subtiles, et
voilà pourquoi elles n'avoient pas été trouvées :
mais elles sont justes, et ne laissent plus subsister,
ce me semble, aucune difficulté. Il eût mieux valu
les donner dans le corps du Mémoire ; mais je
voulois abréger. J'ai senti depuis qu'il importoit
de tout éclaircir.

5. Soit $e^y = x$, d'où $y =$ log. x.

Si $x = 1$, on aura $y = 0$. D'où l'on voit que
le log. de l'unité est 0.

Si $x > 1$, on aura y positif et réel. D'où l'on
voit que le log. d'un entier est positif.

Si $x < 1$, on aura y négatif et réel. D'où l'on
voit que log. d'une fraction proprement dite est
négative.

Si $x = \infty$, on aura $y = \infty$. D'où l'on voit que le log. de l'infini est infini.

Si $x = \dfrac{1}{\infty}$, on aura $y = -\infty$. D'où l'on voit que le log. de o est infini négatif.

Si x est négatif ou $= -x$, on aura nécessairement y imaginaire. D'où l'on voit que le log. d'une quantité négative est imaginaire.

Soient y les abscisses et x les ordonnées de la courbe qui auroit pour équation $c^y = x$, et qu'on nomme *logarithmique*, à cause que l'abscisse est le log. de l'ordonnée ; et soit $x = 1$ l'ordonnée qui répond à l'abscisse $y = 0$. 1°. La supposition $x = \dfrac{1}{\infty}$ donnant $y = -\infty$, il s'ensuit que l'axe des abscisses est l'asymptote de la courbe. Et 2°. la supposition $x = -x$ rendant y imaginaire, il s'ensuit que la courbe qui est du côté des x négatives n'appartient pas à celle qui a pour équation $y = \log. x$; car si elle y appartenoit, y seroit réelle, et la même pour $+x$ et pour $-x$, au lieu d'être réelle pour $+x$ et imaginaire pour $-x$. Donc la logarithmique n'a qu'une seule branche.

On peut prendre cependant du côté des x négatives une seconde branche égale et semblable à la première ; mais ce sera la logarithmique dont l'équation est $y = \log. (-x)$, et non pas celle dont l'équation est $y = \log. x$. Or ces deux équations ne peuvent subsister à-la-fois. Donc ces deux branches n'appartiennent point à la même courbe, au même système. Elles sont isolées, indépendantes.

Mais y devenant $y \pm \pi \sqrt{-1}$, lorsque x devient $-x$, les deux équations $y = \log. x$, et $y \pm \pi \sqrt{-1} = \log. (-x)$ subsistent à-la-fois. Et en effet, la seconde se change en la première, si l'on observe que $\pm \pi \sqrt{-1} = \log. (-1)$, que $\log. (-x) = \log. x + \log. (-1)$, et qu'on fasse ces deux substitutions. Or l'équation $y = \log. x$ ne donne qu'une branche réelle ; et l'équation $y \pm \pi \sqrt{-1} = \log. (-x)$ ne donne qu'une branche imaginaire, ou ce qui revient au même, ne donne point de branche. On voit donc, encore une fois, qu'il n'y a qu'une seule branche dans une même logarithmique.

On ne peut donc se servir de la considération des deux branches de logarithmique isolées et indépendantes, et qui sont deux logarithmiques différentes, pour prouver que $\log. (-x)$ est réel et $= \log. x$ dans un même système de logarithmes.

6. L'objection tirée de l'aire asymptotique de l'hyperbole équilatère égale au log. de l'abscisse, 1 étant la puissance de l'hyperbole, ne me paroît pas avoir plus de fondement. Soient x l'abscisse et y l'ordonnée, rapportées aux asymptotes. L'équation de la courbe sera $xy = 1$, 1 étant la

puissance; et l'aire asymptotique aura pour ex-
pression $\int (y\,dx) = \int \left(\dfrac{d\,x}{x} \right) = \log. \; x + C.$ Or,
pour déterminer la constante C, j'observe que, si
$x = 1$, l'aire devient nulle; ce qui donne

$$0 = \log. 1 + C, \text{ d'où } C = 0. \text{ Donc} \int (y\,dx) = \log. x.$$

Voilà pour le cas où x est positive. Supposons
maintenant x négative: y le deviendra aussi, puisqu'on doit toujours avoir $x\,y = 1$: et l'aire aura
pour expression $\int \left(-y\,d(-x) \right) = \int \left(\dfrac{d(-x)}{-x} \right)$
$= \int \left(\dfrac{-d\,x}{-x} \right) = \log. \, (-x) + C.$ Or, pour déter·
miner la constante C, j'observe que, si $x = 1$,
l'aire devient nulle, ce qui donne $0 = \log. \, (-1)$
$+ C,$ d'où $C = -\log.(-1).$ Donc $\int \left(-y\,d(-x) \right)$

$$= \log. \, (-x) - \log.(-1) = \log.\left(\dfrac{-x}{-1} \right) = \log. \, x,$$

comme cela doit être. On voit donc que, dans le
cas de $x = -x$, l'aire asymptotique de l'hyperbole n'est point $= \log. \, (-x)$, mais est $= \log. \, x.$

Ainsi, que x soit $+ x$, ou devienne $- x$, on
a toujours l'aire asymptotique $= \log. \, x.$ Cette
aire n'est point log. x dans le premier cas, et log.
$(-x)$ dans le second. On ne sauroit donc en conclure log. $(-x) = \log. x.$

7. Enfin d'Alembert dit que les réductions des logarithmes en séries ne peuvent rien prouver, ni pour ni contre les logarithmes réels des quantités négatives; 1°. parce que ces réductions ne donnent pas toutes les valeurs possibles de la quantité qu'on développe de la sorte; 2°. parce que la série est souvent divergente, et par conséquent fautive. — Mais j'ai prouvé, dans ce Mémoire, 1°. que ces réductions pourroient donner toutes les valeurs possibles, au moyen de l'indéterminée k; et 2°. que l'on pouvoit toujours prendre une série qui fût convergente.

On peut expliquer, par le seul raisonnement, 1°. pourquoi log. 1 et log. (-1) ont chacun une infinité de valeurs; 2°. pourquoi log. 1 n'a qu'une seule valeur réelle; et 3°. pourquoi log. (-1) n'en a aucune.

1°. $\sqrt[m]{1}$ et $\sqrt[m]{-1}$ ont chacun m valeurs. Donc $\dfrac{\log. 1}{m}$ et $\dfrac{\log. (-1)}{m}$ doivent avoir aussi chacun m valeurs. Il doit donc en être de même de log. 1 et log. (-1). Et parce que, pour comprendre tous les cas possibles, il faut faire m infinie, on voit que log. 1 et log. (-1) doivent avoir chacun une infinité de valeurs.

2°. $\sqrt[m]{1}$ n'ayant qu'une seule valeur réelle et positive, $\dfrac{\log. 1}{m}$ ne doit avoir qu'une seule valeur réelle. Autrement, on auroit log. (-1) $=$ une quantité réelle u, ou log. $(a + b\sqrt{-1})$ $=$ une quantité réelle u'. Or ces deux équations sont absurdes : car l'exposant de la puissance à laquelle il faudroit élever e pour avoir, soit -1, soit $a + b\sqrt{-1}$, est nécessairement imaginaire. $\dfrac{\log. 1}{m}$ ne devant donc avoir qu'une seule valeur réelle, il doit en être de même de log. 1.

3°. $\sqrt[m]{-1}$ n'ayant aucune valeur réelle, $\dfrac{\log. (-1)}{m}$ ne doit pareillement en avoir aucune. Il doit par conséquent en être de même de log. (-1).

Appliquons ces réflexions à $\sqrt{1}$ et à $\sqrt{-1}$.

1°. $\sqrt{1}$ est $+ 1$ ou $- 1$. Donc log. $\sqrt{1}$ ou $\frac{1}{2}$ log. 1 est log. $(+1)$ ou log. (-1). Or $+1$ n'est point $= -1$. Par conséquent log. $(+1)$ n'est point $=$ log. (-1). Et en effet, log. $(+1) = 0$, et log. $(-1) = \pi\sqrt{-1}$. Ainsi, $\frac{1}{2}$ log. 1 a ces deux valeurs différentes, 0 et $\pi\sqrt{-1}$. Par conséquent, log. 1 a ces deux valeurs différentes, 0 et $2\pi\sqrt{-1}$.

2°. $\sqrt{-1}$ est $+ \sqrt{-1}$ ou $- \sqrt{-1}$. Donc log. $\sqrt{-1}$ ou $\frac{1}{2}$ log. (-1) est log. $(+\sqrt{-1})$ ou log. $(-\sqrt{-1})$. Or, $+ \sqrt{-1}$ n'est point $= -\sqrt{-1}$. Par conséquent, log. $(+\sqrt{-1})$ n'est point $=$ log. $(-\sqrt{-1})$. Et en effet, log. $(+\sqrt{-1})$ $=$ log. $(+1) + \frac{1}{2}$ log. $(-1) = 0 + \frac{1}{2}\pi\sqrt{-1}$ $= \frac{1}{2}\pi\sqrt{-1}$, et log. $(-\sqrt{-1}) =$ log. (-1)

$+ \frac{1}{2} \log. (-1) = \frac{3}{2} \log. (-1) = \frac{3}{2} \pi \sqrt{-1}$. Ainsi, $\frac{1}{2} \log. (-1)$ a ces deux valeurs différentes, $\frac{1}{2} \pi \sqrt{-1}$ et $\frac{3}{2} \pi \sqrt{-1}$. Par conséquent, $\log. (-1)$ a ces deux valeurs différentes, $\pi \sqrt{-1}$ et $3\pi \sqrt{-1}$.

En prenant des racines plus élevées pour 1 et -1, on trouveroit les valeurs suivantes de $\log. 1$ et $\log. (-1)$.

8. Comme $\dfrac{+b}{+a} = \dfrac{-b}{-a}$, et que $\dfrac{-b}{+a} = \dfrac{+b}{-a}$;

on croiroit peut-être,

$$\text{de } \log. (a + b\sqrt{-1}) = \tfrac{1}{2} \log. (a^2 + b^2)$$
$$+ \left(\frac{b}{a} - \tfrac{1}{3} \cdot \frac{b^3}{a^3} + \tfrac{1}{5} \frac{b^5}{a^5} - \&c. \right) \sqrt{-1},$$

pouvoir conclure

$$\log. (-a - b\sqrt{-1}) = \log. (a + b\sqrt{-1}),$$

et de $\log. (a - b\sqrt{-1}) = \tfrac{1}{2} \log. (a^2 + b^2)$

$$- \left(\frac{b}{a} - \tfrac{1}{3} \frac{b^3}{a^3} + \tfrac{1}{5} \cdot \frac{b^5}{a^5} - \&c. \right) \sqrt{-1},$$

pouvoir conclure

$$\log. (-a + b\sqrt{-1}) = \log. (a - b\sqrt{-1}).$$

Mais cette conclusion seroit fausse. Car la formule $\log. (1 \pm x) = \pm x - \tfrac{1}{2} x^2 \pm \tfrac{1}{3} x^3 - \tfrac{1}{4} x^4 \pm \tfrac{1}{5} x^5 - \&c.$, d'où l'on tire la valeur de $\log. (a \pm b\sqrt{-1})$, n'a lieu qu'en supposant le premier terme 1 positif. La formule $\log. (a \pm b\sqrt{-1})$ ne peut donc avoir lieu qu'en supposant le terme a positif, et deviendroit fautive, si l'on y faisoit a négatif, à moins qu'on n'y introduisît en même-temps le log. de -1, en disant, $\log. (-a \pm b\sqrt{-1}) = \log. (a \mp b\sqrt{-1}) + \log. (-1)$.

On voit, par les mêmes principes, qu'on ne peut, de log. $(a \pm b) =$

$$\log. \frac{b}{a} \pm \frac{b}{a} - \frac{1}{2}\frac{b^2}{a^2} \pm \frac{1}{3}\frac{b^3}{a^3} - \frac{1}{4}\frac{b^4}{a^4} \pm \&c.,$$

conclure log. $(-a \pm b) = $ log. $(a \mp b)$, ni par conséquent log. $(-a) = $ log. a.

9. Nous allons donner, par le calcul intégral seul, l'expression des logarithmes imaginaires. On verra que cette méthode est plus longue que celle que nous avons donnée par l'Algèbre ordinaire.

1°. Soit log. $(a + b\sqrt{-1}) = A + B\sqrt{-1}$, a et b étant positifs, et A et B des indéterminées. Différentiant cette équation, il vient,

$$\frac{da + db\sqrt{-1}}{a + b\sqrt{-1}} = dA + dB\sqrt{-1}, \text{ ou, en mul-}$$

tipliant la fraction haut et bas par $a - b\sqrt{-1}$, afin de rendre rationnel le dénominateur,

$$\frac{a\,da + b\,db + (a\,db - b\,da)\sqrt{-1}}{a^2 + b^2}$$

$= A\,dA + B\,dB\sqrt{-1}$. Or, cette équation ne peut avoir lieu qu'autant que

$$dA = \frac{a\,da + b\,db}{a^2 + b^2},$$

$$\text{et } dB = \frac{a\,db - b\,da}{a^2 + b^2}.$$

L'intégration de ces deux équations nous fera connoître A et B. 1°. Pour trouver $\int \frac{a\,da + b\,db}{a^2 + b^2}$, soit $\sqrt{a^2 + b^2} = 1 + x$; on aura, en différentiant, $\dfrac{a\,da+b\,db}{\sqrt{a^2+b^2}}=dx$; donc

$$\frac{a\,da+b\,db}{a^2+b^2}=\frac{dx}{1+x}=d\log.(1+x);$$

et $A=\displaystyle\int\frac{a\,da+b\,db}{a^2+b^2}=\log.(1+x)$

$=\frac{1}{2}\log.(a^2+b^2)$. 2°. Pour trouver

$\displaystyle\int\frac{a\,db-b\,da}{a^2-b^2}$, soit $\dfrac{b}{a}=x$; on aura, en diffé-

rentiant, $\dfrac{a\,db-b\,da}{a^2}=dx$: mais a^2+b^2

$=a^2(1+x^2)$: donc $\dfrac{a\,db-b\,da}{a^2+b^2}=\dfrac{dx}{1+x^2}$

$$=dx\left(1-x^2+x^4-x^6+\&c.\right);$$

et $B=\displaystyle\int\frac{a\,db-b\,da}{a^2+b^2}=x-\frac{1}{3}x^3+\frac{1}{5}x^5-\&c.$

$$=\frac{b}{a}-\frac{1}{3}\frac{b^3}{a^3}+\frac{1}{5}\frac{b^5}{a^5}-\&c.=q,$$

quantité qu'on déterminera par cette série même,
si elle est convergente, ou, si elle ne l'est pas,
par l'autre série équivalente que nous avons donnée dans notre Mémoire. On aura donc enfin
$\log.(a+b)\sqrt{-1}=\frac{1}{2}\log.(a^2+b^2)+q\sqrt{-1}$.

2°. Faisant b négatif, on aura $\log.(a-b\sqrt{-1})$
$=\frac{1}{2}\log.(a^2+b^2)-q\sqrt{-1}$.

3°. Le calcul du n°. 1, appliqué au cas de a

négatif, pourroit induire en erreur. Car on trouveroit,

$$B = \int \frac{-a\,db + b\,da}{a^2 + b^2} = \int \frac{-dx}{1 + x^2}$$

$$= -\left(x - \tfrac{1}{3}x^3 + \tfrac{1}{5}x^5 - \&c. \right) + C.$$

Or la constante C, déterminée à la manière ordinaire, en faisant $x = 0$, seroit $= 0$. Ce qui donneroit B $= -q$, et log. $\left(-a + b\sqrt{-1} \right)$
$= \tfrac{1}{2}$ log. $(a^2 + b^2) - q\sqrt{-1}$, c'est-à-dire,
$= $ log. $(a - b\sqrt{-1})$; ce qui ne peut être. Ce résultat vient de ce que $fz = \dfrac{-a}{\sqrt{a^2 + b^2}}$ étant négatif, représente $f(\pi - z)$. Par conséquent, on doit
avoir, non pas B $= z$, mais B $= \pi - z$, c'est-à-dire,

$$= \pi - \left(\frac{b}{a} - \tfrac{1}{3}\frac{b^3}{a^3} + \tfrac{1}{5}\frac{b^5}{a^5} - \&c. \right)$$

$$= \pi - \left(x - \tfrac{1}{3}x^3 + \tfrac{1}{5}x^5 - \&c. \right).$$

Puis donc que

$$B = -\left(x - \tfrac{1}{3}x^3 + \tfrac{1}{5}x^5 - \&c. \right) + C,$$

il s'ensuit que C $= \pi$, et non pas $= 0$. Ainsi,
log. $\left(-a + b\sqrt{-1} \right) = \tfrac{1}{2}$ log. $\left(a^2 + b^2 \right)$
$+ \left(\pi - q \right)\sqrt{-1}$, q étant la plus petite valeur
de z.

4°. Faisant b négatif; on aura,
log. $(-a - b\sqrt{-1}) = \tfrac{1}{2}$ log. $(a^2 + b^2) - (\pi - q)\sqrt{-1}$.

10. Nous donnerons aussi, par le calcul intégral seul, la démonstration de ce principe, que toute imaginaire, donnée à volonté, est réductible à la forme $A + B\sqrt{-1}$. On verra encore que cette méthode est beaucoup plus longue que celle que nous avons donnée par l'Algèbre ordinaire. Nous ne nous occuperons que des imaginaires de la forme $(a + b\sqrt{-1})^{m+n\sqrt{-1}}$, les autres n'ayant pas de difficulté.

1°. Supposons donc $(a + b\sqrt{-1})^{m+n\sqrt{-1}}$ $= A + B\sqrt{-1}$, a et b étant positifs, et A et B des indéterminées. Nous aurons

$$(m + n\sqrt{-1}) \log. (a + b\sqrt{-1})$$
$$= \log. (A + B\sqrt{-1}).$$

Différentiant cette équation, en regardant m et n comme constante, il vient,

$$(m + n\sqrt{-1}) \frac{da + db\sqrt{-1}}{a + b\sqrt{-1}} = \frac{dA + dB\sqrt{-1}}{A + B\sqrt{-1}},$$

ou, en multipliant la première fraction haut et bas par $a - b\sqrt{-1}$, et la seconde par $A - B\sqrt{-1}$, afin de rendre rationnels les dénominateurs,

$$\frac{ma\,da + mb\,db - na\,db + nb\,da}{a^2 + b^2}$$
$$+ \frac{(ma\,db - mb\,da + na\,da + nb\,db)\sqrt{-1}}{a^2 + b^2}$$
$$= \frac{A\,dA + B\,dB + (A\,dB - B\,dA)\sqrt{-1}}{A^2 + B^2}.$$

Or, pour que cette équation ait lieu, il faut que l'on ait :

$$\frac{A\,dA + B\,dB}{A^2 + B^2} = m\left(\frac{a\,da + b\,db}{a^2 + b^2}\right) - n\left(\frac{a\,db - b\,da}{a^2 + b^2}\right),$$

et
$$\frac{A\,dB - B\,dA}{a^2 + b^2} = m\left(\frac{a\,db - b\,da}{a^2 + b^2}\right) + n\left(\frac{a\,da + b\,db}{a^2 + b^2}\right).$$

L'intégration de ces deux dernières équations nous fera connoître A et B. Or

$1^{\circ}.$
$$\int \frac{A\,dA + B\,dB}{A^2 + B^2} = \tfrac{1}{2}\log.\,(A^2 + B^2),$$

et
$$\int \frac{a\,da + b\,db}{a^2 + b^2} = \tfrac{1}{2}\log.\,(a^2 + b^2);$$

$2^{\circ}.$
$$\int \frac{A\,dB - B\,dA}{A^2 + B^2} = \frac{B}{A} - \tfrac{1}{3}\frac{B^3}{A^3} + \tfrac{1}{5}\frac{B^5}{A^5} - \&c. = p,$$

et
$$\int \frac{a\,db - b\,da}{a^2 + b^2} = \frac{b}{a} - \tfrac{1}{3}\frac{b^3}{a^3} + \tfrac{1}{5}\frac{b^5}{a^5} - \&c. = q.$$

Intégrant nos deux équations différentielles, la première deviendra,
$$\log.\,(A^2 + B^2) = m\log.\,(a^2 + b^2) - 2\,n\,q,$$

ou, en repassant des logarithmes aux nombres,
$$A^2 + B^2 = \frac{(a^2 + d^2)^m}{e^{2nq}};$$

et la seconde,
$$\frac{B}{A} - \tfrac{1}{3}\frac{B^3}{A^3} + \tfrac{1}{5}\frac{B^5}{A^5} - \&c. = \frac{n}{2}\log.\,(a^2 + b^2) + m\,q = p,$$

d'où $\dfrac{B}{A} = \dfrac{f'p}{fp}$. Prenant, dans cette équation, la valeur de B, et la substituant dans l'autre équation,
$$A^2 + B^2 = \frac{(a^2 + b^2)^m}{e^{2nq}},$$

il viendra,

$$A^2(fp)^2 + A^2(f'p)^2 = A^2 = \frac{(a^2+b^2)^n}{e^{2nq}}(fp)^2,$$

d'où $A = \dfrac{(a^2+b^2)^{\frac{m}{2}}}{e^{nq}}(fp)$

$$= \frac{(a^2+b^2)^{\frac{m}{2}}}{e^{nq}} f\left(\frac{n}{2}\log.(a^2+b^2)+mq\right).$$

Partant,

$$B = \frac{(a^2+b^2)^{\frac{m}{2}}}{e^{nq}} f'\left(\frac{n}{2}\log.(a^2+b^2)+mq)\right).$$

Il ne reste plus qu'à déterminer q, ce qu'on fera
au moyen de la valeur de A, qui, en supposant
$n = 0$ et $m = 1$, devient $A = (a^2+b^2)^{\frac{1}{2}}fq = a$,

$$\text{d'où } fq = \frac{a}{\sqrt{a^2+b^2}},$$

$$\text{et } q = \frac{b}{(a^2+b^2)^{\frac{1}{2}}} + \frac{1}{2.3}\frac{b^3}{(a^2+b^2)^{\frac{3}{2}}} + \frac{5}{2.4.5}\frac{b^5}{(a^2+b^2)^{\frac{5}{2}}} + \&$$

Ainsi, a et b étant positifs, on a

$$(a+b\sqrt{-1})^{m+n\sqrt{-1}}$$

$$= \frac{(a^2+b^2)^{\frac{m}{2}}}{e^{nq}}\left(f\left(\frac{n}{2}\log.(a^2+b^2)+mq\right)\right.$$

$$\left. + \left(f'\left(\frac{n}{2}\log.(a^2+b^2)+mq\right)\sqrt{-1}\right).$$

2°. Si b est négatif, on aura donc,

$$(a-b\sqrt{-1})^{m+n\sqrt{-1}}$$

$$= \frac{(a^2+b^2)^{\frac{m}{2}}}{e^{-nq}}\left(f\left(\frac{n}{2}\log.(a^2+b^2)-mq\right)\right.$$

$$\left.+\left(f'\left(\frac{n}{2}\log.(a^2+b^2)-mq\right)\sqrt{-1}\right),\right.$$

en faisant q négatif.

3°. Le calcul du n°. 1, appliqué au cas de a négatif, induiroit en erreur, si l'on ne faisoit attention ici

que $\displaystyle\int \frac{A\,dB-B\,dA}{A^2+B^2} = \pi-p$, et non pas $= p$,

que $\displaystyle\int \frac{a\,db-b\,da}{a^2+b^2} = \pi-q$, et non pas $= q$;

enfin que $\dfrac{B}{A} = \dfrac{f'(\pi-p)}{f(\pi-p)}$, et non pas $= \dfrac{f'p}{fp}$.

On aura donc les deux équations,

$$A^2+B^2 = \frac{(a^2+b^2)^m}{e^{2n(\pi-q)}}f\left(\frac{n}{2}\log.(a^2+b^2)+m(\pi-q)\right),$$

$$\text{et}\ \frac{B}{A} = \frac{f'(\pi-p)}{f(\pi-p)}.$$

D'où l'on déduira,

$$A = \frac{(a^2+b^2)^{\frac{m}{2}}}{e^{n(\pi-q)}}f\left(\frac{n}{2}\log.(a^2+b^2)+m(\pi-q)\right),$$

$$\text{et}\ B = \frac{(a^2+b^2)^{\frac{m}{2}}}{e^{n(\pi-q)}}f'\left(\frac{n}{2}\log.(a^2+b^2)+m(\pi-q)\right).$$

Et ainsi, $(-a+b\sqrt{-1})^{m+n\sqrt{-1}}$

$$= \frac{(a^2+b^2)^{\frac{m}{2}}}{e^{n(\pi-q)}}\left(f\left(\frac{n}{2}\log.(a^2+b^2)+m(\pi-q)\right)\right.$$

$$+ f\left(\frac{n}{2}\log.(a^2+b^2)+m(\pi-q)\right)\sqrt{-1}\Big).$$

D'ailleurs, $(-a+b\sqrt{-1})^{m+n\sqrt{-1}}$
$= (a-b\sqrt{-1})^{m+n\sqrt{-1}}(-1)^{m+n\sqrt{-1}}$. Mais, à
cause de log.$(-1)=\pi\sqrt{-1}$, on a $-1=e^{\pi\sqrt{-1}}$,

et $(-1)^{m+n\sqrt{-1}} = e^{m\pi\sqrt{-1}-n\pi} = \dfrac{e^{m\pi\sqrt{-1}}}{e^{n\pi}}$

$$= \frac{f(m\pi)+\sqrt{-1}\,f'(m\pi)}{e^{n\pi}}.$$

Par conséquent, $(-a+b\sqrt{-1})^{m+n\sqrt{-1}}$

$$= \frac{(a^2+b^2)^{\frac{m}{2}}}{e^{-nq}}\left(f\left(\frac{n}{2}\log.(a^2+b^2)-mq\right)\right.$$
$$\left.+f'\left(\frac{n}{2}\log.(a^2+b^2)-mq\right)\sqrt{-1}\right)$$

$$\times \frac{1}{e^{n\pi}}\left(f(m\pi)+f'(m\pi).\sqrt{-1}\right)$$

$$= \frac{(a^2+b^2)^{\frac{m}{2}}}{e^{n(\pi-q)}}\left[f\left(\frac{n}{2}\log.(a^2+b^2)-mq\right)f(m\pi)\right.$$
$$+f'\left(\frac{n}{2}\log.(a^2+b^2)-mq\right)f(m\pi).\sqrt{-1}$$
$$+f\left(\frac{n}{2}\log.(a^2+b^2)-mq\right)f'(m\pi).\sqrt{-1}$$
$$\left.-f'\left(\frac{n}{2}\log.(a^2+b^2)-mq\right)f'(m\pi)\right]$$

$$= \frac{(a^2+b^2)^{\frac{m}{2}}}{e^{n(\pi-q)}}\left[f\left(\frac{n}{2}\log.(a^2+b^2)+m(\pi-q)\right)\right.$$

$$+ \tfrac{1}{2} f\left(\frac{n}{2}\log.(a^2+b^2) - m(\pi+q)\right)$$

$$+ \left[\tfrac{1}{2} f'\left(\frac{n}{2}\log.(a^2+b^2) + m(\pi-q)\right)\right.$$

$$+ \tfrac{1}{2} f'\left(\frac{n}{2}\log.(a^2+b^2) - m(\pi+q)\right)\Big] \sqrt{-1}$$

$$+ \left[\tfrac{1}{2} f'\left(\frac{n}{2}\log.(a^2+b^2) + m(\pi-q)\right)\right.$$

$$- \tfrac{1}{2} f'\left(\frac{n}{2}\log.(a^2+b^2) - m(\pi+q)\right)\Big] \sqrt{-1}$$

$$- \left[\tfrac{1}{2} f\left(\frac{n}{2}\log.(a^2+b^2) + m(\pi+q)\right)\right.$$

$$+ \tfrac{1}{2} f\left(\frac{n}{2}\log.(a^2+b^2) + m(\pi-q)\right)\Big]\Big]$$

$$= \frac{(a^2+b^2)^{\frac{m}{2}}}{e^{n(\pi-q)}}\left(f\left(\frac{n}{2}\log.(a^2+b^2) + m(\pi-q)\right)\right.$$

$$+ f'\left(\frac{n}{2}\log.(a^2+b^2) + m(\pi-q)\right)\sqrt{-1}\right).$$

4°. Si b est négatif, on aura donc,

$$(-a - b\sqrt{-1})^{m+n\sqrt{-1}}$$

$$= \frac{(a^2+b^2)^{\frac{m}{2}}}{e^{n(\pi+q)}}\left(f\left(\frac{n}{2}\log.(a^2+b^2) + m(\pi+q)\right)\right.$$

$$+ f'\left(\frac{n}{2}\log.(a^2+b^2) + m(\pi+q)\right)\sqrt{-1}\right).$$

en faisant q négatif.

La démonstration du n°. 1 est analogue à celle de d'Alembert, qui ne considère que le premier cas.

Sa démonstration se trouve entr'autres dans le *Calcul intégral de Bougainville*, tome 1, *Intro-duction.*

11. À l'aide de ces formules, on trouvera,

$$(\sqrt{-1})^{\sqrt{-1}} = \frac{1}{e^{q}}\left(f o + \sqrt{-1} f'o\right).$$

Mais $f o = 1$, et $f'o = 0$. D'ailleurs, à cause de $a = 0$ et $b = 1$, on a,

$$q = 1 + \frac{1}{2.3} + \frac{3}{2.4.5} + \&c. = \frac{\pi}{2}.$$

Donc $(\sqrt{-1})^{\sqrt{-1}} = e^{-\frac{\pi}{2}}$. On aura aussi,

$$(-\sqrt{-1})^{\sqrt{-1}} = \frac{1}{e^{-q}}\left(f o + \sqrt{-1} f'o\right) = \frac{1}{e^{-\frac{\pi}{2}}} = e^{\frac{\pi}{2}}.$$

Puis $(\sqrt{-1})^{-\sqrt{-1}} = \dfrac{1}{(\sqrt{-1})^{\sqrt{-1}}} = \dfrac{1}{e^{-\frac{\pi}{2}}} = e^{\frac{\pi}{2}}$

Et $(-\sqrt{-1})^{-\sqrt{-1}} = \dfrac{1}{(-\sqrt{-1})^{\sqrt{-1}}} = \dfrac{1}{e^{\frac{\pi}{2}}} = e^{-\frac{\pi}{2}}.$

Résultats qui méritent d'être remarqués. — Il en résulte

$$1^{\circ}. \quad (\pm\sqrt{-1})^{\pm\sqrt{-1}} = e^{\frac{\pi}{2}},$$

$$(\pm\sqrt{-1})^{\mp 1} = e^{\frac{\pi}{2}\sqrt{-1}},$$

$$(\pm\sqrt{-1})^{\mp 2} = e^{\pi\sqrt{-1}},$$

$$\text{et} - 1 = e^{\pi\sqrt{-1}},$$

résultat connu.

$$2^{\circ}.\ (\pm\sqrt{-1})^{+\sqrt{-1}}=e^{-\frac{\pi}{2}},$$

$$\text{et}\ -1=e^{-\pi\sqrt{-1}},$$

résultat connu.

On a, en général, $(a+b\sqrt{-1})^{m+n\sqrt{-1}}$

$$=\frac{(a^2+b^2)^{\frac{m}{2}}}{e^{nQ}}\Big(f\Big(\frac{n}{2}\log.(a^2+b^2)+mQ\Big)$$
$$+f'\Big(\frac{n}{2}\log.(a^2+b^2)+mQ\Big)\sqrt{-1}\Big),$$

les deux fonctions designées pour f et f' étant rapportées à l'échelle 1 ; mais si l'on veut les rapporter à l'échelle R des tables, on aura,

$(a+b\sqrt{-1})^{m+n\sqrt{-1}}$

$$=\frac{(a^2+b^2)^{\frac{m}{2}}}{\mathrm{R}.e^{nQ}}\Big(f\Big(\log.(a^2+b^2)+mQ\Big)$$
$$+f'\Big(\frac{n}{2}\log.(a^2+b^2)+mQ\Big)\sqrt{-1}\Big).$$

Puisque $a+b\sqrt{-1}=(a^2+b^2)^{\frac{1}{2}}(fQ+\sqrt{-1}f'Q)$,
on aura aussi,

$$c+d\sqrt{-1}=(c^2+d^2)^{\frac{1}{2}}(fQ'+\sqrt{-1}f'Q').$$

Donc

$1^{\circ}.(a+b\sqrt{-1})(c+d\sqrt{-1})=ac-bd+(cb+ad)\sqrt{-1}$

$$=(a^2+b^2)^{\frac{1}{2}}(c^2+d^2)^{\frac{1}{2}}\Big(f(Q+Q')+f'(Q+Q')\sqrt{-1}\Big).$$

$$2^{\circ}.\ \frac{a+b\sqrt{-1}}{c+d\sqrt{-1}}=\frac{(a+b\sqrt{-1})(c-d\sqrt{-1})}{c^2+d^2}$$

$$=\frac{ac+bd+(cb-ad)\sqrt{-1}}{c^2+d^2}$$

$$= \frac{(a^2+b^2)^{\frac{1}{2}}}{(c^2+d^2)^{\frac{1}{2}}}\left(f(Q-Q') + f'(Q-Q')\sqrt{-1}\right).$$

12. On démontre dans tous les livres d'Algèbre que $\sqrt{-a} \times \sqrt{-b} = -\sqrt{ab}$. Mais on présente ce résultat comme une exception à la règle de la multiplication des radicaux ; et il n'en est qu'une confirmation. Car, suivant cette règle, on doit avoir $\sqrt{-a} \times \sqrt{-b} = \sqrt{(-a)(-b)}$ $= \sqrt{ab}$, ou, parce que tout radical quarré est, en général, susceptible du double signe $\pm$,

$= \pm\sqrt{ab}$. Mais, dans le cas présent, le signe supérieur est à rejeter, et l'inférieur, le seul qui doive être admis. En effet, $\sqrt{ab}$ venant ici de $\sqrt{(-a)(-b)}$, on a,

$$\sqrt{ab} = \sqrt{(a\times-1)(b\times-1)} = \sqrt{ab\times(-1)^2}$$
$$= \sqrt{ab}\times\sqrt{(-1)^2} = \sqrt{ab}\times-1 = -\sqrt{ab}.$$

Des deux valeurs de $\sqrt{ab}$, savoir, $+\sqrt{ab}$, $-\sqrt{ab}$, la seconde est donc la seule qui convienne ici.

Puisque $\sqrt{-a} \times \sqrt{-b} = -\sqrt{ab} = -\sqrt{a}\times\sqrt{b}$,

il s'ensuit que $\dfrac{\sqrt{-a}}{\sqrt{b}} = \dfrac{-\sqrt{a}}{\sqrt{-b}} = -\dfrac{\sqrt{a}}{\sqrt{-b}}$,

ou que $\sqrt{\dfrac{-a}{b}} = -\sqrt{\dfrac{a}{-b}}$,

résultat qui peut paroître surprenant. Car puisque

$$\frac{-a}{b} = \frac{a}{-b},$$ il semble qu'on devroit avoir

$$\sqrt{\frac{-a}{b}} = \sqrt{\frac{a}{-b}}.$$

C'est aussi, dans le fond, ce que l'on a. Mais chaque radical étant susceptible du double signe $\pm$, il est question de découvrir si l'on doit avoir,

$$\pm\sqrt{\frac{-a}{b}} = \pm\sqrt{\frac{a}{-b}},$$

c'est-à-dire, $$\sqrt{\frac{-a}{b}} = \sqrt{\frac{a}{-b}};$$

ou bien, si l'on doit avoir,

$$\pm\sqrt{\frac{-a}{b}} = \mp\sqrt{\frac{a}{-b}},$$

c'est-à-dire, $$\sqrt{\frac{-a}{b}} = -\sqrt{\frac{a}{-b}}.$$

Or, la première supposition donneroit, en divisant chaque membre par $\sqrt{\dfrac{a}{b}}$,

$$\sqrt{-1} = \sqrt{\frac{1}{-1}} = \frac{1}{\sqrt{-1}},$$ d'où $(\sqrt{-1})^2 = 1,$

ce qui est faux : et la seconde supposition donneroit $(\sqrt{-1})^2 = -1$, ce qui est juste. Le second radical doit donc être pris en sens contraire du premier, dans l'équation,

$$\sqrt{\frac{-a}{b}} = \sqrt{\frac{a}{-b}}$$

pour qu'elle soit juste. Il est vrai que l'équation

$$\sqrt{\dfrac{-a}{b}} = \sqrt{\dfrac{a}{-b}},$$

semble aussi exacte que l'équation

$$\sqrt{\dfrac{-a}{b}} = -\sqrt{\dfrac{a}{-b}}.$$

Mais elle ne l'est qu'en ce sens, que, les radicaux comportant le double signe $\pm$, elle comprend l'autre implicitement, en faisant contraster les signes : et elle ne paroît l'être, en ne les faisant pas contraster, que parce que, sous la forme qu'elle a, on ne peut pas reconnoître s'ils doivent contraster ou non : on ne le reconnoît qu'en lui donnant la forme $\dfrac{\sqrt{-a}}{\sqrt{b}} = \dfrac{\sqrt{a}}{\sqrt{-b}}$; car alors, on voit qu'il faut affecter l'un des membres du signe $-$.

En général,

$$\frac{\sqrt{a}}{\sqrt{-b}} = \frac{\sqrt{a}.\sqrt{-1}}{\sqrt{-b}.\sqrt{-1}} = \frac{\sqrt{-a}}{-\sqrt{b}} = -\frac{\sqrt{-a}}{\sqrt{b}} = -\sqrt{\frac{-a}{b}}$$

et

$$\frac{\sqrt{-a}}{\sqrt{b}} = \frac{\sqrt{-a}.\sqrt{-1}}{\sqrt{b}.\sqrt{-1}} = \frac{-\sqrt{a}}{\sqrt{-b}} = -\frac{\sqrt{a}}{\sqrt{-b}} = -\sqrt{\frac{a}{-b}}.$$

D'ailleurs, $\dfrac{\sqrt{a}}{\sqrt{-b}} = \sqrt{\dfrac{a}{-b}},$

et $\dfrac{\sqrt{-a}}{\sqrt{b}} = \sqrt{\dfrac{-a}{b}}.$

Donc $\sqrt{\dfrac{a}{-b}} = -\sqrt{\dfrac{-a}{b}}$

et $\sqrt{\dfrac{-a}{b}} = -\sqrt{\dfrac{a}{-b}}.$

Si je me suis arrêté un moment sur des points aussi élémentaires, c'est parce qu'ils n'ont pas été discutés, ce me semble, d'une manière convenable, et que la métaphysique n'en a pas encore été développée. « L'Algèbre, dit Condillac, » est une langue qui n'a pas encore de grammaire; » et la métaphysique peut seule lui en donner » une ». En attendant qu'on fasse cette grammaire, il ne peut être qu'utile d'en traiter quelques objets détachés ; ils pourront servir de matériaux à celui qui sera en état d'élever l'édifice de la science.

F I N.

DE L'IMPRIMERIE DE CRAPELET.

ERRATA.

Page 3, ligne 8 en remontant; 1740; *lisez* 1749.

Page 14, l. 8; 6; *lisez* 6.

Ibid. 6^1; *lisez* 6^1.

Page 15, l. 12; 6; *lisez* 6.

Page 29, l. 6 en rem.; e_y; *lisez* e^y.

Page 36, l. 2 en rem.; π (; *lisez* π).

Page 77, l. 5; $\dfrac{\ }{n}$; *lisez* $\dfrac{i}{n}$.

Page 79, l. 9 en rem.; $b^1)^{\frac{i}{2n}}$; *lisez* $b^1)^{\frac{i}{2n}}$.

Ibid., l. 8 en rem.; $\dfrac{\ }{n}$; *lisez* $\dfrac{i}{n}$.

Page 89, l. 2 en rem. ; $\dfrac{Q}{2}$; *lisez* $\dfrac{Q}{2}$.

Page 140, l. 7 en rem.; p; *lisez* p^1.

Page 141, l. 14; $p2$; *lisez* p^1.

Page 202, l. 11, $2^{m+1} +$; *lisez* $2^{m+1} \dots +$.

Page 214, l. 5; $a + b + c$; *lisez* $\dfrac{a+b+c}{2}$.

Page 216, l. 1; $f^1 A$; *lisez* $f'^1 A$.

Page 222, l. 2; $\_$ *lisez*; $=$

Page 224, l. 8 en rem.; b; *lisez* B.

Ibid., c; *lisez* C.

Page 253, l. 9; $f C$; *lisez* $f'C$.